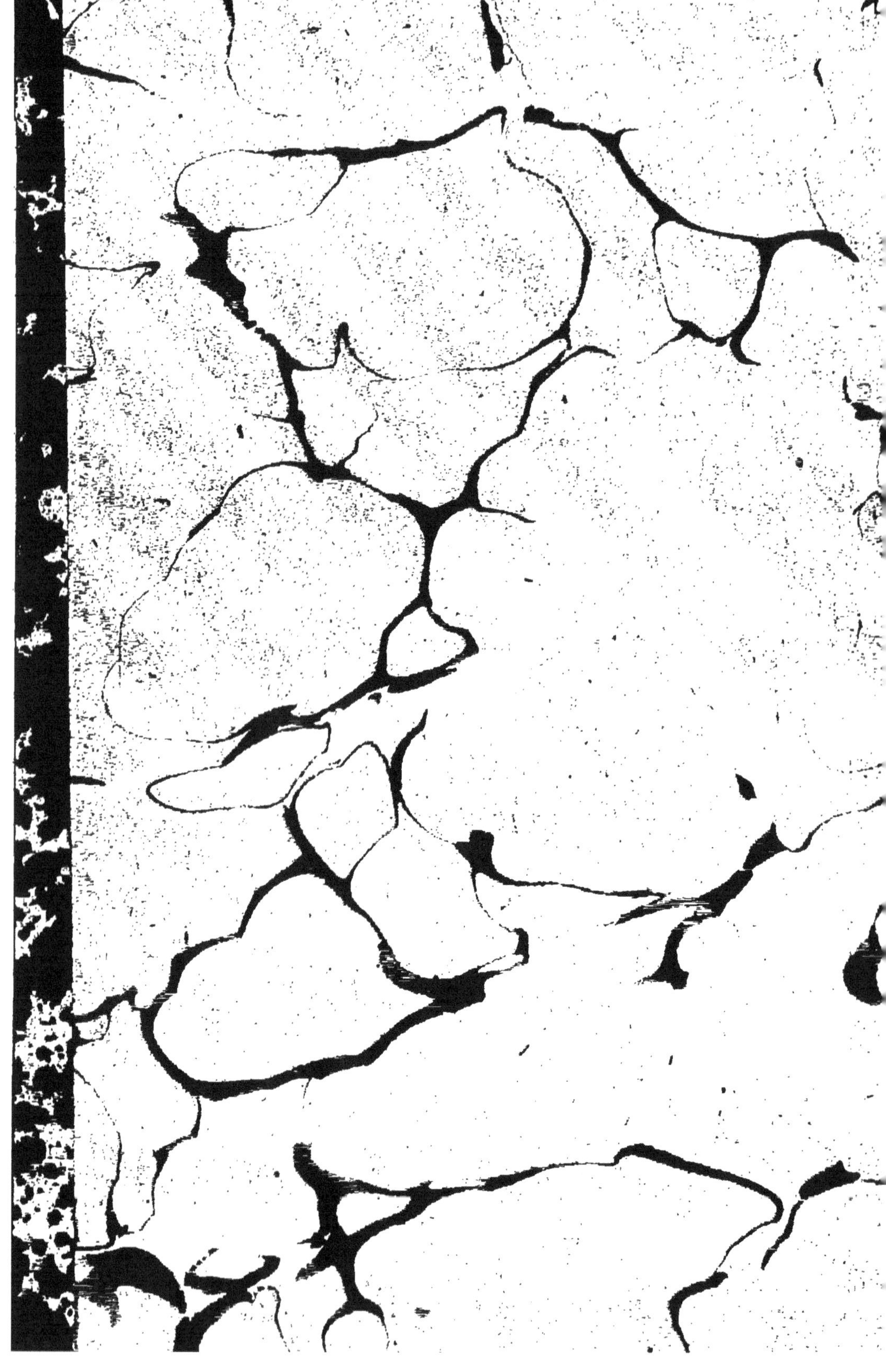

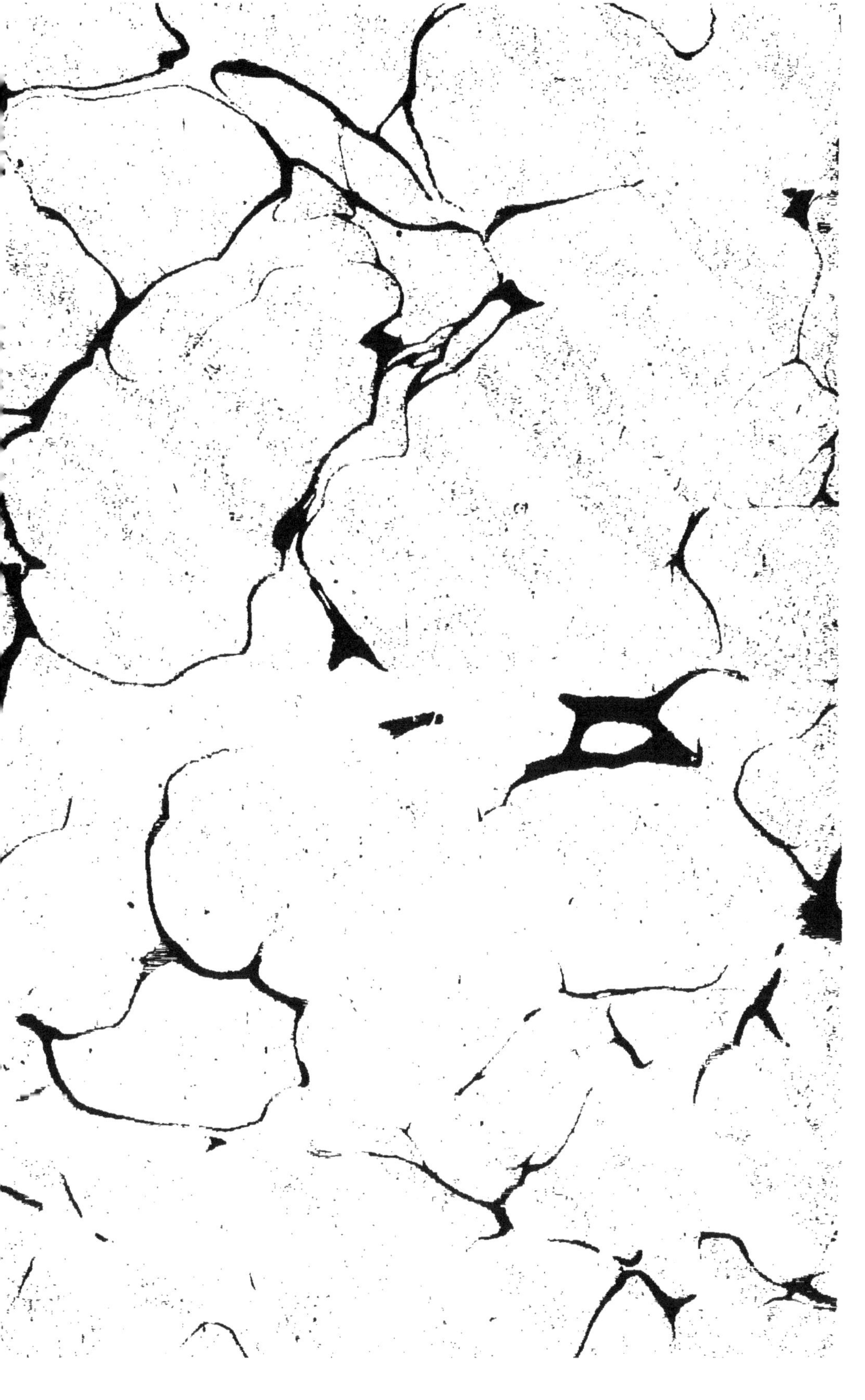

HISTOIRE NATURELLE

DE

L'HOMME ET DE LA FEMME

DEPUIS LEUR APPARITION

SUR LE GLOBE TERRESTRE JUSQU'A NOS JOURS

RACE HUMAINE PRIMITIVE

SES MÉTAMORPHOSES EN RACES-TYPES ET VARIÉTÉS DE RACES

SUIVIE DE

L'HISTOIRE DES MONSTRUOSITÉS HUMAINES

Anomalies organiques. — Bizarreries et singularités.
Explication des phénomènes les plus extraordinaires qu'offre l'économie humaine depuis la naissance jusqu'à la mort

AVEC ONZE GRAVURES

PAR

A. DEBAY

VINGT-NEUVIÈME ÉDITION

PARIS
E. DENTU, LIBRAIRE-EDITEUR
PALAIS-ROYAL, 15-17-19, GALERIE D'ORLÉANS

HISTOIRE NATURELLE

DE

L'HOMME ET DE LA FEMME

Tout exemplaire non revêtu de la signature de l'auteur et de l'éditeur sera réputé contrefait et poursuivi conformément à la loi.

F. Aureau. — Imprimerie de Lagny

Pl. I.

Forme primitive. Race couleur de suie. FEMMES. *Forme perfectionnée.* Géorgienne.

HISTOIRE NATURELLE
DE
L'HOMME ET DE LA FEMME

DEPUIS LEUR APPARITION
SUR LE GLOBE TERRESTRE JUSQU'A NOS JOURS

RACE HUMAINE PRIMITIVE

SES MÉTAMORPHOSES EN RACES-TYPES ET VARIÉTÉS DE RACES

SUIVIE DE

L'HISTOIRE DES MONSTRUOSITÉS HUMAINES

Anomalies organiques. — Bizarreries et singularités.
Explication des phénomènes les plus extraordinaires qu'offre l'économie humaine depuis la naissance jusqu'à la mort

AVEC ONZE GRAVURES

PAR

A. DEBAY

VINGT-NEUVIÈME ÉDITION

PARIS
E. DENTU, LIBRAIRE-ÉDITEUR
PALAIS-ROYAL, 15-17-19, GALERIE D'ORLÉANS

1880

AUX GENS DU MONDE

Cet ouvrage se déroule, d'un bout à l'autre, sur deux faces : l'une, originale, anecdotique, amusante ; l'autre, sérieuse, scientifique, instructive, donnant avec clarté la raison physique des phénomènes les plus extraordinaires, des anomalies, des métamorphoses et des bizarreries qu'on rencontre dans l'organisation humaine. — La grande variété des faits, le choix des narrations, l'originalité des questions et leur solution toujours intéressante, donnent à ce volume le double attrait de l'agréable et de l'utile.

On s'instruit, on s'éclaire à chaque pas, sur une foule de choses ignorées jusqu'alors, et à mesure qu'on avance dans ce domaine des merveilles, on s'étonne d'avoir été aussi facilement initié aux mystères de la vie et de la reproduction des êtres.

La place de cet ouvrage est marquée d'avance dans toutes les bibliothèques. On le consultera et on le relira souvent, parce qu'il est à la portée de toutes les intelligences, et les questions choisies qui y sont traitées trouvent, à tout moment, leur application dans le monde. Nous assurons d'avance que le temps employé à la lecture de cette intéressante histoire du genre humain est un temps bien employé.

HISTOIRE NATURELLE

DE L'HOMME ET DE LA FEMME

CHAPITRE PREMIER

COSMOGONIE

Le temps et l'espace n'ont point de limites... — La nature est éternelle. — L'espace est peuplé de soleils, de planètes et d'astres sans nombre qui, obéissant à la même force impulsive, roulent invariablement dans leurs orbites. Les admirables calculs de l'astronomie ont démontré que, dans un seul point de la *voie lactée*, se pressent des milliers d'étoiles, et que ces étoiles sont cent mille millions de fois plus éloignées de notre globe que notre globe ne l'est du soleil. Or, la distance de notre planète au soleil étant de 34 millions de lieues, il faut laisser l'arithmétique de côté et demander aux signes multiplicateurs de l'algèbre, le chiffre, presque incroyable, de la distance qui nous sépare de ces étoiles. Cette voie lactée, qu'aperçoivent nos yeux, n'est point la seule qui existe dans l'effrayante profondeur de l'espace ; il en est d'autres, par derrière, que nos télescopes ne peuvent atteindre ; plus loin, d'autres encore, et toujours ainsi ; toujours ! ! ! C'est ce que l'homme a essayé d'exprimer par ce mot : INFINI...

Le seul terme de comparaison connu pour se faire une idée incomplète de l'immensité des distances, repose sur l'orbite que décrit la terre en une année, estimée à 68 millions de lieues ; quand notre planète se trouve à une des extrémités de son orbite, nous apercevons les étoiles les plus rapprochées de nous, dans la même direction et de la même grosseur que lorsque nous les regardons de l'autre extrémité de l'orbite terrestre, et cependant nous nous trouvons plus rapprochés d'elles de 68 millions de lieues ! Devant ces distances incalculables l'homme, stupéfait d'admiration, s'incline et avoue l'insuffisance de ses moyens.

Mais la puissance qui donna une force et des lois à la matière, qui lança dans l'espace ces mondes innombrables, en leur assignant une route immuable ; cette puissance inconnue, cet architecte sublime de l'univers, restera, pour nous, à jamais insaisissable. L'intelligence humaine, qui s'élève et s'égare dans les hautes sphères de la spéculation, rencontre une barrière infranchissable sur laquelle ces deux mots sont écrits : DOUTE et FOI.

Nous ne nous arrêterons pas plus longtemps sur une question réputée insoluble, et nous essayerons en suivant la trace des grands maîtres, d'aborder le problème de la formation de notre planète, au point de vue géologique.

De quelle matière se forma le sphéroïde terrestre ? Comment fut-il lancé dans l'espace, et quel est son âge ? — La science n'a encore pu résoudre ces immenses problèmes. Les savants n'ont trouvé que des hypothèses, et l'astronomie, si admirable dans ses calculs n'a également déroulé que des systèmes, sans y apporter son cachet mathématique.

Deux opinions ont partagé les philosophes anciens et modernes à ce sujet : les uns proclament la création comme effet de la volonté divine ; les autres, sans nier l'Être suprême, la considèrent comme une conséquence nécessaire des transformations de la matière. En levant toute difficulté, l'opinion des premiers arrête les élans du génie vers la lumière ; celle des seconds, au contraire, ouvre un vaste champ aux investigations de la science, qui n'aboutiront peut-être à rien, mais qui resteront comme preuve irrécusable des immenses efforts de l'intelligence humaine.

Parmi ces derniers, il en est qui admettent l'unité de création et sa marche successive du minéral au végétal, du végétal à l'animal. Partant du pied de l'échelle, occupé par les êtres les plus simples, ils remontent à ceux d'un ordre plus complexe, et arrivent au haut de l'échelle dont l'homme occupe le degré supérieur. Quelques autres naturalistes croient aux créations spontanées des diverses espèces sur plusieurs points du globe, et nient l'unité d'origine dans la série nombreuse des êtres vivants. De ces divers systèmes, celui qui nous représente le sphéroïde terrestre comme une masse en ignition à sa naissance et entourée d'une atmosphère incandescente, sera le système que nous adopterons.

Plusieurs philosophes ont pensé que ces immenses corps embrasés, qu'on nomme soleils, sont les générateurs de l'univers actuel. En vertu des lois du mouvement, ces astres lancent incessamment des masses ardentes qui, retombant dans le foyer d'où elles étaient sorties, sont relancées de nouveau et finissent, à la longue, par produire des scories que nous apercevons dans le disque de notre soleil sous forme de *taches;* et ces taches sont d'autant plus durables, que le feu qui les travaille a moins d'activité pour les dissoudre. Mais lorsque, par une impulsion plus violente que favorise la force centrifuge, ces masses se sont échappées par une tangente, aussitôt elles se tracent un orbite qu'elles parcourent invariablement.

Telle fut la naissance des corps célestes émanant d'un astre principe.

Maintenant, guidés par les sciences physiques, suivons pas à pas notre globe dans ses transformations successives : la masse, une fois détachée du soleil et lancée dans l'espace, dut se refroidir peu à peu, en perdant son calorique par un immense rayonnement. D'après les lois physiques, les parties refroidies se condensèrent, l'eau se forma à la surface du globe, augmentant chaque jour de poids et d'étendue, et finit par circonscrire la vapeur incandescente ; ces eaux fécondes contenaient nécessairement les germes de tout ce qui devait exister sur la terre ; essayons d'analyser l'immense travail auquel elles furent soumises :

Ces eaux, sans cesse agitées, sans cesse soulevées par le feu central et refoulées par la compression stellaire, se couvrirent d'une épaisse écume. Les substances pierreuses et métalliques qu'elles tenaient en dissolution, se cristallisèrent à la superficie et formèrent lentement une croûte solide, très mince d'abord, mais qui gagnait incessamment d'épaisseur. Cette croûte, trop faible d'abord pour s'opposer à la violente expansion du centre, était souvent brisée, déchirée par la vapeur incandescente, et de ces déchirures le feu s'échappait ardent et rapide, fondait les cristaux, calcinait les roches à peine durcies, puis le refroidissement recommençait ; de nouveaux cristaux se formaient aux parois des fissures et finissaient par les boucher. Pendant cette lutte incessante de la force expansive avec la forme compressive, la transformation minérale marchait, la croûte terrestre se consolidait. Enfin après un temps incommensurable de combustion, de décomposition et de recomposition, des roches *Plutoniennes* ou granitiques se formèrent, roches immenses, qui servirent désormais de digue au feu central et le cernèrent de toutes parts.

Telle fut la première époque sphéroïde terrestre, nommée par les naturalistes *époque* GÉOGÉNIQUE ou *formation de la terre.*

Une des preuves les plus convaincantes de la fluidité

de notre planète à son époque primordiale, c'est l'aplatissement de ses pôles et le renflement de son équateur. Le mouvement de rotation imprimé à une masse fluide, l'amène nécessairement à cette forme, et comme tous les corps célestes ont un mouvement gyratoire, ils présentent, à peu de différence près, la même configuration.

A l'époque géogénique succéda la deuxième époque, appelée PHYTOGÉNIQUE (*formation des plantes*). Les premiers végétaux d'organisation la plus simple, couvrirent la surface des eaux; les moisissures, les algues, les fucus, etc..., dont les détritus, poussés par la vague sur les rivages naissants, formèrent des terrains où germèrent bientôt d'autres semences ; puis du sol, devenu plus profond et plus riche, les grands végétaux s'élancèrent, la terre se couvrit de hautes herbes et de forêts.

Alors, les immenses solitudes terrestres n'étaient troublées que par le bruit des ouragans; la vie végétale se développait silencieuse et puissante sur les points émergés; la chaleur combinée à l'humidité, dans une atmosphère saturée d'acide carbonique, activait la croissance des végétaux et leur donnait des proportions gigantesques. Les algues s'étendaient en guirlandes de plusieurs lieues de longueur; les prêles, les fougères, les lycopodes, aujourd'hui confondues parmi les herbes, dépassaient les chênes en hauteur; les bambous se dressaient plus haut que nos peupliers; les bananiers, les palmiers, et toutes les plantes acotylédones, ces vieilles citoyennes du monde primitif, s'élançaient vers les cieux et perçaient les nuages de leurs cimes.

Plus tard, commença l'époque ZOOGÉNIQUE (*naissance des animaux*) ou la troisième dans l'ordre du progrès. Les eaux furent encore le berceau des premiers êtres doués de mouvements locomoteurs : les infusoires et les zoophytes parurent tout d'abord ; puis les insectes, les poissons, les reptiles, les oiseaux, les amphibies, enfin les grands mammifères, toujours dans l'ordre du simple au composé. Mais l'homme n'existait pas encore.

Pendant cette troisième époque, il y eut un bouleversement presque général du globe terrestre. Le feu central, violemment comprimé par l'écorce terrestre devenue puissante, ne pouvait la déchirer aussi facilement; la vapeur incandescente cherchait des fissures, afin de s'échapper et donner lieu à de nombreux volcans ; mais ces issues n'étaient ni assez larges, ni assez multipliées pour laisser dégager l'énorme quantité de vapeurs réagissant de toutes parts. Alors l'expansion centrale, toujours croissante, amena les *soulèvements*. D'immenses chaînes de montagnes surgirent tout à coup du sein des eaux, les déplacèrent avec violence, et les continents furent submergés. Presque tous les êtres vivants périrent dans cette effroyable convulsion du globe. C'est l'époque du *cataclysme géologique* ou universel. Les autres cataclysmes, auxquels on a donné le nom de déluges, doivent être considérés comme des inondations partielles qui eurent lieu bien longtemps après le grand cataclysme. Les différentes

1.

stratifications de terrains, les cailloux roulés, les blocs erratiques et les ossements fossiles trouvés au sommet des montagnes ou dans les abîmes de la terre, témoignent des houles orageuses et des bouleversements de cette formidable époque.

Pour le naturaliste philosophe qui, laissant de côté les récits mythologiques des peuples, relatifs à la cosmogonie, ouvre et étudie le grand livre de la nature, la succession des êtres sur le globe a dû s'opérer dans l'ordre suivant :

En premier se présentent ces familles pélagiennes qui ont disparu de la surface du globe : les *ammonites*, les *bélemnites*, les *térébratules*, etc. Éparpillées dans les terrains calcaires, elles forment quelquefois des bancs immenses et d'autres fois des couches légères. A côté gisent les débris de zoophytes qui ont donné naissance à ces rognons de pyrites épars dans les plus anciennes couches argileuses. Au-dessus, on voit d'innombrables espèces de coquilles qui ont formé les bancs littoraux. Le terrain coquillier, diverses espèces de marbres et les roches calcaires, leur doivent leur origine. Dans les terrains supérieurs, on aperçoit les traces d'autres êtres d'une organisation plus avancée, et, par conséquent, plus tardive.

Après un violent incendie du globe et les violents cataclysmes qui lui succédèrent, toute la végétation fut carbonisée, et, avec le temps, se solidifia en lits de houille et de lignites. Ainsi fut soustraite à l'évaporation cette énorme quantité d'acide carbonique impropre à la vie animale; ainsi l'atmosphère terrestre se trouva à demi purifiée et permit à une vie animale nouvelle de s'y développer. Alors apparurent ces races gigantesques, colossales, que le naturaliste découvre aujourd'hui à l'état de fossiles dans les entrailles de la terre ; races à jamais éteintes, auxquelles appartenaient les *hydres sauriennes*, les *ichtyosaures*, les *baleïnoptères*, les *ptérodactyles*, les *mammouth*, les *mastodontes*, les *mégathérium*, et une foule d'autres colosses du règne animal de cette époque.

La configuration du continent de l'Asie, dit l'auteur du *Monde primitif*, est un monument frappant du cataclysme géologique. Ce continent est morcelé à l'orient et au midi, dans un espace de plus de mille lieues, par un grand nombre de baies et de golfes qui attestent l'action érosive des mers. Mais c'est surtout vis-à-vis l'archipel Volcanique, que les vagues, amoncelées jusqu'aux nues, durent faire le plus de ravage. Qu'on se figure des montagnes d'eau se dirigeant le long du golfe du Bengale, couvrant les plaines de l'Indostan et de la Perse, et, après avoir creusé le grand bassin ds la mer Caspienne, allant mourir sur les flancs du Caucase. Pour être convaincu de l'existence de ce grand cataclysme, il n'est besoin ni de traditions, ni de récits génésiaques ; un simple coup d'œil sur la géographie du globe suffit. Néanmoins, les livres sacrés de l'Inde et d'autres peuples d'Asie en ont perpétué le souvenir : les Védas, les Kings, la Genèse, la Mythologie grecque, le Zenda-Vesta ; toutes les Cosmogonies et Théogonies des anciens peuples font mention de ce désastre épouvantable.

Le petit nombre d'être vivants échappés au cataclysme géologique, recommencèrent à pulluler; la terre se couvrit de plantes et d'animaux dont le croisement multiplia les espèces et les variétés. A mesure que l'écorce terrestre s'épaississait, la chaleur diminuait à sa surface; l'atmosphère aussi éprouvait de notables modifications : de là le changement des milieux, et ce changement fut une cause de mort pour la plupart des grands animaux de cette époque.

Les ossements que l'on trouve à l'état fossile, dans les terrains de seconde formation, étonnent, ainsi que nous l'avons dit plus haut, par l'énormité de leur dimension. Ainsi disparurent du globe ces grandes espèces, presque toutes amphibies, pour être remplacées par d'autres, qui s'éteignirent à leur tour, afin de féconder le sol, épurer les milieux et préparer la grande époque ANTHROPOGÉNIQUE (*naissance de l'homme*).

Entre cette dernière époque et la première, il s'écoula des millions et millions de siècles. Enfin, un concours de circonstances liées aux causes de créations et de transformations, ayant rendu les milieux favorables au développement du filament humain, un nouvel être parut sur la terre, L'HOMME ! ce fut le dernier et sublime effort de la puissance transformatrice.

Tout, dans la nature, marche par gradations du simple au composé ; tout être, dans le règne animal et dans le règne végétal, subit fatalement la grande loi des transformations ; nul être n'apporte, en naissant, une organisation complète ; ce n'est qu'en parcourant certaines phases de la vie, qu'il parvient à son complet développement. Or, l'espèce humaine n'a pu arriver d'emblée à la perfection où elle est parvenue de nos jours; car la perfection est le résultat d'une progression croissante. Il a fallu, pour opérer ce progrès physique et moral, une longue succession de siècles, et une foule de circonstances topographiques dont la science n'a encore pu trouver la raison.

Si l'on établit la comparaison entre la nature et l'art, qui n'est que l'imitation de la première, on voit que l'une et l'autre suivent la même route. En effet, l'art, à son début, ne produit que des ébauches informes; peu à peu ces ébauches deviennent moins grossières; enfin, après un laps de temps indéterminé, l'art arrive à produire des formes gracieuses, élégantes, et plus ou moins parfaites. Calculez combien il a fallu d'essais, combien de générations d'artistes se sont écoulées, depuis la première et informe sculpture égyptienne, jusqu'aux grands maîtres qui taillèrent la Vénus de Médicis et l'Apollon du Belvédère?

La nature commença d'abord à préparer les divers matériaux qui devaient servir à la formation de l'être vivant; elle ne produisit pas tout à coup des têtes, des bras, des troncs; elle s'occupa de formes moins complexes qui, par une gradation successive, devaient amener celles-là. Quelque imperceptible que soit le travail lent et gradué de la nature, il devient très sensible après un certain nombre de métamorphoses; le zoologiste qui remonte l'échelle animale, se rend compte de toutes les évolutions d'un échelon à l'autre, jusqu'au dernier échelon occupé par la plus parfaite des créatures : L'HOMME !

Ainsi, la nature ne pourrait réaliser la forme humaine, sans entrer dans toutes ses combinaisons nécessaires au perfectionnement qui distingue l'être par excellence. Mais quel œil assez subtil pourra pénétrer dans le laboratoire de la nature et y découvrir tous les essais antérieurs, y distinguer toutes les ébauches que fit la nature, en imprimant, néanmoins, à chaque être produit, le caractère de son inépuisable fécondité. L'homme fut donc, ainsi que nous l'avons dit, le dernier et sublime travail de la nature féconde, et le chef-d'œuvre de la création.

Pour les savants naturalistes, l'unité d'origine des êtres vivants n'est pas une hypothèse; la molécule douée de la force vitale propre à son développement, fut la source unique de toutes les existences qui peuplent le globe terrestre. Cette molécule primitive, émanant d'une puissance inconnue, après avoir subi d'innombrables transformations dans l'ordre successif du simple au composé, arriva enfin à revêtir la forme humaine; de telle sorte que la série animale est une chaîne immense, dont le premier anneau commence au zoophyte et le dernier se termine à l'homme, sans aucune interruption dans sa continuité.

L'anatomie comparée a démontré que, dans l'échelle animale, tous les êtres se touchent par des rapports d'organisation, et ces rapports sont d'autant plus étroits que l'être appartient à un échelon plus voisin ; la progression est inverse à mesure qu'il appartient à un échelon plus éloigné, en conservant toutefois les principaux caractères de l'organisation vivante.

L'embryogénie, fruit d'une observation profonde et d'un travail minutieux, est enfin parvenue à établir, sur des bases fixes, l'évolution de l'œuf; elle prouve que chaque animal, plus ou moins élevé dans la série, n'arrive au développement organique qui le caractérise, qu'après avoir passé par tous les degrés d'organisation des êtres inférieurs à lui; alors seulement s'arrête le travail de l'évolution transformatrice, et l'être revêt les formes propres à son espèce. L'embryogénie montre aussi que l'homme est, jusqu'ici, l'être le plus avancé par la richesse de son organisation.

Dans les animaux les plus parfaits, c'est la moelle épinière qui imprime les mouvements musculaires aux diverses parties du corps ; tandis que le foyer des sensations se trouve concentré dans la partie antérieure du cerveau. L'organisation animale, parvenue à ce terme de perfectionnement, produit des instincts, des passions, des actes raisonnés, d'où résulte une vie intellectuelle plus ou moins active.

Les animaux au-dessous de l'homme, qui sont doués d'intelligence, exécutent, par instinct ou par habitude, la plupart de leurs actions ; ils se trompent rarement, parce qu'ils suivent l'indication naturelle qui n'égare jamais, d'où le proverbe : « L'instinct pour les animaux est un flambeau qui les guide plus sûrement que notre raison. »

La progression toujours croissante des facultés cérébrales, chez les animaux, est l'acte le plus merveilleux de la puissance créatrice. On voit se développer successivement, dans les plus petites espèces de vers et d'insectes, un système nerveux; ce système revêt une forme plus régulière chez les animaux d'une organisation plus avancée; à mesure qu'on remonte l'échelle, il grossit et se renfle en cerveau; enfin, il atteint son plus vaste développement chez l'homme, le plus intelligent de tous les êtres.

Quelques philosophes de l'antiquité ont prétendu que le premier être humain fut *androgyne*, c'est-à-dire mâle et femelle à la fois; ils s'appuyaient sur les mythologies primitives qui donnent à la divinité l'hermaphrodisme pour attribut. Cette réunion des deux sexes sur un seul individu, indiquait le souffle fécondant, la force génératrice. Or, si la nature put former un être semblable, cet être trouva en lui-même, et sans le secours d'aucune influence extérieure, la puissance d'engendrer. Cet hermaphrodite aurait été le moule de l'espèce humaine, qui se brisa en donnant le jour à deux êtres de sexe distinct.

Parmi les philosophes qui proclament l'unité d'origine, la succession et le progrès, dans l'ordre zoogénique, il en est qui pensent que le premier être à face humaine naquit femelle. Ces savants donnent pour preuve l'évolution de l'œuf humain et ses transformations successives, dans un ordre invariable. S'il est vrai que l'organisation femelle soit inférieure à l'organisation mâle, leur argumentation est strictement logique. Ainsi, cette première femme, de beaucoup inférieure aux êtres qu'elle devait procréer, cette femme qui n'était, pour ainsi dire, qu'une ébauche avancée de l'espèce à venir, aurait été fécondée par un être d'un échelon immédiatement au-dessous. Telle fut, selon eux, la mère du genre humain.

Voilà donc l'homme jeté sur la terre, déjà couverte d'animaux qu'il doit bientôt dompter, assujettir à ses caprices, faire servir à ses besoins. Ici, seulement, commence l'anthropologie ou l'histoire de l'homme; nous verrons, plus tard, l'espèce bimane former plusieurs races qui, selon les climats, les mœurs et les habitudes, offriront un caractère tranché qu'il ne sera plus possible de méconnaître.

Mais sur quel point du globe apparut le premier homme? A quelles archives s'adresser pour découvrir la généalogie du genre humain? — La nature se tait, et la géologie n'a encore pu jusqu'ici lui arracher son secret. Les grands législateurs de l'antiquité, ne pouvant soulever ce voile impénétrable, eurent recours aux communications directes de la divinité, et bâtirent sur cette base leurs cosmogonies; méthode excellente pour le croyant, mais insuffisante à ceux qui demandent des preuves palpables, des faits accessibles aux sens et à l'intelligence. C'est cependant à cette source qu'il faudra puiser pour jeter quelque lumière sur les ténèbres qui enveloppent le berceau de la première famille humaine.

Parmi les cosmogonies anciennes les mieux coordonnées, trois s'offrent à l'investigateur : la cosmogonie indoue, la chinoise et l'hébraïque. — Elles mentionnent également la création de l'homme, comme la dernière qui eut lieu sur la terre. Ce point s'accorde exactement avec la succession géologique. — Elles mentionnent trois inondations ou déluges. La géologie démontre aussi que plusieurs inondations, postérieures au grand cataclysme, arrivèrent à des époques plus ou moins éloignées. Les marbres de Paros et quelques précieux fragments de Sanchoniaton, de Bérose, d'Abydène, de Manéthon, arrivés jusqu'à nous, confirment l'opinion que les peuples des premiers âges conservaient le souvenir de grandes inondations qui avaient ravagé les continents habités. Nous allons voir que ces inondations partielles ou déluges, ont eu les mêmes causes dans les diverses théogonies des peuples : la colère de Dieu et le châtiment des hommes devenus pervers. Le déluge des Indous étant le plus ancien, physiquement et traditionnellement, nous reconnaîtrons que tous les autres déluges ne sont qu'une copie plus ou moins altérée de ce premier déluge ; on peut les classer dans l'ordre suivant :

Le déluge des Indous, bien antérieur aux autres. — La race humaine se pervertissait de plus en plus, disent les livres indous, et ne mettait plus de bornes à son impiété, à ses excès. Vichnou, le Dieu du ciel, résolut de la punir. Un seul prince, Satyavratra, était resté pur au milieu de cette corruption générale, Vichnou lui apparut sous la forme d'un poisson, et lui adressa ces paroles :

« Dans sept jours un déluge détruira toutes les « créatures qui m'ont offensé ; mais tu seras mis en

« sûreté dans un vaisseau solidement construit. Prends « donc des herbes médicinales, des graines de toute « espèce, et entre sans crainte dans l'arche, avec les « sept Richis, avec vos femmes et des couples de tous « les animaux. Tu verras alors Dieu face à face, et tu « obtiendras des réponses à toutes tes questions. »

Il disparut à ces mots, et, au bout de sept jours, l'Océan submergea ses côtes et la terre fut inondée de pluies continuelles. Satyavratra étant à méditer sur la puissance de Dieu et la communication qu'il en avait reçue, aperçut un grand navire qui s'avançait sur les eaux; il y entra, après s'être exactement conformé aux instructions de Vichnou. Quand le déluge eut cessé, Vichnou tua le Démon, recouvra les Védas, instruisit Satyavratra dans la science divine, et le nomma septième Menou.

Le déluge des Chaldéens, arrivé sous le règne de Xixouthros, dixième roi.

« Xixouthros, disent les historiens de Chaldée, occupait le trône d'Ardate, lorsque *Chronos* (Saturne) lui apparut en songe et fit entendre ces terribles paroles :

« La perversité des hommes m'a irrité contre eux; j'ai résolu de les punir; ils périront tous par le déluge; toi et ta famille serez seuls exceptés. Recueille les écrits qui traitent du commencement, du milieu et de la fin des choses, et va les enfouir sous les murs de la ville du Soleil, nommée *Sisparis*. Tu construiras ensuite un navire de cinq stades de long sur deux de large, dans lequel tu t'enfermeras avec les tiens, puis tu t'abandonneras à la mer. »

Xixouthros, à son réveil, exécuta les ordres de Chronos, et, ayant préparé des provisions et rassemblé des animaux de toute espèce, demanda où il devait naviguer? — Vers les cieux, répondit Chronos. Le déluge arriva, une grande partie de la terre fut inondée. Lorsque le fléau eut cessé, Xixouthros lâcha quelques oiseaux, qui, ne trouvant point de nourriture ni d'endroits où se reposer, revinrent au vaisseau. Quelques jours après, il envoya encore les mêmes oiseaux à la découverte; cette fois, ils revinrent avec de la boue aux pattes et de la verdure au bec; lâchés une troisième fois, ils s'envolèrent pour ne plus revenir. Xixouthros conjectura que certaines parties de la terre se trouvaient exondées; il cingla devant lui, et, abordant à la première montagne avec une partie de sa famille, il adora la terre, éleva un autel, fit un sacrifice, puis disparut avec les personnes qui l'accompagnaient; on ne les revit jamais. Comme les autres membres de la famille restés dans l'arche les appelaient à grands cris, une voix leur répondit de sortir du vaisseau, d'aller retirer les livres sacrés de la terre et de se rendre à Babylone.

Les compagnons de Xixouthros descendirent dans la Chaldée, retirèrent les livres enfouis sous les murs de Sisparis, puis se rendirent à Babylone, dont ils relevèrent les ruines.

Le déluge d'Hyérapolis, transmis par Lucien le Sophiste :

« La race actuelle des hommes n'est point la race primitive : elle est issue du Scythe Deucalion, dernier rejeton d'un peuple impie et pervers qui opprima le globe.

« Ce peuple tyran fut puni de ses attentats par un fléau terrible. Une immense quantité d'eau tomba des cieux, les fleuves débordèrent, la mer se gonfla et s'éleva à une telle hauteur, que toute la terre fut inondée et les êtres vivants périrent, à l'exception de Deucalion, dont la piété avait trouvé grâce devant Dieu.

« Ce fut au moyen d'une arche immense que le sage se déroba avec sa famille au grand naufrage. A peine y était-il monté, que les sangliers, les lions, les chevaux, les reptiles... tous les animaux qui vivaient sur le globe, s'y rendirent par couple. Chose surprenante et qui témoigne de la puissance divine, c'est que tous ces êtres dangereux, amalgamés dans l'arche, y vécurent sans faire aucun mal à leur hôte, sans même se mordre entre eux. L'arche fut portée sur l'onde, jusqu'à ce qu'il s'ouvrît tout à coup, près d'Hyérapolis, un profond abîme dans lequel s'écoulèrent les eaux du déluge. Ce fut sur cet abîme que Deucalion, reconnaissant, bâtit ce temple, si fameux dans l'antiquité, où les statues suaient, se mouvaient, parlaient et rendaient des oracles.

Le déluge des Hébreux. — Plusieurs chronologistes pensent que ce déluge est le même que celui d'Hyérapolis, en Syrie. Le législateur des Juifs aurait construit sur les livres et les traditions syriaques cette partie de la Cosmogonie, avec cette différence qu'ayant à diriger un peuple extraordinairement ami du merveilleux, il dut faire un plus fréquent usage de la révélation et de l'hyperbole.

D'autres chronologistes soutiennent que le déluge des Hébreux est le même, absolument le même, que celui de Xixouthros. Le Noé de Moïse ne serait autre, d'après l'historien Bérose, que le Chaldéen Noa, surnommé aussi Janus.

D'après l'exposé des quatre principaux déluges, on voit clairement qu'ils sont copiés les uns sur les autres ; le déluge des Indous aurait servi d'original.

Viennent ensuite plusieurs autres déluges, dont les époques, parfaitement déterminées, sont du domaine de l'histoire.

Le déluge de la Samothrace, dont le récit a été conservé par Diodore :

« — Le Pont-Euxin était autrefois fermé comme un lac ; mais, à l'époque de la catastrophe, son lit ne pouvant plus contenir les eaux des grands fleuves qui s'y précipitaient, il s'éleva tout à coup, franchit ses rivages, se répandit avec impétuosité dans les plaines de l'Asie, et forma ce qu'aujourd'hui nous appelons la Propontide. Ce déluge submergea une grande partie de la Samothrace, et, bien longtemps après, les pêcheurs retiraient dans leurs filets des marbres sculptés, des chapiteaux et des métaux précieux. »

Le déluge d'Ogygès. — Cette inondation, particulière à la Béotie, est attribuée au débordement du lac Copaïs. — L'évêque d'Hippone, Augustin, parle d'une antique tradition qui rendrait ce déluge d'autant plus remarquable, que l'histoire de l'astronomie ne possède rien d'analogue. L'évêque rapporte qu'à cette époque, Vénus avait changé de couleur, de grandeur, de figure et de cours.

Déluge de Deucalion. — Cette inondation porta surtout ses ravages dans les plaines de la Thessalie, plus vastes que celles de la Béotie, et, comme elles ceintes d'un cordon de montagnes qui ne laissent qu'une gorge très étroite pour le dégorgement de eaux. Hérodote dit que la Thessalie, dans les temps primitifs, n'était qu'un grand lac; mais Neptune ayant creusé un lit au fleuve Pénée, entre l'Olympe et l'Ossa, toutes les eaux s'écoulèrent. Deucalion et sa femme Pyrrha repeuplèrent le pays.

Enfin, les Chinois ont eu aussi leur déluge sous le règne du vertueux *Peyrun*, et, chez quelques peuplades d'Amérique, on conserve encore la mémoire d'une ancienne inondation, nommée déluge des *Apalaches*.

Ainsi, la croyance d'un déluge, d'un grand bouleversement, est générale chez toutes les nations de la terre, et cette croyance unanime appuie l'opinion géologique qui proclame aussi la fluidité du globe à sa naissance. Chez presque toutes les nations, les récits génésiaques placent le berceau des premières familles humaines sur les plateaux élevés de l'Asie. — Ces récits s'accordent parfaitement encore avec les inductions géologiques. L'Asie offrant les points du globe les plus élevés, dut être la première découverte, lorsque les eaux se retirèrent. Non seulement cette partie du monde est la plus favorisée du climat, mais elle est encore la plus fertile, celle où les forces fécondantes agissent avec le plus d'intensité; il était logique d'y placer les premiers bimanes. Ce fut donc sur les montagnes et plateaux de l'Asie que naquirent et s'organisèrent les premières familles humaines, qui devaient bientôt en descendre pour peupler toutes les contrées de la terre.

Déjà, vers cette époque géologique, le globe n'était plus susceptible d'une convulsion générale; son écorce, assez épaisse, pouvait résister aux violents efforts de l'expansion centrale; mais des secousses, des fracassements circonscrits, des inondations partielles, résultat des soulèvements de terrains, devaient encore se renouveler assez fréquemment. Les grands bassins étaient souvent submergés; les plaines, couvertes de marais et de fondrières, restèrent longtemps désertes; les hommes n'osaient encore y fixer leur habitation : réfugiés sur les hauteurs, et sans cesse en lutte contre les éléments, ils vivaient exclusivement guidés par les deux grands instincts de conservation et de reproduction; car, dans ces temps primordiaux, l'homme était loin d'offrir cet ensemble harmonieux d'une organisation supérieure à laquelle il devait atteindre plus tard. Semblable à la brute par les instincts, il n'en différait que par la forme et les éléments de perfection que renfermaient ses organes encéphaliques; la circonférence de son crâne dépassait dix-huit pouces : c'était là le signe de sa supériorité sur les autres animaux, et de sa progressivité future dans l'ordre physique comme dans l'ordre moral.

Cependant, à chaque explosion souterraine, à chaque éruption volcanique creusant des gouffres, entr'ouvrant des abîmes, les troupes errantes de bimanes laissaient toujours des victimes et s'enfuyaient glacées d'épouvante. Aussi, dès les premiers âges, la crainte enfanta la superstition, et le premier culte fut un culte de terreur et de tristesse ; la première prière s'éleva pour calmer une puissance inconnue et terrible.

Après bien des siècles, les mers furent circonscrites ; les immenses détritus d'une végétation alors gigantesque, formèrent des couches de terrains qui comblèrent, en partie, les marais ; les eaux paludéennes, refoulées par cet obstacle, se creusèrent des lits ; les eaux pluviales, filtrant à travers les nouveaux terrains, se réunirent à différentes profondeurs pour former des sources ; l'atmosphère et le sol s'assainissaient. Pendant ce temps, l'accroissement du nombre et les besoins forcèrent les familles humaines à se diviser, à descendre des montagnes, pour aller chercher ailleurs une alimentation devenant de jour en jour plus rare dans les lieux qu'elles occupaient. Alors commencèrent les premières migrations qui devaient donner des habitants aux deux hémisphères ; la terre était comme le domaine de l'homme ; il semblait né pour en occuper toute la surface.

L'homme constitue désormais une espèce placée au sommet de l'échelle animale ; mais son organisation physique et intellectuelle n'a pas atteint tout son développement, elle subira longtemps encore de grands changements, de notables modifications, toujours dans l'ordre du progrès : selon les parties du globe qu'il habitera, sa constitution éprouvera l'influence des climats ; c'est à cette influence que seront dues les races dont, plus tard, se composera son espèce.

Nous avons vu plus haut que le premier être qui revêtit la forme humaine naquit femelle, selon quelques embryologistes, et que cette grossière ébauche de l'espèce future, était le point de départ des recherches anthropologiques ; il ne nous reste plus qu'à établir sa couleur primitive : consultons encore les anciennes cosmogonies.

La Genèse indoue dit que le premier homme fut brun, olivâtre ; — la Genèse hébraïque le fait rouge ; — la chinoise lui donne la couleur jaune foncé. Ces traditions, entièrement conformes à la loi invariable du progrès, étayent de leur autorité l'opinion qui représente le premier bimane avec une peau couleur de suie, comme nous l'offrent aujourd'hui les Hottentots, les Papous et certaines peuplades sauvages de l'Océanie.

Maintenant, si nous jetons un regard sur l'échelon immédiatement au-dessous de celui qu'occupe l'être humain, nous serons forcés d'induire que le premier bimane ne différait pas de beaucoup, quant à l'organisation physique, de l'animal le plus élevé dans la série zoologique, et, malgré notre désir d'éviter toute comparaison blessante, nous arrivons à l'espèce quadrumane.

L'anatomie comparée montre des rapports d'analogie frappants entre le Hottentot et l'orang-outang ou homme des bois, qui habite les vastes forêts de l'Inde et de l'Afrique : même charpente osseuse, mêmes organes, mêmes fonctions animales dans l'une et dans l'autre espèce (Pl. II, fig. 1 et 2). Les seules différences se trouvent dans l'angle facial, moindre chez le singe de huit à dix degrés, et dans une plus grande longueur des bras. Le gros orteil est aussi remplacé par un véritable pouce, ce qui lui donne la facilité de se servir du pied aussi bien que de la main ; de là le nom de quadrumane. Le célèbre naturaliste Lamarck faisait remarquer que cette légère différence était due à l'habitude des différents exercices gymnastiques auxquels les avait soumis l'état sauvage. Il prouvait que chez l'individu, certaines parties se développaient ou s'effaçaient, selon qu'elles étaient soumises à une action continue ou à un repos complet. Les organes vocaux de ces grands singes sont absolument semblables à ceux de l'homme ; mais deux sacs membraneux placés aux côtés du larynx, s'opposent à l'articulation des mots, par la raison que l'air, sortant de la glotte au moment de l'expiration, s'engouffre dans ces sacs et ne produit qu'un bruit sourd.

Aujourd'hui que la science peut pousser ses investigations librement et avec sécurité, on devrait tenter, au moyen d'une opération chirurgicale, d'enlever ces sacs à un orang-outang ; et, après lui avoir appris à parler, il serait curieux de l'enfermer avec d'autres orangs également opérés, afin d'expérimenter si, par instinct d'imitation ou autrement, il enseignerait à ses semblables ce langage qu'on lui aurait appris. Ainsi serait à jamais résolue cette grande discussion qui, depuis tant de siècles, s'agite entre deux ordres de philosophes.

Certes, on ne saurait comparer l'orang-outang à l'homme caucasien d'aujourd'hui ; une immense distance sépare ces deux créations ; des milliers et milliers de siècles, sans doute : mais on peut appliquer la comparaison au premier être qui parut sur le globe avec la forme humaine, et l'on arrive à cette conclusion : « Ce premier homme, encore plus imparfait que le Hottentot actuel, fut le passage de la brute à l'être intelligent. »

Ici, pour prouver les révolutions du globe et la dispersion des familles humaines sur différents points exondés, nous citerons le fameux passage du *Timée* de Platon, sur l'*Atlantide* qui, déjà, n'existait plus de son temps.

Pendant son séjour en Egypte, Solon eut un entretien avec un prêtre de *Saïs*, instruit dans l'histoire du monde. Ce prêtre dit au législateur d'Athènes que l'espèce humaine était beaucoup plus ancienne sur la terre qu'on ne le croyait vulgairement; qu'il savait, par des documents conservés dans les archives du temple, qu'une colonie du peuple primitif des *Atlantes*, originaires des montagnes d'Asie, s'étant détachée de la souche mère, avait peuplé une île immense de l'océan Atlantique; que cette île, après bien des siècles de gloire et de prospérité, s'était abîmée dans les flots.

Solon écoutait, plein d'étonnement, le récit du prêtre égyptien qui continua : « Vous autres Grecs, vous êtes des enfants par l'âme et le cœur ; car vous n'avez dans l'esprit aucune tradition antique, aucune science blanchie par les siècles ; vous ignorez les bouleversements qui ont changé la face du globe ; et les révolutions qui ont passé sur les empires... Il existait autrefois, entre l'Afrique et l'Asie, une île considérable qu'on pouvait comparer à un continent ; elle portait le nom d'*Atlantide*. Sa puissance s'étendait sur terre et sur mer ; elle enveloppait l'Afrique jusqu'à l'Egypte et l'Europe jusqu'à la Tyrrhénie. Un jour, un épouvantable ouragan souleva les vagues et ouvrit un abîme au sein de l'Océan : l'Atlantide s'y engloutit pour jamais... Aujourd'hui, il ne reste plus rien de cette île florissante ; et si les sages de Saïs n'eussent conservé la tradition de cette grande catastrophe, on aurait à jamais ignoré l'existence de cette antique reine des mers... »

De nombreux voyages maritimes ont été entrepris pour préciser le point du globe où dut se trouver cette mystérieuse *Atlantide*, objet de tant de recherches ; mais les opinions des plus grands géographes et naturalistes sont tellement partagées, qu'il est difficile d'arriver à un résultat satisfaisant.

Les uns ont franchi les tropiques et pris les écueils d'une mer embrasée pour la patrie du peuple primitif ; d'autres se sont rapprochés des pôles, et, trompés par les brumes, ont cru l'entrevoir sur ces plages glacées. Un savant étranger a fait de gros volumes, pour prouver que l'Atlantide était désormais trouvée. Ce diffus et prolixe auteur souriait d'orgueil, en montrant l'île Saint-Domingue !... Notre célèbre Tournefort crut découvrir, dans le petit archipel des Canaries, les débris d'un ancien continent submergé. Olaüs Rudbeck compila péniblement une bibliothèque d'in-folio, pour démontrer que la Suède, sa patrie, était l'Atlantide... Une foule d'autres écrivains famés, les Baër, les Bally, les Gébelin, etc... se sont mis l'esprit à la torture pour déterminer le point du globe où dut s'élever l'île des Atlantes; aucun, hélas! n'a pu résoudre le problème : le mot de l'énigme est encore à trouver.

Le laborieux historiographe du monde ancien, analysant avec habileté la narration du prêtre de Saïs, place d'Atlantide dans la Méditerranée, entre l'Italie et l'ancienne Carthage; il s'étaye du texte de Strabon et de Diodore surtout, qui, dans sa chronologie, constate que Saturne, issu de la famille des Atlantes, fut roi de Sicile, d'Italie et d'Afrique. Ainsi que tous les cosmologues, il place le berceau des hommes sur les crêtes du Caucase, mais il leur donne le nom d'*Atlantes* qui signifierait *enfants des montagnes*. Il les fait ensuite descendre des sommets, et, au moyen d'un ingénieux itinéraire, les dirige peu à peu sur les différents points terrestres émergés.

« Les mers couvraient le globe, dit-il ; les sommets des montagnes soulevées par les volcans surgissaient seuls du sein des eaux ; lorsque la famille des Atlantes eut pullulé et que l'espace lui fut insuffisant, il fallut chercher d'autres lieux. La première industrie s'était bornée aux moyens de se procurer des aliments, la seconde fut de s'ouvrir un passage à travers les eaux, pour gagner les sommets des montagnes voisines. Déjà l'Atlante devait être familiarisé avec la fureur des vagues qui l'entouraient de tous côtés ; il fabriqua un esquif grossier et osa s'aventurer sur l'onde. Plusieurs périrent, sans doute, dans cette audacieuse entreprise ; mais d'autres reprirent l'œuvre ; perfectionnèrent l'invention des premiers ; une barque solide fut mise à flots, et les migrations commencèrent. »

C'est à partir de ce moment que l'historiographe du monde ancien conduit les Atlantes sur toutes les parties du globe exondées. Ces intrépides navigateurs atteignirent d'abord le mont Aman, qui semble n'être que détaché de la chaîne caucasique nommée Taurus. De ce point, il était facile d'arriver à la chaîne du Liban, au pied duquel l'histoire place la première ville bâtie par les hommes. Du Liban à l'Anti-Liban, la distance est peu de chose, et de là on peut gagner facilement les premières montagnes d'Arabie.

Voilà donc cette colonie d'hommes primitifs parvenue aux bords de la mer Rouge, et, par conséquent, en face des monts Atlas. Le bras de mer qui les sépare est franchi ; la colonie entre en Afrique et se répand bientôt sur les versants de l'Atlas, auquel elle donne son nom ; opinion inverse à celle qui prétend que les Atlantes prirent leur nom des monts Atlas.

Quand cette colonie vit ses domaines s'étendre par la retraite des mers, de même que la famille caucasienne sa mère, elle descendit des hauteurs et peupla toute cette partie de l'Afrique dont la Méditerranée baigne aujourd'hui les rivages. Mais hâtons-nous de faire observer que lorsque les peuples de Phénicie, de Syrie et d'Égypte prirent naissance, déjà depuis longtemps d'autres migrations avaient eu lieu parmi les Atlantes restés sur les chaînes du Caucase; ces Atlantes avaient gagné le plateau de la Tartarie et s'étaient ensuite répandus dans les plaines fécondes de l'Inde, de la Perse et de la Chaldée; car il est incontestable que l'Asie, ce pays privilégié de la nature, ait été peuplé avant les autres parties du globe : l'Asie est regardée comme le berceau des hommes dans toutes les histoires, dans toutes les religions.

Après que les Atlantes d'Afrique eurent abandonné les versants de l'Atlas et donné naissance à différents peuples du continent africain, ils vinrent s'établir dans une île immense qui s'élevait autrefois sur la Méditerranée, entre l'Italie et Carthage. Ils y fondèrent un puissant empire, parvinrent à un point de civilisation assez avancée, et, par la supériorité de leurs armes, dictèrent des lois aux peuples du continent. C'est alors que les Atlantes d'Asie, dont les migrations avaient eu lieu en Europe, furent attaqués par eux et leur opposèrent une vive résistance; et c'est, sans doute, à cette époque, perdue dans la nuit des temps, qu'une révolution souterraine du globe eut lieu, et que disparut à jamais cette fameuse *Atlantide*, dont nous ne connaissons l'existence que par le précieux fragment du prêtre de Saïs.

Maintenant qu'il est suffisamment établi par les

démonstrations géologiques et les récits cosmogoniques, que l'homme ne parut sur la terre qu'après les autres animaux et qu'une des hautes montagnes de l'Asie fut son berceau, maintenant il ne nous reste plus qu'à rechercher les causes qui produisirent les races dans l'espèce.

Longtemps après que les premières familles eurent effectué leurs migrations dans les diverses contrées du globe, les mœurs, et surtout les climats, opérèrent sur l'organisation humaine des modifications assez tranchées pour qu'il devînt nécessaire de diviser l'espèce en races, qui, elles-mêmes, par leurs croisements, formèrent de nombreuses variétés.

Les principaux caractères d'après lesquels l'espèce humaine a été divisée en races, sont, d'abord, la couleur de la peau et le cachet physionomique ; viennent ensuite d'autres traits secondaires, dont nous parlerons plus tard. Les naturalistes sont généralement d'accord sur trois races typiques : la race blanche ou *caucasique ;* la race jaune ou *mongolique ;* et la race noire ou *éthiopique.* De chacune de ces races-mères sortent des branches et des rameaux qui constituent les variétés de l'espèce.

La race couleur de suie fut la race primitive ; on peut la considérer comme le premier chaînon de la grande chaîne anthropologique, dont chaque anneau représente une nuance, une amélioration, un progrès, et qui se termine par la race blanche, la plus avancée jusqu'ici sous les deux rapports physique et intellectuel.

A mesure que les peuples s'établirent dans les zones tempérées ou légèrement froides du globe, leur teinte bistrée se délaya, devint plus claire, et leur derme revêtit peu à peu la couleur blanche. Le squelette et les différents systèmes de l'économie se modifièrent aussi ; le cerveau se développa, le front s'élargit, les pommettes rentrèrent leurs saillies, les yeux perdirent leur obliquité, les orbites s'ouvrirent sur une ligne horizontale, les traits ramassés ou confondus se régularisèrent, enfin l'angle facial atteignit quatre-vingt-dix degrés, c'est-à-dire près de quinze degrés au-dessus de l'angle facial de l'homme primitif.

Au contraire, la teinte des peuples qui allèrent se fixer dans les régions brûlantes, se rembrunit, à la longue, jusqu'au noir. Les peuplades qui furent refoulées vers les zones glaciales, conservèrent, à peu de différence près, la couleur et les traits primitifs ; mais, au lieu d'atteindre au développement des autres races, elles se rabougrirent sous l'influence d'un climat trop rigoureux. Tels sont, de nos jours, les Lapons, les Samoyèdes, les Esquimaux, etc...

Après que les siècles eurent consolidé ce long travail de la nature, les races furent irrévocablement arrêtées. Et si l'on objecte qu'il existe, sous la ligne équatoriale, des populations presque blanches ou légèrement basanées, tandis que les terres hyperboréennes sont habitées par des hommes olivâtres ou presque noirs, nous répondrons que ces populations vinrent s'établir dans ces contrées, seulement après que la nature eut posé sur elles son empreinte indélébile. Aujourd'hui, le nègre viendrait-il habiter les terres glacées du pôle, et le blanc les plages brûlantes de la Nigritie, ils conserveraient toujours, l'un et l'autre, le cachet des races auxquelles ils appartiennent.

CHAPITRE II

ANTHROPOLOGIE

La plupart des anthropologistes ont donné des classifications défectueuses, incomplètes. Les uns divisent l'espèce humaine en deux races ; les autres en dix, douze, quinze, et quelques-uns en vingt-trois. Ces écrivains établissent leurs distinctions, tantôt sur la couleur de la peau, des yeux et des cheveux ; tantôt sur la conformation du squelette et l'ouverture de l'angle facial ; tous semblent confondre la race primitive avec les variétés de races résultant du croisement. Notre objet étant de rechercher s'il exista une race primitive, et l'histoire des nations ne fournissant aucun document à cet égard, nous avons eu recours à l'induction des faits que fournit l'histoire naturelle du globe. C'est d'après ces faits, précédemment exposés, que nous croyons à l'unité d'origine de l'espèce humaine.

Lorsque la science parvient à découvrir quelques-unes des merveilleuses opérations de la nature, elle admire la simplicité des moyens ; or, si la nature procède toujours avec simplicité, alors, pourquoi lui refuser le pouvoir de faire sortir dix et vingt races d'une race-mère ? La nature ne produit-elle pas avec de l'oxygène, de l'hydrogène et du carbone, mille et mille combinaisons qui n'ont aucune ressemblance entre elles ? — L'espèce primitive dut traverser une foule d'épreuves plus ou moins violentes ; ne pouvant plus subsister sur le même point du globe, elle dut se morceler, émigrer dans différents climats. Pendant ces migrations des familles primitives, les unes furent exposées à un soleil incandescent ou à un froid glacial, et éprouvèrent mille privations ; les autres, au contraire, occupèrent les contrées tempérées et vécurent tranquilles au sein de l'abondance. Le résultat forcé de cet état de choses, fut une dégradation physique chez les premières, un perfectionnement chez les secondes. Ne voyons-nous pas, de nos jours, se perfectionner ou se dégrader les êtres soumis, pendant un certain temps, à l'action des milieux où ils vivent ?

Arrêtons-nous un moment à considérer, à comparer les deux squelettes de l'homme hottentot et de l'orang d'Angola (V. la pl. II, fig. 1 et 2) : la similitude est frappante ; même charpente, même nombre de pièces ; hormis quelques différences dans le museau, la longueur des bras, les phalanges des orteils destinés à servir de main, il y aurait à s'y tromper, et un œil moins exercé que celui d'un anatomiste prendrait ces squelettes pour ceux de deux individus de la même espèce. Il serait inutile de s'arrêter plus longtemps sur la question anatomique ; elle est exposée en détail dans les ouvrages d'anatomie comparée ; nous aborderons de suite la question philosophique.

Pour le naturaliste qui admet, en principe, l'unité de la vie sur le globe terrestre et la progression organique dans la chaîne animale, l'homme n'est que le dernier anneau de cette immense chaîne. L'anneau qui lui est contigu, c'est-à-dire l'être qui vient immédiatement avant lui, doit nécessairement offrir des analogies de forme avec la sienne ; c'est précisément ce qui a lieu lorsqu'on étudie l'organisation des *quadrumanes*, prédécesseurs immédiats des *bimanes ;* on découvre les gradations progressives qui ont dû préparer la forme humaine ; ces gradations sont toujours dans le sens du progrès.

En partant du galago, qui est le premier échelon de la famille des quadrumanes, jusqu'à l'orang-outang (*Simid Trogladytus*) qui en est le dernier, ce perfectionnement progressif dans l'organisation physique est manifeste ; il arrive et touche à la forme humaine. ainsi que les anatomistes l'ont constaté dans la dissection des quadrumanes dont suivent les noms :

Galago.	Babouin.
Tarsier.	Sapajou.
Lori.	Alouate.
Maki.	Magot.
Indri.	Pongo.
Guenon.	Orang-Outang.

Et, comme l'a avancé notre savant naturaliste Lamarck, dans sa *Philosophie zoologique*, le genre *bimane* peut être considéré comme le terme le plus avancé de l'espèce quadrumane. Nous préférerions dire : l'apparition de l'homme, dans le règne animal, est due à une évolution zoologique ; le résultat de cette évolution, amenée par un concours de circonstances qui nous sont restées cachées, a été la formation d'une nouvelle espèce, l'espèce bimane, qui comprend l'homme et ses variétés de race.

En effet, selon Lamarck, si la race la plus avancée du genre quadrumane perdait, peu à peu, par la nécessité des circonstances, l'habitude de grimper et de saisir les branches avec les pieds, pour s'y accrocher ; si, pendant une longue suite de générations, les individus de cette race étaient forcés de se servir de leurs jambes, de leurs pieds pour marcher ; s'ils cessaient d'employer leurs pieds en guise de mains, il n'est pas douteux que l'écartement des gros orteils disparût, et que ces *quadrumanes* ne fussent métamorphosés en bimanes. Car, il faut bien le remarquer, ce n'est point la forme du corps qui fait naître les habitudes et l'instinct des animaux ; ce sont, au contraire, les habitudes, la manière de vivre, et autres influences qui ont, avec le temps, constitué la forme du corps et des parties du corps. De nouvelles facultés sont acquises avec de nouvelles formes, et la nature est parvenue, peu à peu, à produire les animaux dont les formes sont aujourd'hui invariablement arrêtées.

Si les quadrumanes, par un besoin quelconque,

étaient forcés de se tenir debout et en prenaient l'habitude, il est certain que leurs pieds se conformeraient insensiblement pour la marche bipède ; que l'action continuelle des muscles de la jambe substituerait à la forme grêle le développement des mollets.

Enfin, si cette race au-dessous de l'homme, mais la plus avancée des autres races d'animaux, cessait d'employer ses mâchoires, comme des armes, pour mordre, saisir ou arracher, et ne les fît servir qu'à la mastication, il est très probable que l'angle facial du quadrumane éprouverait une modification, deviendrait moins ouvert ; que le museau se raccourcirait de plus en plus, et que les dents finiraient par prendre la direction verticale.

Que l'on suppose maintenant cette race de quadrumanes, après avoir acquis, par l'habitude, la faculté de se tenir verticalement et de marcher avec ses deux pieds, formant des familles, puis des sociétés ; se créant de nouveaux besoins qui excitent son industrie ; se perfectionnant de plus en plus, pullulant, envahissant les contrées pour avoir plus d'espace, chassant les autres animaux qui la gênent, et l'on aura bientôt une race dominante, une race en tout semblable à la race humaine. Les nouveaux besoins ayant développé de nouvelles idées, les signes pantomimiques deviennent insuffisants à cette race quadrumane perfectionnée ; alors les individus modifient leurs cris, exercent leur gosier, leur langue et leurs lèvres pour articuler des sons et multiplier leurs moyens de communication, et l'admirable faculté de parler naît du continuel exercice des organes vocaux. Tel fut peut-être l'origine du langage parlé.

Certains lecteurs prendront en pitié ces considérations; ils auront tort; d'autres s'écrieront que c'est ravaler la nature humaine, c'est avilir l'homme que de lui donner un singe pour premier père; l'homme a une plus noble origine. La croyance de tous les peuples, les livres génésiaques de toutes les nations, la révélation... prouvent... Arrêtez! Les livres génésiaques peuvent-ils l'emporter sur le livre de la nature? Les uns sont de fabrication humaine, l'autre, au contraire, porte avec lui son empreinte divine. Eh! pourquoi récuseriez-vous l'origine du quadrumane? Connaissez-vous le rôle qu'il remplit sur notre planète et le but auquel le Créateur l'a destiné? Vous méprisez le quadrumane, et, peut-être, sans lui n'existeriez-vous point. Vous criez au scandale et n'avez même pas l'*a*, *b*, *c* de la science zoologique; donc, vos cris sont de l'orgueil et votre pitié de l'ignorance.

Le naturaliste philosophe ne regarde jamais avec les yeux de l'imagination; la raison pure lui sert de flambeau; il ne procède point par la révélation; mais il observe, étudie les phénomènes de la nature, analyse, compare les faits pour en tirer une conclusion logique. Cette conclusion, nous le répétons, est celle-ci :

La vie est strictement une sur le globe; les corps ou instruments par lesquels elle se manifeste sont multiples. Ici, comme en toutes choses, la nature marche du simple au composé. L'organisme vivant a suivi cette progression, depuis l'infusoire, première manifestation de la vie, jusqu'à l'homme. La nature a passé par toutes les formes intermédiaires avant d'arriver à la forme humaine; elle a incessamment marché du simple au composé. Telle fut toujours, et telle est encore, sa marche invariable.

Ainsi donc, le philosophe qui a étudié les créations progressives et la disparition des êtres antédiluviens, considère l'arrivée de l'homme sur la terre, comme la dernière évolution qu'imprima la nature féconde à l'organisation animale. Le premier couple humain, bien imparfait, sans nul doute (*Voir la représentation de la femme primitive*, Pl. I, fig. 1), tenait de la brute par les instincts; mais il portait dans son cerveau les germes d'une intelligence qui devait grandir et le faire roi de la création. Ce couple pullula et fut la race primitive d'où sortirent trois races distinctes dont nous allons parler.

Race-mère. — Première souche de l'espèce humaine.

On ne retrouve aucun vestige de cette race-mère dans les annales du monde. Les anciennes cosmogonies, rédigées par des mystiques ou des poètes, entourent la naissance du premier homme de tant de circonstances fabuleuses et de faits impossibles, que le philosophe se refuse à croire à ces contes avec lesquels on captive le vulgaire. Le naturaliste remonte à la première famille humaine par la synthèse, puis, rassemblant les faits historiques, il les oppose, les analyse, et finit par arriver à cette conclusion :

La race-mère, dont il est impossible de reconnaître la trace, a produit les trois races types que nous voyons encore aujourd'hui. Ces races types ont donné, par leur croisement, des branches d'où sont sortis des rameaux qui représentent les variétés de race. La classification la plus simple, comme aussi la plus conforme aux faits naturels, est donc la suivante :

RACE BISTRÉE NOIRE. — (*Éthiopique.*)

1re branche.	Hottentots.
2me id.	Papous, Australiens.
3me id.	Cafres.
4me id.	Éthiopiens.

RACE JAUNE. — (*Mongolique.*)

1re branche.	Hyperboréens.
2me id.	Américains.
3me id.	Malais.
4me id.	Chinois, Mongols.

RACE BLANCHE. — (*Caucasique.*)

1re branche.	Indous.
2me id.	Scythes.
3me id.	Araméens.
4me id.	Celtes, Peslages.

C'est donc de ces trois races types que sont sorties les variétés de race, soit éteintes, soit existant de nos jours sur la surface de la terre.

Nous commencerons par l'histoire de la race bistrée, puisqu'elle provient directement de la souche mère.

I

Race bistrée. — *Noire.*

(Pl. III, fig. 1.)

1re branche.	Hottentots.
2me id.	Papous, Australiens.
3me id.	Cafres.
4me id.	Éthiopiens.

Nous avons dit plus haut, que les premiers *bimanes* se rapprochaient de la brute par les instincts ; l'organe cérébral n'ayant pas encore acquis chez eux son entier développement, ils étaient exclusivement dominés par l'instinct de conservation et de reproduction. Examinez le physique, étudiez les habitudes de certaines tribus de la race bistrée ou noire ; comparez-les ensuite avec la famille des orang-outangs, et vous acquérez la certitude que ce sont deux chaînons contigus de la chaîne animale, dont le chaînon supérieur représente le passage de la matière brute à la matière intelligente. A mesure que les rameaux poussent, c'est-à-dire que de nouveaux individus naissent et s'éloignent de la branche primitive, l'angle facial devient moins ouvert, le museau rentre, le front s'élève et le cerveau se développe. Les Éthiopiens de la 4e branche ont les traits beaucoup plus réguliers que les Nègres des branches supérieures, et sont aussi plus intelligents.

La branche hottentote occupe encore aujourd'hui le dernier gradin de l'échelle anthropologique ; elle est, sans aucun doute, le passage du genre quadrumane au genre bimane. La description suivante montrera certains rapports communs à ces deux genres : peau lavée de bistre, chevelure courte et laineuse, visage triangulaire, traits diffus, front fuyant, pommettes saillantes, les yeux obliques ; les os du nez sont formés, comme dans les singes, d'une seule lame aplatie, et beaucoup plus large que l'os nasal des autres hommes. La bouche est énormément fendue ; les lèvres, d'une couleur livide, sont très gonflées et renversées en dehors ; l'implantation oblique des dents et l'avancement des mâchoires donnent à la bouche l'aspect d'un museau avec un angle facial de 75 degrés. Tous les voyageurs s'accordent à dire que les Hottentots sont les plus bruts, les plus sales des hommes ; leur langage, aussi pauvre que leurs idées, se réduit à une sorte de gloussement. Accroupis des journées entières dans l'ordure, ne pensant à rien, grimaçant, se grattant, ils dévorent, à l'exemple des singes, la vermine dont ils sont couverts ; leur paresse, leur stupidité et leur laideur repoussante n'ont point de pareilles dans l'espèce. Cette race misérable s'étend sur toute la pointe africaine, depuis le cap Nègre jusqu'au cap de Bonne-Espérance. Les Nouriquois, les Namaquois, les habitants des terres Natal, les Houzouanas et autres peuplades appartiennent à cette première branche.

Il existe une variété dont les femmes sont remarquables par le développement monstrueux de la région fessière. Cette difformité est due à une énorme loupe de graisse, peu concrète et tremblante comme de la gelée, contenue dans un tissu cellulaire à lames très écartées. La Hottentote boschismane, amenée à Paris dans les premières années de notre siècle, et que l'on montrait au public sous le nom de Vénus hottentote, portait une loupe de cette nature ; les deux enfants qu'elle avait eus d'un homme de sa race, pouvaient grimper dessus et s'y asseoir comme sur une selle. Ce monstrueux fessier fit longtemps l'admiration des curieux de la capitale. On lui voyait aussi une peau de plusieurs centimètres de longueur, espèce de tablier sous lequel se cachaient ses parties sexuelles, et qui n'était autre que le prolongement démesuré des nymphes. (Pl. X, fig. 1.)

La deuxième branche comprend les Papous, les Australiens et les sauvages de la Nouvelle-Calédonie. Les Papous, un peu moins bruts que les Hottentots, sont dispersés en hordes sur un terrain fertile ; ils occupent tout le littoral de la Nouvelle-Guinée. Répandus dans la Nouvelle-Bretagne, la Nouvelle-Irlande, les Nouvelles-Hébrides, on les retrouve mélangés à d'autres variétés jusqu'aux îles Fidji et aux îles des Navigateurs. De leur croisement avec les Malais est sortie la masse des populations de l'intérieur des îles Moluques et Formose, ainsi que les hordes errantes sur le littoral des îles Vaigiou, Battenta, etc... Les Papous se distinguent des autres Nègres par leur teint d'un noir jaune et leur chevelure longue et crêpée, qui donne à leur tête une dimension énorme.

Les habitants primitifs de l'Australie ou Nouvelle-Hollande, de même que ceux des archipels océaniques, appartiennent à la race noire ; leurs cheveux, quoique rudes et laineux, sont cependant plus lisses. Le rameau australien se trouve dispersé dans l'intérieur de quelques îles malaises, telles que Sumatra, Bornéo, les Philippines, les Moluques, les Açores... On leur donne le nom d'Alfourous.

Les peuplades de la Nouvelle-Calédonie et de la terre de Diémen diffèrent peu des Alfourous ; on les a souvent confondues avec les Papous, dont ils tirent leur origine ; paresseux et misérables, ces hommes, à museaux allongés, descendent par bandes sur les rivages pour dévorer les coquillages que la mer y a jetés. Ils sont toujours affamés, et, pour apaiser la faim qui les tourmente, ils avalent des morceaux de terre (stéatite) sans aucune répugnance ; ce qui les a fait surnommer *Géophages*. Rien n'égale leur gloutonnerie et leur malpropreté ; ils n'ont pas même l'instinct de l'orang-outang, qui se construit une cabane avec des tiges de bambous et lave son museau aux ruisseaux qu'il rencontre ; les Calédoniens, encroûtés de crasse jusqu'aux dents, préfèrent endurer l'intempérie des saisons plutôt que de se construire un abri. Est-ce stupidité ou paresse?

Les Cafres forment la troisième branche de la race

primitive ; déjà il y a progrès sensible dans leur organisation physique et morale ; on voit que la nature travaille au perfectionnement lent et successif des races futures. Les Cafres sont beaucoup moins hideux que les Hottentots, les pommettes sont moins saillantes, le nez est moins écaché. Leur langue, riche en voyelles, est assez douce, quoique hérissée d'aspirations ; ils se montrent assez intelligents pour élever des bestiaux, se bâtir des huttes, se fabriquer des instruments de chasse et de guerre, et même pour entreprendre, au loin, un commerce d'échange. La variété Cafre couvre toutes les terres orientales d'Afrique, depuis la rivière du Saint-Esprit jusqu'au détroit de Bab-el-Mandeb. Ceux de Mozambique, de Mongale, de Monbaze et de Mélinde sont moins foncés en couleur, leur nuance est quelquefois jaunâtre.

Les femmes de quelques-unes de ces localités, les Betjouanases, par exemple, passent pour avoir de belles formes, le nez moins écaché, les lèvres moins gonflées et le visage se rapprochant un peu de celui de l'Européen.

La quatrième branche, dite Ethiopienne, comprend les Foulahs, les Iolofs, les Mandings ; puis les populations du Sénégal, de la Sierra-Leone, du Benin, de la Nigritie, du Congo, d'Angola, de la Gambie, des îles de Gorée, du Cap-Vert, etc... enfin toute la côte occidentale d'Afrique, depuis le Sénégal jusqu'au cap Nègre.

Les hommes appartenant à cette quatrième branche, passent pour les plus avancés de leur race ; ils sont industrieux, adroits dans les arts et métiers ; ils possèdent des villes, des chefs, des rois ; et, dans l'intérieur de l'Afrique, ils ont formé, dit-on, de puissants empires. Hérodote assure que les premiers habitants de l'Égypte étaient descendus des montagnes de l'Éthiopie. — Volney pense également que les premiers hommes qui vinrent se fixer sur les bords du Nil, et, de là, se répandirent dans la Haute et Basse-Égypte, étaient de race nègre. Il invoque, à l'appui de son opinion, les peintures et sculptures que ces peuples nous ont laissées. Si l'on jette les yeux sur les étuis de momies et les sphynx, il est impossible, en effet, de méconnaître le type nègre. Sans contredire cette opinion fondée, d'autres historiens font remarquer, avec justesse, que l'ancienne Égypte était divisée en castes : les travailleurs, les prêtres et les nobles ; ces derniers, sortis de la race caucasique, cultivaient les sciences, commandaient, gouvernaient ; une distance immense les séparait des premiers, tant au moral qu'au physique. Aussi les marbres et pierres gravés qui représentent les individus de sang royal et théocratique, s'éloignent tout à fait de la forme égyptienne proprement dite, pour se rapprocher des proportions grecques.

Les langues en usage chez la race nègre ont paru innombrables à plusieurs voyageurs ; chaque peuplade parle un idiome différent, et il y a autant de dialectes que de variétés dans la race. Ces langues sont généralement pauvres et aussi peu avancées que les nations qui les parlent ; les unes sont rudes et gutturales, d'autres labiales, un peu moins désagréables, presque toutes sont monosyllabiques et incapables d'exprimer des idées métaphysiques. Le langage des Hottentots de l'Afrique centrale est rempli de battements de langue, d'expirations, de gloussements dont les sons monotones ressemblent assez aux cris de certains oiseaux.

Malgré les nombreuses nuances de teintes, de physionomies, de tailles, de mœurs et de langages, depuis le Nègre couleur de jais jusqu'au Calédonien jaunâtre, la race éthiopique offre un ensemble de traits caractéristiques à ne jamais s'y tromper.

Avant de passer à la race jaune, nous allons essayer d'aborder la question de la couleur propre à chaque race. Cette question, encore très obscure, malgré les recherches récentes d'hommes spéciaux, s'éclairera peut-être plus tard, car elle mérite de fixer l'attention du naturaliste.

La couleur des différentes races, et particulièrement celle du Nègre, a beaucoup occupé les anatomistes. Les uns ont cru en trouver la cause dans l'intensité de la lumière et les ardeurs du climat; d'autres ont avancé qu'elle dépendait de la bile qui, plus foncée, plus abondante chez le Nègre, envahissait la circulation, imprégnait les organes et venait se noircir dans le système cutané. Évidemment, ces opinions sont erronées; d'abord, parce que les rayons solaires ne peuvent que brunir l'épiderme; ensuite, parce que l'hypothèse de la bile est rejetée par tous les physiologistes.

La matière colorante réside essentiellement dans le corps muqueux de la peau placé au-dessous de l'épiderme; cette matière a été nommée *pigmentum*; analogue au sang et provenant de lui, elle passe des vaisseaux de la surface du derme dans le corps muqueux auquel elle donne sa couleur; les poils et les cheveux lui doivent également leur teinte, c'est un fait physiologique désormais avéré. En outre, l'analyse chimique a démontré que le pigmentum avait la forme globuleuse et était principalement formé de carbone.

Le corps muqueux est d'un blanc légèrement rosé chez le blond, un peu plus teinté chez l'individu à cheveux roux, et d'un blanc mat ou très peu coloré chez le brun; il est jaune dans la race mongolique, et noir dans l'éthiopique. On s'est assuré que le sang, la bile et généralement toutes les humeurs, sans même en excepter le chyle, sont plus foncés dans la race noire que dans les autres. Or, ne pourrait-il pas se faire que le sang du Nègre, plus riche en carbone que le sang du Caucasien, donnât au pigmentum la teinte, la couleur noire? Des phénomènes semblables se passent dans l'économie des hommes blancs, pendant certaines maladies; les vomissements noirs, les hématémèses, les tumeurs mélaniques, etc., tous ces phénomènes morbides semblent reconnaître pour cause un sang plus carbonisé qu'il doit l'être dans l'état normal. Le sang du Nègre offrirait donc cette condition, principalement due à l'influence d'un ciel ardent prolongée pendant des siècles; l'on arriverait à cette conclusion : des familles de la race primitive ou couleur de suie, fixées dans les zones brûlantes, est sortie la race noire, après que le climat, et peut-être d'autres causes cachées, eurent noirci leur pigmentum ; tandis que la race blanche doit sa couleur à une modification et à des causes contraires.

Il est aujourd'hui démontré, par l'expérience de mille et mille faits, que la peau du blanc, longtemps soumise aux ardeurs du soleil, revêt une couleur brune qu'elle ne peut plus quitter. Les personnes qui, depuis longues années, habitent les climats chauds de l'Afrique ou des îles; celles qui ont passé un partie de leur vie à voyager dans la zone torride, sont devenues brunes et presque noirâtres pour toujours ; leur derme a été si profondément modifié par l'action solaire, qu'il ne peut plus revenir à son état primitif, et le retour dans les pays froids ne saurait enlever ce hâle incrusté par les années.

On attribue au corps muqueux et au pigmentum les propriétés de défendre la peau contre les intempéries climatériques ; aussi le corps muqueux des races tropicales et hyperboréennes est-il beaucoup plus épais que celui de la race blanche : chez les premières il garanti le derme de la rubéfaction solaire ; chez les secondes, des gerçures qu'y produirait le froid. Après de longues recherches, les anatomistes ont reconnu que le corps muqueux manquait chez les *Albinos*, les *Blafards*, etc., ou qu'il s'y trouvait à un état de ténuité imperceptible. De là vient que la moindre action prolongée du soleil détermine sur leur peau les phénomènes de la vésication, tandis qu'il faut d'énergiques épispastiques pour produire le même effet sur celui du Nègre.

II

RACE JAUNE

(Pl. III, fig. 2 et 3).

1er rameau.	Hyperboréens.
2e —	Américains.
3e —	Malais.
4e —	Chinois, Mongols.

La race jaune marche la deuxième dans l'ordre progressif : le crâne est mieux moulé, les instincts de la brute persistent encore, mais l'intelligence est plus développée. La nature, qui met des milliers de siècles à façonner ses œuvres, fait pressentir qu'elle ne bornera point là son grand travail anthropogénique.

Cette race offre les caractères suivants : face large et aplatie, front bas, pommettes saillantes, nez court, gros et camus ; les yeux sont petits et fendus obliquement ; les tempes sont enfoncées et les joues globuleuses ; le menton s'avance légèrement ; la tête, très grosse en proportion du corps, s'allonge en arrière ; les cheveux sont droits et noirs ; la barbe est rare ; la taille, généralement petite, ne s'élève guère au-dessus de la moyenne ; enfin, selon les différents climats, la peau revêt une couleur variant du jaune au brun et à l'olivâtre foncé.

La branche hyperboréenne, qui touche à la race bistrée, comprend les Lapons, les Samoyèdes, les Iakoutes, les Ostiaks, les Boraudiens, les Esquimaux, les Groënlandais et généralement toutes les peuplades dispersées sous les cercles polaires. Ces variétés hyperboréennes diffèrent très peu entre elles par les traits physionomiques. C'est toujours un visage plat, un nez écrasé, de grosses lèvres, une tête énorme et presque quadrangulaire, une peau plus ou moins basanée, peu de barbe, une taille ramassée, ne s'élevant guère au-dessus de quatre pieds.

Les Hyperboréens se nourrissent de chair de rennes, d'ours blancs, de poissons qu'ils laissent putréfier pour en rendre l'action plus stimulante et la digestion plus facile ; l'huile qu'ils retirent de la graisse des cétacées leur sert de boisson, et ils s'enivrent avec une liqueur fermentée de baies de genièvre ; quoique naturellement timides et poltrons, l'ivresse les pousse à des transports de fureur inouïe : ils courent agitant leurs armes, se battent et se tuent sans le moindre scrupule. Sans cesse errant dans les neiges, ils s'y creusent des huttes qu'ils éclairent et chauffent au moyen d'une lampe toujours allumée. Ces peuples misérables vivent dans la polygamie, et n'ont ni lois, ni pudeur ; le mari offre sa femme à l'étranger qui le visite, comme le père offre sa fille et le frère sa sœur. Ils sont superstitieux, adorent des fétiches et craignent les sorciers. Des missionnaires ont essayé de leur apporter les bienfaits de la religion, mais leur intelligence peut à peine s'élever jusqu'à l'idée de la Divinité. Ils écouteront aujourd'hui le prêtre catholique, demain le protestant, et changeraient volontiers, dix fois par jour, de croyance pour quelques verres de boisson fermentée; en résumé, on pourrait les considérer comme une race arrêtée dans son développement par les rigueurs excessives du climat et la mauvaise nourriture.

La seconde branche de cette race est la branche américaine, facile à reconnaître aux traits suivants : teint cuivré, variant du jaune clair au jaune foncé; front très court, tête allongée en arrière ; les yeux enfoncés, le nez un peu écaché, les narines ouvertes, la face large et ronde, les pommettes élevées, cheveux droits et noirs, taille moyenne, système musculaire assez développé. La forme du front et l'allongement en melon de la partie postérieure de la tête, est, chez ces Indiens, le résultat de malaxations exercées sur la tête des jeunes sujets, dès leur plus tendre enfance.

La branche américaine fournit un grand nombre de rameaux. En commençant par l'Amérique septentrionale, on trouve des hommes absolument semblables aux Lapons d'Europe et d'Asie : mêmes mœurs, même taille, même laideur. Dans la partie nord-ouest, les Canadiens, les Hurons, les Labradoriens, et toutes les tribus qui regardent les côtes asiatiques, ressemblent beaucoup aux Tartares dont ils tirent peut-être leur origine. Dans l'Amérique méridionale, les habitants de l'Orénoque, du Pérou, de la Guyane, du pays des Amazones, de la Nouvelle-Espagne, du Brésil, du Chili, du Paraguay, des Terres magellaniques, de la Patagonie, etc..., revêtent une couleur plus foncée; leurs traits sont aussi plus profondément sculptés. En parcourant les plages immenses du nouveau monde, on rencontre une infinité de peuplades dont le teint varie depuis le jaune blanc, comme les Christinaux et les sauvages du détroit de Magellan, jusqu'au rouge cuivre, comme les Péruviens et la plus grande partie des tribus méridionales, et l'on arrive insensiblement jusqu'au teint brun noir des Brésiliens. On trouve dans certaines tribus des individus de couleur et de conformation tout à fait différentes. Plusieurs voyageurs assurent qu'il existe dans les Cordillières, des Américains blancs, à chevelure blonde, connus sous le nom d'Araucans. Il n'y a rien d'impossible dans le récit de ces voyageurs; il suffit de jeter un coup d'œil sur la position géographique de l'Islande, très anciennement habitée et fréquentée par les Européens, pour voir qu'elle est presque contiguë au Groënland et très peu éloignée des Orcades septentrionales. On sait aussi que, bien avant la découverte du nouveau monde, les Danois avaient formé des colonies sur la côte groënlandaise; or, ces îles étant très rapprochées du continent américain, ne pourrait-on pas affirmer que des hommes d'origine scandinave y aient été jetés par la tempête, ou bien, comme les hommes primitifs de race bistrée, qu'ils y soient venus d'eux-mêmes à la recherche de nouvelles terres?

Ainsi serait expliquée la présence des blancs parmi les tribus de race cuivrée.

La ressemblance frappante qui existe entre les peuplades de l'Amérique septentrionale, telles que les Kitègnes, les Esquimaux, etc., et les tribus de Tchouktchis dispersées sur la pointe asiatique, en regard du détroit de Behring; les mœurs et coutumes, les quelques arts communs aux unes et aux autres, le peu de largeur du détroit, semblent confirmer l'opinion qu'anciennement cette partie de l'Amérique fut peuplée par des migrations sorties de la Tartarie. D'un autre côté, on présume avec raison que les terres du nouveau monde, aux environs du détroit de Davis et le septentrion du Labrador, durent leurs habitants également aux migrations groënlandaises, car les tribus de ce détroit et celles du Groënland offrent tous les traits d'une même ressemblance.

Lors de la découverte de l'Amérique, les peuplades peu nombreuses et dispersées à de grandes distances erraient à l'état sauvage : c'est l'opinion la plus générale. Cependant, d'après les récits des historiens espagnols, deux puissants empires y existaient déjà : ceux du Mexique et du Pérou. Il est permis de croire que ces empires n'ont existé si puissants que dans l'exagération espagnole. Les Péruviens et les Mexicains étaient des peuples nouveaux, qui, à l'époque de l'invasion ne possédaient pas encore le langage écrit, et, d'après leur chronologie traditionnelle, leur civilisation datait à peine de trois siècles; si ces deux nations avaient eu l'importance que leur attribuaient les conquérants espagnols, comment une poignée d'aventuriers eussent-ils pu, en aussi peu de temps, achever leur conquête?

Des voyageurs, membres de commissions scientifiques, ont fait le calcul qu'une surface du continent américain, égale à la France entière, ne contenait pas quatre mille individus. Partout des forêts immenses, des lacs, de vastes marais, des plages stériles et désertes, prouvaient que cette nature était vierge, et que les pieds de l'homme ne l'avaient point foulée. De nos jours, malgré la civilisation et l'industrie européennes, la topographie nous montre les trois quarts de cette partie du globe encore incultes et inhabités.

Les langues américaines sont aussi nombreuses que variées; chaque peuplade a, pour ainsi dire, son idiome, qui se rapporte plus ou moins avec celui des peuplades voisines. On dit qu'en général, ces langues sont polysyllabiques; quoique différentes par leurs racines, elles ont cependant une physionomie commune. Il en est aussi plusieurs monosyllabiques : l'*othomi*, répandu dans la Nouvelle-Espagne, le *maya* et quelques autres. Les langues de l'extrémité orientale et septentrionale de l'Amérique offrent de grands rapports avec celles de l'Asie orientale et septentrionale.

La troisième branche, dite Malaie, sortie de la presqu'île Malacca, se répandit anciennement au delà du Gange et dans une grande partie de l'archipel asiatique. Aujourd'hui cette variété, qui a opéré des croisements avec la variété mongolique, couvre des plages immenses sur les continents ; on la retrouve aux îles de Sumatra, de Java, de Célèbes, de Timor, de Bornéo, etc..., dans tout l'archipel indien et les îles aléoutiennes, dont les habitants forment le passage de la branche malaie à la branche américaine. On peut aussi lui rattacher toutes les populations océaniennes depuis Sumatra jusqu'au delà d'Otaïti. Les langues en usage dans ces vastes contrées, appartiennent toutes à la famille malaie.

La branche mongolique ou chinoise est la quatrième dans l'ordre du progrès. Plus avancée que les trois autres, c'est d'elle que sortira l'homme blanc qui, par son organisation physique et intellectuelle, méritera d'occuper le degré supérieur de l'échelle anthropologique.

La race jaune est répandue dans toute la Mongolie, dans la Tartarie orientale et méridionale, à l'est du Gange et des monts Belour, dans le Tonquin et le Pégu, au pays de Siam et des Birmans et dans le grand désert de l'Asie centrale, où se trouvent les Kalmouks ; plusieurs tribus tartares et toutes les peuplades de la Sibérie orientale lui appartiennent. Mais les nations les plus remarquables de cette race, les plus industrieuses et les plus intelligentes, sont les nations chinoise, cochinchinoise et japonaise ; la première surtout passe pour la nation du monde la plus anciennement civilisée. Le Japon, la Corée, les îles Mariannes et Philippines, les Carolines et toutes les autres terres qui s'étendent depuis le premier de ces archipels, jusqu'au 172° degré de longitude, sont peuplées par la race jaune. Sa couleur est plus ou moins foncée, selon les différents climats qu'elle habite ; sa civilisation se trouve aussi dans les mêmes rapports.

Les nombreux dialectes en usage parmi ces peuples sont le chinois, le thibétain, le coréen, le japonais, etc., appartenant tous aux langues dites monosyllabiques.

III.

Race blanche. — (*Caucasique*)

(Pl. 3, fig. 4.)

1re	branche.	Indous.
2e	—	Scythes.
3e	—	Araméens.
4e	—	Celtes et Pélasges.

D'après l'ordre successif, d'une organisation moins parfaite à une organisation plus avancée, que met invariablement la nature dans toutes ses transformations, la race blanche a dû succéder à la race jaune.

La race blanche, surnommée, par tous les naturalistes, race caucasique, se distingue par la blancheur de la peau, la beauté de l'ovale et le galbe élevé du front ; par la position horizontale des orbites, le nez droit et saillant, bien caréné ; un angle facial de 85 à 90 degrés ; enfin, par sa civilisation, qui a surpassé de beaucoup celle des autres races.

La race blanche occupe les parties centrales de l'ancien monde, savoir : l'Asie occidentale, l'Afrique orientale et septentrionale, et presque la totalité de de l'Europe. Elle se compose de plusieurs branches dont les derniers rameaux sont tellement croisés qu'il est difficile de les ramener à la branche-mère. Nous ferons nos efforts pour être clair et laconique.

La première branche de la race caucasique est la branche indoue.

La branche indoue dispute, avec raison peut-être, la priorité de civilisation à la race chinoise ; elle réunit tous les peuples de l'Indoustan dont les nombreux dialectes dérivent du sanscrit, langue d'une antiquité très reculée, aujourd'hui morte et regardée comme sacrée. Le sanscrit offre, dit-on, d'étroites analogies avec le grec et le latin. Appartiennent encore à cette branche, les Persans, les Arméniens, les Ossètes, etc..., dont les langues reconnaissent pour mère le zend, le pelwi et le parsi.

La deuxième branche donne les deux rameaux scythique et tartare.

Le rameau scythique s'étendit autrefois sur toute la Sarmatie et la Dacie, depuis les bords de la Vistule jusqu'à l'embouchure du Tanaïs ; le long de la mer Baltique où s'établirent les Venèdes ; au pied des monts Krapaks où campèrent les Bastarnes ; sur les

Palus-Méotides et toutes les contrées qu'arrosent le Borysthène et le Tyras. Ce rameau s'étendit encore dans l'Ukraine, occupée par les Roxolans, qui donnèrent leur nom à la Russie ; dans la Chersonèse Taurique, sur le littoral de la mer Noire et sur toute la rive gauche du Danube. Ces peuples formèrent plus tard, les Russo-Moscovites, les Polonais, les Bohémiens, etc... Toutes nations dont l'idiome rappelle les langues slavonnes.

Le rameau tartare occupa des pays immenses en Asie ; il couvrit toute l'étendue de la terre comprise entre la Russie et le Kamtschatka, c'est-à-dire un espace de onze à douze cents lieues ; il comprenait aussi les Finnois, variété formée du mélange du sang scythe et tartare, qui habitaient exclusivement le littoral oriental de la Baltique, le nord de la Russie, la Sibérie, les monts Ourals jusqu'aux confins du fleuve Jénissei. Les Hongrois et les Turcomans paraissent être une branche égarée de la race finnoise.

Mais le rameau tartare n'appartient pas tout entier à la race caucasique ; il forme, en quelque sorte, la nuance transitoire de la race jaune à la race blanche, Les Tartares nomades qui errent entre la mer Caspienne et les rives de l'Irisch, ainsi que les tribus de la mer Noire et des montagnes du Thibet, se rapprochent par la taille, la couleur et les traits du visage de la race chinoise ; il faut également retrancher du rameau caucasique les Kalmouks, les peuples du Daghestan, ceux des terres situées sous le 6e degré de latitude et les Mongols, anciens conquérants de la

Chine dont la physionomie caractérise la race mongolique.

La troisième branche, dite *Araméenne*, comprend les Assyriens, les Chaldéens, les Arabes, les Phéniciens, les Égyptiens, les Hébreux, les populations syriennes et du Korassan, enfin toutes les nations qui ont parlé les langues sémitiques. Elle comprend aussi les Géorgiens, Circassiens et Mingréliens dont la beauté physique, surtout celle des femmes, est passée en proverbe. Beaucoup parmi ces peuples ont une peau basanée, quelquefois jaune ; mais cette coloration dépend uniquement de l'action de la lumière et des ardeurs du soleil, car les personnes qui vivent renfermées, conservent la couleur blanche et la teinte de leur idiosyncrasie.

Enfin, la quatrième et dernière branche de la race blanche embrasse toutes les nations d'origine teuto-celtique répandues depuis le golfe de Finlande jusqu'au midi de l'Europe, et qui parlaient les langues germaniques, celtiques et kymriques. On retrouve encore des vestiges du kymrique dans la principauté de Galles ; le bas-breton offre un reste mélangé de celtique, et le basque contient une infinité de mots de l'ancien idiome ibérien et cantabre. Les Celtes se sont fondus dans les flots de la race gothique, depuis les irruptions des Cimbres et des Teutons, jusqu'aux débordements des Visigoths, Gètes, Gépides, Hérules, Suèves, Huns, Saxons, etc., toutes nations sorties des forêts de la Scandinavie et de la Chersonèse Cimbrique. Mais de tous les peuples que la quatrième branche a produits, les plus remarquables sortent, sans contredit, du rameau pélasgique : LES GRECS ET LES ROMAINS ! peuples à jamais célèbres par leurs vertus guerrières, leurs vastes conquêtes et leur génie. Ils étendirent leurs colonies sur une grande surface de l'ancien monde, et se servirent de leur supériorité morale pour éteindre la barbarie et répandre partout les lumières ; ce sont eux qui cultivèrent avec le plus d'éclat les sciences et les arts ; nous leur devons les bienfaits de la civilisation moderne : reconnaissance à eux !

La langue pélasgique est la mère commune du grec et du latin qui, à leur tour, formèrent l'italien, le portugais, l'espagnol, le français et les différents idiomes patois qui en dérivent.

Sans entrer dans les hautes considérations politiques et morales qui ne sont pas de notre ressort, nous fermerons cet article en résumant ainsi les principaux caractères fournis par la physiognomonie des peuples en général :

A mesure que la face gagne en largeur, que les traits s'aplatissent, se confondent et que le museau s'allonge, le crâne se rétrécit et la stupidité augmente ; dans les proportions inverses l'intelligence s'agrandit. La race noire se traduit par la passivité et les appétits charnels ; les instincts l'emportent sur l'esprit. — La race jaune se traduit par l'immobilité ; nullement susceptible de monter aux degrés d'une civilisation avancée, elle reste stationnaire. — La race blanche se traduit par l'intelligence et l'activité ; plus favorisée que ses sœurs, la perfectibilité est son noble apanage, et, jusqu'à présent, elle garde sa place en tête de l'humanité.

Telles furent, telles sont encore les races humaines, jusqu'à ce qu'une longue succession de siècles porte l'homme à un degré de perfection physique et morale plus avancée, ou jusqu'à ce qu'un bouleversement général dans nos milieux vienne modifier la vie animale, la restreindre ou la faire disparaître du globe.

CHAPITRE III

DES VARIÉTÉS PRODUITES PAR LE CROISEMENT DE DEUX RACES DISTINCTES. — DES VARIÉTÉS PAR L'INFLUENCE DES MILIEUX ET DES PRATIQUES OU COUTUMES DES PEUPLES DIVERS.

SECTION PREMIÈRE

La couleur des espèces est un des types qui se reproduit avec le plus de fidélité. Tant que l'union a lieu entre individus de même race, la couleur est transmise invariablement ; mais, si les procréateurs sont de races différentes, la couleur des enfants participe des père et mère. D'après ces faits généraux, on a établi une classification des variétés produites par le mélange des races blanche et noire ; cette classification est une sorte d'échelle de proportion, ainsi qu'on peut en juger par le tableau suivant :

PARENTS	PRODUITS OU ENFANTS.	DEGRÉS DE MÉLANGES
Blanc et noir.	Mulâtre.	1/2 blanc 1/2 noir.
Blanc et mulâtre.	Terceron saltatras.	3/4 blanc 1/4 noir.
Noir et mulâtre.	Griffes ou Zambo.	3/4 noir et 1/4 blanc.
Blanc et terceron.	Quinteron.	7/8 blanc 1/8 noir.
Noir et terceron.	Quinteron et saltatras.	7/8 noir 1/8 blanc.
Blanc et quarteron.	Quinteron.	15/16 blanc 1/16 noir.
Noir et quarteron.	Quinteron.	15/16 noir 1/16 blanc.

Ainsi, la race blanche s'alliant à la race nègre ou la race nègre à la blanche donne un produit mulâtre. Deux mulâtres s'alliant entre eux, procréent des enfants d'un jaune plus clair; il en est de même jusqu'à ce que la couleur, entièrement délayée, revienne au type caucasique, représentant la race la plus parfaite de l'espèce humaine. Néanmoins, les observateurs prétendent que les derniers métis, aussi blancs que les individus de race caucasique, offrent des signes de sang mélangé.

La teinte des métis est loin de parcourir la succession régulière du tableau précédent; elle peut varier et se transmettre fort inégalement. La couleur d'une race peut prédominer et quelquefois se transmettre seule. Les exemples suivants, cités dans le savant traité sur l'*Hérédité* de Prosper Lucas, en sont une preuve convaincante :

« Une giletière parisienne, très blonde, maîtresse d'un nègre pur sang, eut successivement trois enfants de ce nègre : le premier, *négrillon*, aussi noir que le père; — le second, *mulâtre*, et le troisième parfaitement blanc avec les cheveux roux.

« Un cent-suisse eut d'une négresse, dans l'espace de huit ans, six enfants dont deux noirs, trois mulâtres et un d'une blancheur irréprochable. »

Le docteur Stéarns a donné l'observation d'une négresse qui accoucha de trois enfants, le premier noir, le second mulâtre et le troisième d'un blanc de neige.

La constitution de l'homme éprouve l'influence des milieux où il vit : une race transplantée sous un ciel autre que celui du pays natal, subit de notables modifications dans son organisation physique et morale, sans toutefois changer de type. Les colonies du Nord qui s'établissent dans les climats méridionaux, perdent, au bout d'un certain temps, leur tempérament lymphatique ou sanguin pour revêtir le tempérament bilieux. Deux familles hollandaises, établies dans l'Inde depuis deux siècles et ne s'alliant qu'entre elles, ont procréé des enfants d'un tempérament semblable à celui des indigènes. Si ces familles avaient pullulé de manière à former une nation, il est hors de doute que cette nation eût été complètement différente du peuple hollandais, quant à la constitution.

Diverses pratiques en usage chez certains peuples ont aussi profondément modifié plusieurs parties du corps. La coutume de tirer le lobule de l'oreille, le nez; d'aplatir ou d'allonger la tête; la compression de la taille par des bandes ou des corsets, finit à la longue par changer la forme de ces organes, de ces régions. — Les Arabes bédouins, qui se serrent la tête par dix et vingt tours de corde pour fixer leur haïque, offrent une tête dont la partie postérieure est allongée en melon. — Selon Hippocrate, les peuples voisins de la mer Noire ou du Pont-Euxin ayant adopté la coutume de comprimer le crâne de leurs enfants, ce continuel usage était passé dans leur nature, et de son temps, ces peuples étaient *macrocéphales*, c'est-à-dire à longues têtes. — Pallas, dans son voyage en Tauride, a été frappé de l'allongement postérieur de la tête des indigènes. — Les Omaguas comprimaient entre deux planches la tête de leurs enfants; La Condamine a fait dessiner les instruments qui servaient à cette compression. Cette pratique était si généralement répandue dans presque toute l'Amérique, d'après Oviédo, qu'il fallut un concile pour la proscrire de toute l'Amérique espagnole. Ces bizarres coutumes de pétrir la tête humaine se retrouvent à Sumatra, aux îles de Nicobar et dans beaucoup d'autres contrées.

Les pieds gros et courts que les femmes chinoises de distinction transmettent à leurs enfants, sont le résultat de l'usage immémorial d'un brodequin métallique, qui s'oppose à la croissance du pied en longueur et favorise son développement en épaisseur; ce qui est hideux pour nous et d'une grande beauté pour les Chinois aristocrates. — Nous, Français, peuple éminemment civilisé, nous rions, nous déplorons ces pratiques empreintes du sceau de la barbarie, et nous oublions qu'il existe, dans notre pays, une coutume beaucoup plus barbare; je veux parler du *corset*, ce pernicieux vêtement d'invention parisienne, qui menace de s'introduire chez tous les peuples. Le corset à busc, dont l'étroite compression aplatit, flétrit les seins, les rend flasques, souvent squirrheux, le corset, bien plus dangereux que le brodequin chinois, puisqu'il fane tant d'attraits, cause tant de maladies mortelles et précipite au tombeau tant de jeunes existences!... Du corset, enfin, qui ne borne point ses ravages à celle qui le porte, mais qui gêne encore l'enfant dans le sein de la mère, le rend parfois difforme et porte atteinte à la race entière. Que pensez-vous de cela, mesdames les corsetées?... Et si vous croyez que nous exagérons, interrogez un médecin, un artiste, peintre, sculpteur ou un homme de bon sens ; ils vous répondront tous que non seulement le corset nuit à votre santé, mais qu'il vous déforme, vous enlaidit. (Voyez l'intéressant ouvrage intitulé : *Modes et parures*) (1).

Selon l'alimentation des peuples et d'autres influences, les races offrent de sensibles variétés. Depuis qu'on fait usage d'épices, de café, de spiritueux, avec profusion, dans la plupart des villes d'Europe septentrionales, on a observé que la couleur de la peau, des yeux et des cheveux s'est rembrunie. Dans les villages et chez les habitants des montagnes, accoutumés à vivre de laitage, de farineux et de végétaux, la couleur blonde se conserve. Lorsque les femmes asiatiques veulent blanchir leur teint, elles évitent le soleil, se mettent, pendant quelque temps, au régime végétal et se privent de tout condiment épicé.

Certaines maladies endémiques, dépendant, soit des eaux et des aliments, soit de la situation topographique, peuvent altérer la forme humaine et former une variété qui se perpétue sous les mêmes conditions qui l'ont fait naître. Buffon cite les habitants des îles Saint-Thomas comme une race à grosses jambes. Ce développement monstrueux des extrémités infé-

(1) LES MODES ET LES PARURES *anciennes et modernes*, particulièrement chez les Français. — Prix : 3 fr. Dentu, éditeur, Palais-Royal, à Paris.

rieures se rencontre aussi chez les Égyptiens, Arabes et Juifs qui habitent les vallées humides ; c'est l'éléphantiasis, espèce de lèpre, qui se perpétue dans les familles. Les indigènes de quelques îles de l'Océanie, qui font entrer dans leurs aliments une terre stéarique et qu'on nomme *Géophages*, présentent un ventre énorme semblable à celui d'une femme au 9e mois de sa grossesse. Le crétinisme, le mélanisme, l'albinisme, les goitres, etc., se perpétuent également parmi les populations qui restent continuellement soumises aux causes qui les engendrent. Nous parlerons plus loin de ces diverses dégradations de l'être humain.

SECTION II

DE L'HÉRÉDITÉ PHYSIOLOGIQUE

Avant de tracer l'histoire des diverses métamorphoses de l'espèce humaine, de ses dégradations et de ses monstruosités, il est indispensable de faire connaître au lecteur les lois de l'hérédité physiologique. Cette connaissance l'éclairera sur les causes éloignées et prochaines des curieux phénomènes dont nous aurons à l'entretenir.

Les lois de l'HÉRÉDITÉ PHYSIQUE, dans le règne animal, entrevues par les anciens, sont désormais reconnues réelles par les physiologistes modernes. Néanmoins, la marche de ces lois est, en beaucoup de circonstances, enveloppée de ténèbres que dissiperont, plus tard, les lumières de la science.

Dans l'immense chaîne des êtres vivants, les procréateurs transmettent les qualités de leur organisation aux êtres engendrés ; et ceux-ci héritent nécessairement de ceux-là.

Les qualités les plus invariablement transmises sont relatives à l'espèce, à la forme, à la couleur, etc., etc.

Les qualités secondaires, c'est-à-dire celles qui se sont développées sous l'influence des milieux, de l'alimentation, des habitudes, etc., telles que la beauté physique, la taille, les formes, les forces, la vigueur, comme aussi la faiblesse, les imperfections et les maladies, se transmettent généralement, sans suivre, toutefois, une marche régulière. Ces transmissions peuvent sauter une et quelquefois deux générations, et reparaître à la génération suivante.

Lorsque les qualités secondaires, acquises par les procréateurs, se reproduisent pendant plusieurs générations, elles deviennent héréditaires, et si, dans la suite, elles disparaissent, il faut attribuer cette extinction de l'hérédité à un concours de circonstances, liées au changement de climat, de nourriture, de genre de vie physique, et autres influences. On doit cependant avouer que, malgré les études avancées de la physiologie moderne, l'observateur qui suit, pas à pas, l'hérédité, en perd souvent la trace, pendant une génération et la retrouve au milieu ou à la fin de la génération suivante, sans pouvoir en découvrir la raison. C'est donc une lacune à combler et qui mérite de sérieuses études.

Si l'on prête une scrupuleuse attention à la série

des phénomènes qui accompagnent la reproduction des êtres vivants, on voit d'abord la femelle douée d'organes propres à sécréter l'œuf. Or, cette sécrétion se fait aux dépens des humeurs et doit nécessairement participer de leur qualité. D'un autre côté, la liqueur prolifique du mâle est également une sécrétion puisée dans les humeurs et participant de leur qualité. Donc, si l'œuf, rudiment de l'être futur, et le sperme qui donne la vie, ont été parfaitement élaborés, la fécondation sera bonne, et l'être engendré sera doué d'une belle organisation. Si, au contraire, les qualités de l'œuf et du sperme sont inférieures, l'être futur portera en lui les signes de cette infériorité. L'expérience de tous les jours prouve que les choses se passent ainsi.

L'hérédité *tératologique* ou des monstruosités, et l'hérédité morbide ou transmission des imperfections, dégradations et maladies acquises par les procréateurs, sont réelles, mais sujettes à des irrégularités. En général, les vices de conformation et les maladies ne deviennent héréditaires, que lorsque la cause qui les a produites a sévi sur plusieurs générations de la même famille. Les monstruosités et maladies accidentellement acquises ne se transmettent point.

Mais, si la même maladie qui a détérioré la constitution du procréateur, vient frapper, par hasard, l'être engendré dans le courant de son existence, celui-ci pourra transmettre sa maladie ou son imperfection aux enfants qui naîtront de lui. Les enfants qui naîtront de ces derniers seront aussi prédisposés à contracter la maladie de leur aïeul. Dans cet état de prédisposition, si la maladie est contractée par l'arrière-petit-fils, on peut assurer que désormais cette maladie ou imperfection deviendra héréditaire dans la famille. Nous citerons quelques exemples dont plusieurs sont tirés de l'ouvrage *ex professo*, de Prosper Lucas, sur l'hérédité morbide.

« Élisa Diff, affectée d'un bec de lièvre, donna, en 1844, le jour à un enfant également atteint de la même imperfection. Le père et l'aïeul d'Élisa Diff avaient offert ce vice congénial. »

« Un homme, bien proportionné, mais issu d'une famille rachitique, a procréé plusieurs enfants des deux sexes ; tous les garçons ont tous la charpente osseuse droite ; toutes les filles, une seule exceptée, sont bossues. »

« Dans une famille où la claudication est héréditaire, un seul membre, échappé à cette difformité, engendra une fille boîteuse et deux garçons droits. »

« Victoire Barré, née avec des mains privées de doigts, accoucha, en 1827 et 1829, de deux enfants portant les mêmes difformités que leur mère : les doigts manquaient à chaque main, à l'exception de l'auriculaire ; les pieds n'avaient aussi qu'un seul orteil. »

« Une femme enceinte, entrée, en 1819, à la Maternité, accoucha de deux jumelles : l'une douée de trois mamelles, et l'autre d'un prolongement des petites lèvres, à l'instar du tablier des Hottentotes. Cette femme raconta à l'accoucheur que son grand-père était multimame, et qu'elle avait été opérée, par le professeur Richerand, de la nymphotomie, pour être débarrassée de deux énormes lèvres qui lui pendaient sur les cuisses. »

« Un jeune pâtre, manchot de naissance, nous apprit que sa mère et son grand-père offraient la même difformité. »

« Joséphine Camus, bonne d'enfant, entrée à l'hospice pour une métrite, découvrit au médecin un ventre recouvert, en totalité, d'une toison floconneuse semblable à celle d'un mouton. Son père offrait une semblable anomalie et la tenait de sa mère. »

Il faut le dire, dans notre civilisation avancée, où l'acquisition des richesses est le but vers lequel chacun se dirige, on rencontre un plus grand nombre de constitutions physiques qui se détériorent, se dégradent, que de constitutions détériorées qui s'amendent et se fortifient. Et cela, parce que l'hygiène publique est trop négligée ; parce que les mariages se font plutôt dans un but d'intérêt que pour procréer des enfants sains, vigoureux et de belle venue.

Parmi les vices héréditaires qui exercent le plus de ravages sur la progéniture, nous signalerons les scrofules, la phthisie pulmonaire, le rachitisme, la syphilis invétérée ou constitutionnelle, le scorbut, les affections dartreuses, l'épilepsie, etc., etc. La plupart de ces maladies s'exaspèrent par le mariage, qui hâte ordinairement la mort : les défunts ne laissent après eux que des êtres à constitution débile, auxquels ils ont transmis un funeste et hideux héritage. — En voici une preuve qu'un médecin, habile observateur, nous prie de publier :

« Le fils du comte de ***, jeune homme d'une organisation rachitique, avait reçu le jour de parents usés par les bals, les soirées, les théâtres, et par toutes ces distractions si funestes à la santé du grand monde. A son nom d'Oscar, on avait ajouté l'épithète de *Fluet*, à cause de l'excessive délicatesse de sa constitution ; et, soit par gentillesse, soit par habitude, les amis de sa famille ne l'appelaient jamais que de ce dernier nom. La puberté ne s'était déclarée chez lui que fort tard et d'une manière incomplète. A l'âge de vingt-deux ans, Oscar ressemblait à un enfant de treize à quatorze ans ; ses traits grippés, ses cheveux rares, son dos voûté, annonçaient une vieillesse anticipée. Malgré tous les soins dont il était l'objet, la triste constitution qu'il tenait de ses parents ne put jamais s'amender. A vingt-cinq ans, on songea à le marier. Ses titres et sa fortune lui valurent une foule de prétendantes de la haute société. Un médecin orthopédiste, ami de la famille, chercha longtemps à dissuader le père d'un mariage qu'il prévoyait devoir être funeste au fils et à sa progéniture. Voyant ses oppositions inutiles, il conseilla au comte de choisir dans la classe moyenne une femme saine, forte, vigoureuse, dont la riche organisation pût contrebalancer les imperfections du jeune homme. Mais l'aristocratie est aussi orgueilleuse de ses titres qu'avide d'argent ; le comte ne goûta point ses raisons, et sacrifia à l'intérêt individuel la santé, le bonheur d'une race future. Oscar fut marié à une jeune comtesse, riche, mais à peu près aussi infirme que lui. Cette triste union donna les fruits qu'on devait en attendre. Après quatre années de stérilité, la comtesse accoucha d'un garçon qu'on crut mort-né, tant il était misérable. Cet accouchement pensa lui coûter la vie; car le travail fut long et dangereux. La comtesse eut trois autres grossesses dont les fruits furent aussi chétifs; la dernière grossesse se termina par une fausse couche. Dès ce moment, sa santé, déjà si faible, éprouva une altération profonde; elle souffrit encore pendant deux ans et s'éteignit comme une lampe qui manque d'huile. Les trois enfants d'Oscar arrivèrent jusqu'à l'âge de huit ans, sans que leur constitution s'améliorât; vers cette époque, des signes de rachitisme se déclarèrent, leur colonne vertébrale se déjeta; ils devinrent contrefaits, et, après avoir langui encore quelques années, de même que leur mère, ils s'éteignirent dans le marasme. Oscar ne leur survécut que peu de temps; à l'âge de trente ans il mourut dans la décrépitude: la même tombe se ferma pour jamais sur cette malheureuse famille, qui ne parut un instant sur la terre que pour inspirer la tristesse et la pitié. »

Voici une autre observation du même médecin, qui est la contre-partie de la précédente, et qui démontre, d'une manière péremptoire, les heureux avantages que retire la progéniture d'un mariage contracté selon les lois physiologiques.

« M. Théodore ***, homme du monde, qui n'avait reçu de ses parents qu'une très pauvre santé, arriva jusqu'à l'âge de trente ans sans songer à se marier. D'une intelligence aussi développée que sa constitution physique était chétive, il avait jugé que son état valétudinaire lui défendait les plaisirs du mariage. Cependant, le désir d'avoir des enfants et de vivre au milieu d'une famille dont il serait l'idole, devint si vif, si pressant, qu'il se décida subitement à prendre femme. Son médecin, consulté, lui donna des conseils qu'il suivit ponctuellement. »

« M. Théodore *** alla choisir en province une femme de vingt-quatre ans, fraîche, bien musclée, pleine de force et de santé. Après dix mois de mariage, il eut le bonheur de se voir père d'un bel enfant, qui ressemblait à sa mère pour la bonne constitution. Sa femme lui donna encore deux autres enfants aussi bien portants que le premier. Mais, il faut le dire, M. Théodore avait suivi strictement le régime des hommes qui veulent avoir une belle progéniture. Avant de s'approcher de sa femme, il s'était soumis, pendant un mois, aux règles de la continence et à une alimentation fortifiante. Une fois sa femme enceinte, il s'était interdit toute caresse amoureuse, tout amusement qui eût pu gêner, chez elle, le travail de la gestation. »

Le même M. Théodore va nous fournir la preuve que le régime hygiénique des parents influe d'une manière incontestable sur la progéniture à naître.

« Forcé de quitter sa femme pour remplir une mission diplomatique, M. Théodore revint, après quelques mois, fatigué, épuisé de veilles, de soirées, de parties aristocratiques auquelles sa haute position l'avait forcé de prendre part. Le soir de son arrivée, il eut l'imprudence de s'approcher de sa femme : la fécondation eut lieu, mais le fruit qu'elle donna ne ressembla en rien aux premiers. Ce quatrième enfant, malgré tous les soins dont fut entouré son berceau, resta toujours malingre et chétif. On eût dit que ses parents, épuisés, ne lui avaient point fourni une assez forte dose de vie ; il crût, cependant ; mais fluet, étiolé, semblable à une plante qui s'allonge comme un fil et se dessèche bientôt. M. Théodore, s'accusant intérieurement d'avoir donné le jour à un être si frêle, tandis qu'il aurait pu faire autrement, eut la douleur de le voir mourir dans sa quatrième année. »

L'hérédité des maladies se meut dans un cercle beaucoup plus étendu que l'hérédité tératologique ou des monstruosités. La plupart des maladies organiques et des diathèses humorales, telles que phthisie, phlegmasie, hémoptysie, hypertrophie, etc., syphilis, cancer, dartres et autres affections cutanées, passent des parents aux enfants. Ce sont surtout les névropathies de la digestion, de la respiration et de la circulation, qui se transmettent avec une désolante similitude ; il en est de même de l'hystérie, de l'épilepsie, de l'hypocondrie et de la plupart des névroses, ces mortelles ennemies du système nerveux ; enfin, jusqu'à l'aliénation mentale, la démence, la folie, la frénésie, dont l'hérédité n'est malheureusement que trop constatée. C'est dérouler aux yeux du lecteur un bien sombre tableau des misères humaines ; mais il est un correctif et une compensation à l'hérédité morbide :

c'est l'*hygiène médicale* et la *transmission* réelle des bonnes qualités organiques.

La première enseigne à l'homme à modifier l'hérédité vicieuse par les croisements, l'alimentation, la gymnastique, l'observation des préceptes callipédiques et autres moyens décrits avec soin dans notre HYGIÈNE DU MARIAGE. En pratiquant ces préceptes, on peut terrasser, anéantir l'hérédité morbide et lui substituer une bonne organisation ; de telle sorte, qu'un des plus beaux privilèges de l'hygiène est de pouvoir corriger les écarts de la nature vivante.

La compensation de l'hérédité morbide se trouve directement dans l'hérédité des bonnes qualités des parents. Si ces bonnes qualités physiques se transmettent, les diverses aptitudes et qualités morales doivent également se transmettre, puisqu'elles ne sont, pour ainsi dire, que le résultat de l'exercice des organes ; c'est ce qu'on est à même de vérifier tous les jours. Mais l'homme subit, ainsi que l'animal, l'action des causes physiques et des influences morales du milieu où il naît, où il vit ; son organisation se modifie soit en bien, soit en mal, et, avec le germe du type originel de l'individu, il transmet à sa progéniture les modifications acquises.

Nous voici arrivés à une question très grave et très importante pour le bonheur des sociétés, à savoir si, par un système d'éducation physique et moral, il ne serait pas possible de perfectionner l'espèce humaine par la combinaison bien entendue des moyens suivants :

1° Améliorer les organisations physiques défectueuses, et leur faire acquérir tout le développement dont elles sont susceptibles;

2° Détruire les vices, réprimer les mauvais penchants et leur en substituer de bons, afin de pousser l'homme non vers cet état de perfection rêvé par les utopistes, mais vers ce degré de santé physique et de progrès moral compatible avec son organisation.

L'impossibilité d'un semblable système d'éducation physiologique n'est point dans le résultat, mais dans son application générale. Quant à son application individuelle, elle est incontestable et manque rarement d'atteindre le but. L'individu vicieux une fois redressé ne peut que transmettre à sa progéniture les qualités acquises qui font désormais partie de lui-même. Les lois de l'hérédité des qualités acquises ont été reconnues par plusieurs savants, entre autres par Giron de Buzaringues. Selon cet observateur, les capacités acquises se transmettent par la génération, et la transmission est d'autant plus sûre que les mêmes modifications ont été plus fréquentes et les habitudes plus anciennes. L'enfant reçoit de ses parents, avec les empreintes de leurs habitudes, toutes les nuances d'aptitudes et de penchants acquis. Il est à remarquer que les habitudes antérieures des parents ne se transmettent plus, lorsqu'elles ont été effacées et remplacées par d'autres; ce sont ces dernières qui se transmettent.

Pour les détails de l'éducation la plus propre au développement du physique et du moral, nous renvoyons le lecteur à notre ouvrage, intitulé : HYGIÈNE ET PERFECTIONNEMENT *de la Beauté humaine ;* et, pour ce qui concerne l'union sexuelle et la procréation de beaux enfants, à l'HYGIÈNE DU MARIAGE, ouvrage aussi intéressant qu'instructif.

CHAPITRE IV

DÉGRADATION DE L'ESPÈCE

Si l'homme est susceptible de progrès, de perfectionnement physique et moral, il est aussi sujet à une dégradation plus ou moins sensible. C'est dans les climats et les milieux où il vit que se rencontrent les causes de cette dégradation. La forme despotique du gouvernement contribue également à arrêter le progrès, à étendre la misère et les ténèbres ; cette dernière cause étant hors de notre sujet, nous ne faisons que la mentionner.

L'espèce humaine offre des êtres dont la constitution a éprouvé de profondes modifications et un arrêt de développement de l'organe cérébral. Ces êtres déchus physiquement et moralement se rencontrent sur plusieurs points du globe sous des noms différents. On les nomme CRÉTINS dans les Alpes ; CAGOTS, JÉSUITES dans les Pyrénées, parce que beaucoup d'entre eux sont traîtres et méchants. Leur physique est chétif, leur intelligence fort peu au-dessus de celle de la brute; la plupart sont sourds ou muets et ladres; ils passent leur vie dans la paresse et l'imbécillité. On attribue particulièrement cette dégradation de l'homme à l'influence des eaux et des aliments de mauvaise qualité; à l'insalubrité des vallons encaissés, des endroits humides, abrités contre les vents, que le soleil ne visite jamais, et dont l'air n'est pas assez fréquemment renouvelé; mais la cause la plus prochaine est incontestablement l'hérédité. Par un de ces préjugés incrustés dans un pays, et qui se transmet de génération en génération, les habitants du Valais regardent les crétins comme des êtres leur portant bonheur, et les familles qui en sont privées se croient mal avec le ciel. N'est-il pas honteux qu'au milieu d'une civilisation telle que la nôtre, on ne répande point quelques lumières sur ces populations ignorantes?

Un fait à remarquer, c'est que, dans plusieurs villages des Alpes et des Pyrénées, on rencontre des familles composées de cinq à six enfants, parmi lesquels se trouve un *crétin* ou *cagot*. Les autres enfants, très bien constitués, ne présentent aucun symptôme de crétinisme. Pourquoi les père et mère, qui ont engendré des enfants sains, ont-ils donné le jour à un crétin? La cause étant expliquée dans l'*Hygiène du mariage*, nous y renvoyons le lecteur.

Nous avons dit que les crétins étaient, en général, d'une intelligence bornée, sournois, méchants; de plus, ils sont lascifs à la manière des singes, et il n'est pas prudent à une jeune fille de rester seule avec eux.

Mais le crétinisme n'est point exclusivement propre à l'Europe : il se rencontre dans les quatre parties du monde, dans les gorges du Caucase et des Carpathes ; dans les chaînes du Thibet et des Andes, aussi bien que dans les Alpes et les Pyrénées. Ce vice, d'après les physiologistes, ne serait point héréditaire ; cependant les issus de crétins s'y montreraient prédisposés; le seul remède à lui opposer est le changement de localité, pour les jeunes sujets dont l'organisme n'a pas encore éprouvé d'altérations notables ; hormis ce cas, le crétinisme reste incurable.

Il existe une autre dégradation de l'espèce humaine, nommée albinisme, qui reconnaît pour cause la dégénérescence du système cutané et pileux ; cette dégénérescence, primitivement due à une affection morbide, se transment ensuite et se perpétue par la génération. La peau des sujets ainsi dégradés paraît d'un blanc pâle, inanimé ; les cheveux, les poils sont blanchâtres et ressemblent à une végétation soyeuse ; leurs yeux, à iris rose ou rouge, ne supportent que difficilement la lumière. Ces êtres sont, du reste, languissants, débiles, craintifs et d'une intelligence très bornée. On les nomme *Blafards*, *Albinos* en Europe ; *Bedas*, *Kakrelas* aux Indes ; *Dondos* en Afrique, et *Dariens* en Amérique. L'insuffisance du corps muqueux de la peau, et quelquefois son absence complète, est la cause de cette dégradation.

Buffon a donné le portrait d'une Négresse blanche, née de parents nègres de la Côte-d'Or en Afrique. Elle avait alors dix-sept ans ; son corps et sa physionomie portaient le cachet de la race nègre ; ses lèvres étaient blafardes comme le reste de sa peau, tandis que le mamelon des seins, d'une longueur remarquable, offrait une teinte vermeille assez vive.

Du mariage d'une Albinos avec un Nègre, naît un enfant *pie*, c'est-à-dire un négrillon, dont la peau est parsemée de taches blanches. (Pl. V, fig. 1.)

Il existe une autre variété de Nègre pie, qu'on pourrait appeler homme bicolore : tout un côté du corps est parfaitement noir, tandis que l'autre côté offre une peau blafarde comme celle des Albinos. Cette division du corps entier en deux parties égales et symétriques, est extrêmement curieuse. Tous les Albinos ont la vue faible et l'ouïe dure ; leurs paupières sont agitées par un clignotement continuel ; beaucoup sont nyctalopes, c'est-à-dire n'y voient que la nuit, au clair de lune ou au crépuscule, d'où leur vient le nom de *yeux de lune*, que les Nègres leur ont donné.

D'après les récits de plusieurs voyageurs, il existerait, près du fleuve de Jénissei, les restes d'une tribu errante de Tartares, dont la peau, jaune foncée, est fouettée de zébrures blanchâtres, ou mouchetée de taches d'un blanc terne. Cette bigarrure, qui dut dépendre, dans le principe, d'une affection cutanée, serait devenue naturelle par la suite et aurait formé une variété de l'espèce.

Les individus appartenant à la catégorie des Crétins et des Albinos, engendrent toujours des enfants qui portent des signes plus ou moins apparents de cette dégradation.

SCROFULES, SYPHILIS

Il est des maladies qui envahissent, en totalité, un ou plusieurs systèmes d'organes; ces maladies, après une transmission de trois ou quatre générations, finissent par prendre le type héréditaire et dégrader le corps humain; sont dans ce cas, les affections *scrofuleuses*, *syphilitiques*, etc.

L'étymologie du mot *scrofule* est *scrofa*, truie, parce que ces pachydermes sont sujets à une maladie analogue; on les désigne aussi par les noms d'*humeurs froides*, *écrouelles*. Cette affection, qui consiste en une dégénération du système lymphatique avec altération de la lymphe, est particulière au tempérament lymphatique. Cependant on voit des sujets, offrant toutes les apparences du tempérament sanguin ou bilieux, être affectés de scrofules; mais ces cas sont exceptionnels. Il existe, en France, des contrées où une grande partie des habitants sont scrofuleux et transmettent à leurs enfants ce triste héritage. Chez les femmes la diathèse scrofuleuse est beaucoup plus prononcée que chez les hommes; elles ont la peau blanche, de belles couleurs rosées; mais des coutures au cou, des cicatrices crurales et inguinale, et des dents rongées par la carie. Les scrofules n'altèrent pas seulement le physique, elles influent encore sur le moral, qui perd de son énergie. Les moyens de combattre l'affection scrofuleuse est plutôt du domaine de l'hygiène que de celui de la médecine. Nous renvoyons aux ouvrages spéciaux qui traitent de cette maladie, et nous nous contenterons ici de la mentionner comme cause de dégradation.

CHAPITRE V

SECTION PREMIÈRE

DES MONSTRUOSITÉS DANS L'ESPÈCE HUMAINE

A l'histoire des races humaines, de leurs variétés et de leur dégradation, se rattache naturellement l'histoire des monstruosités. Ce chapitre, un des plus curieux de l'ouvrage, serait fertile en créations bizarres, si nous n'avions eu soin d'en écarter les récits fabuleux de l'antiquité et les contes grossiers du moyen âge. En rapportant les faits qui ont été vus et transmis par des hommes sérieux ennemis des miracles, nous n'exagérons rien, nous n'inventons rien et laissons au lecteur toute sa liberté de juger, d'admettre ou de rejeter. Néanmoins, toutes les fois qu'il nous sera possible de donner la raison physique d'un fait réputé extraordinaire, incroyable, nous nous empresserons de le faire; car, telle est la tâche que nous nous sommes imposée.

Les monstruosités ne sont que des faits isolés dans la nature; l'art peut quelquefois les produire, ainsi que l'horticulture en fournit des exemples dans les végétaux qu'elle pousse à des dimensions colossales (1), mais, dans l'espèce humaine, les monstruosités sont généralement le résultat d'accidents pendant la fécondation ou la gestation; quelquefois elles reconnaissent l'hérédité pour cause.

Par monstre on désigne, en histoire naturelle, tout être qui s'éloigne plus ou moins de la forme normale; mais, dans le langage du monde, ce mot indique une conformation vicieuse, un être imparfait ayant certains rapports de ressemblance avec les êtres d'une autre espèce. Ainsi qu'on l'a pensé bien longtemps, les monstruosités ne sont point dues à la préexistence des germes monstrueux, non plus à un écart inexplicable de la nature; la cause des monstruosités est tout simplement une anomalie de la *force vitale transformatrice* qui arrête l'embryon au milieu de ses évolutions. Si l'on se rappelle ce qui a été dit au commencement de ce volume, que toutes les organisations ne sont que des modifications d'une seule et même nature; que le fœtus humain s'organise peu à peu, qu'il passe d'une structure simple à une plus compliquée, jusqu'à ce qu'il ait parcouru tous les degrés de l'espèce animale; si l'on se rappelle cette marche progressive, on reconnaîtra sans peine que

(1) Voyez le très intéressant ouvrage intitulé : *les Parfums et les Fleurs*, où sont rapportées toutes les merveilles et singularités de l'empire de Flore. Ce livre est pour tous les âges.

les monstres ne sont autre chose que des fœtus arrêtés dans leur développement, et venus à vie sans avoir subi la dernière transformation qui caractérise l'espèce.

Les monstres tiennent toujours du genre voisin de leur origine, et se rapportent rarement à des genres trop éloignés. On a observé que les difformités du fœtus humain ont plutôt des rapports avec la forme des singes et des quadrupèdes, qu'avec celle des oiseaux, par la raison qu'ils sont plus rapprochés d'eux dans la série zoologique.

Les ouvrages tératologiques les divisent en quatre classes :

1° Les monstres par excès, c'est-à-dire qui offrent plusieurs corps, ou seulement des parties surnuméraires ;

2° Les monstres par défaut : ceux à qui manquent une ou plusieurs parties du corps ;

3° Les monstres par renversement d'organes ;

4° Les monstres dont le corps présente des parties d'une espèce étrangère à la leur. Cette dernière classe, à laquelle appartiennent les hermaphrodites, les sirènes, les centaures, les satyres, etc., n'est point admise par les physiologistes.

SECTION II

MONSTRES PAR EXCÈS

Dans la première classe, on range les monstres à deux corps greffés l'un sur l'autre, ainsi que les monstres qui, sur un seul corps, offrent des parties multiples. Ces anomalies, très fréquentes dans le règne végétal, se rencontrent moins souvent chez les animaux et deviennent plus rares parmi les hommes. Cependant l'espèce humaine en offre encore des exemples assez nombreux pour fixer l'attention du philosophe. Nous ne citerons que les plus remarquables.

Esther et Judith, nées en Hongrie, furent achetées par un prêtre et mises dans un couvent à Saint-Pétersbourg, où elles restèrent jusqu'à vingt ans. Réunies seulement par les reins, ainsi que le montre la Pl. VI, fig 2, toutes les autres parties de leurs corps étaient parfaitement libres. Elles n'avaient qu'un seul anus, et partant qu'une seule et même volonté pour satisfaire le même besoin, mais, de l'autre côté, c'était différent : chacune possédait ses parties sexuelles bien distinctes, bien conformées, et devait nécessairement avoir des besoins personnels, ce qui fut toujours une source de disputes ; car lorsque l'une éprouvait l'envie d'uriner, l'autre, et surtout Judith, se montrait peu complaisante et n'accompagnait sa sœur qu'en donnant des signes de mauvaise humeur.

Judith tomba malade à l'âge de six ans et resta percluse. Esther, au contraire, grandit belle, gaie et pleine d'esprit. Les signes de la puberté se montrèrent en même temps chez les deux sœurs. A vingt-deux ans, Judith eut la fièvre et mourut. La pauvre Esther, hélas ! fut obligée de suivre sa compagne inséparable ; elle s'éteignit trois heures après Judith.

Le journal de Verdun, année 1709, parle d'un exemple à peu près semblable :

Deux filles jumelles réunies par les reins, n'avaient aussi qu'un même anus, mais toutes deux étaient bonnes, gaies, sympathiques, leur intelligence était remarquable ; à l'âge de sept ans, elles parlaient déjà plusieurs langues. Il est à regretter que les auteurs de ce temps n'aient point continué leur histoire.

Munster a donné la description de deux petites filles, nées aux environs de Worms, accolées par le front. Le point de jonction égalait à peine la surface d'une pièce de dix sous. L'une d'elles étant morte, on eut recours à la section pour sauver l'autre ; mais celle-ci tomba dans une maladie de langueur et ne tarda pas à suivre sa sœur dans la tombe.

Vers la fin du siècle dernier, l'abbaye de Poissy renfermait deux sœurs réunies par les doigts auriculaires d'une main. Elles vécurent exemptes d'infirmités jusqu'à l'âge de cinquante ans, époque à laquelle l'une des deux, se sentant malade, s'alita et mourut. On pratiqua la séparation aux dépens du doigt de la morte; mais cette séparation ne devait pas sauver la survivante, qui s'étiola promptement et fut enterrée à côté de sa sœur.

Les frères Siamois offerts, dans ces dernières années, à la curiosité parisienne, adhéraient l'un à l'autre par la ligne blanche, depuis le creux de l'estomac jusqu'au nombril. (Planche VI, fig. 1) Leur organisation physique paraissait assez belle et leur intelligence assez développée, quoique le MOI fut distinct chez les deux individus, leurs facultés étaient dans une si parfaite harmonie qu'ils semblaient n'avoir qu'une seule et même volonté.

D'habiles chirurgiens de la capitale leur proposèrent de les isoler en pratiquant la section de la bande de chair qui les unissait; ils eurent le bon esprit de refuser.

Un monstre double, et pour mieux dire deux jumeaux accolés vers le sommet de la tête, reçurent le jour d'une femme âgée de vingt-quatre ans, déjà mère de deux enfants robustes et bien constitués. — La jonction de ces jumeaux s'opérait à la partie supérieure du crâne; le cuir chevelu était recouvert d'une toison épaisse et fine; les deux visages, offrant des traits agréables, se trouvaient tournés l'un en haut, l'autre en bas, et n'avaient aucun rapport de ressemblance. Les deux corps étaient parfaitement conformés. — Ce monstre, enfanté à terme, ne vécut que quelques mois. »

Les *Archives de médecine* contiennent le récit suivant :

« Il existe à Macao un Chinois âgé de vingt-deux ans, portant sur la partie antérieure de la poitrine, un fœtus acéphale, très bien conformé, qui lui descend jusqu'aux genoux. Ce petit corps humain, privé de tête et d'un sexe semblable à celui du Chinois, jouit d'une grande sensibilité et se contracte au plus léger attouchement. Le Chinois ressent les pincements pratiqués sur le fœtus et se met à crier lorsqu'ils sont trop forts. Ce monstre est encore vivant à Macao, et n'a pas voulu venir en Europe, malgré les offres avantageuses que lui fit un médecin anglais. »

Le savant Gaspard Bartholin donne l'histoire d'une monstruosité semblable et non moins remarquable (Pl. X, fig. 2). Le sujet, alors âgé de trente ans, qu'il eut occasion d'examiner très attentivement, portait attaché à sa poitrine, au-dessous des seins, un fœtus acéphale parfaitement conformé et dont les membres potelés jouissaient d'une contraction musculaire indépendante de la volonté de celui qu'on aurait pu nommer son père. Ainsi, lorsqu'on chatouillait la plante des pieds du fœtus, ses petites jambes s'agitaient avec vivacité ; le pinçait-on un peu fort, il regimbait, et semblait, par ses trépignements, indiquer la douleur, l'impatience et la colère.

Dans un mémoire du célèbre Winslow, sur les monstruosités humaines, on trouve l'observation détaillée d'une fille de douze ans, grande et très développée pour son âge, qui portait à son flanc gauche le corps d'une autre fille plus petite, enfoncé dans son flanc jusqu'au-dessous des épaules, semblable au monstre représenté dans la planche X. — Les fesses et les membres du petit corps étaient gros, bien nourris et paraissaient assez lourds pour incommoder de leur poids celle qui le portait. Un circonstance très remarquable, c'est que l'excrétion de l'urine et la défécation chez la petite fille, s'exécutaient indépendamment de la volonté de l'autre ; ce qui n'était pas le moindre des inconvénients ; car celle-ci était obligée de veiller tout le jour à entretenir la propreté de ces parties qui excrétaient fréquemment. Chez les deux sujets sensibilité commune; le plus léger attouchement sur le petit corps était aussitôt perçu par la jeune fille. Ce monstre vécut jusqu'à treize ans.

Le même auteur vit, en Italie, un enfant de huit ans, qui offrait au-dessous de la troisième côte une petite tête parfaitement bien conformée, ouvrant les yeux et donnant des signes de joie et de tristesse ; c'était, dit-il, comme si un autre enfant, caché dans le corps du premier, eût défoncé la paroi thoracique pour passer la tête à travers et y regarder de même qu'à une fenêtre. Chacune de ces deux têtes avait reçu le baptême sous les noms de Jacques et de Mathieu. La sensibilité était commune ; car, en pinçant fortement l'oreille de la tête nommée Jacques, on faisait crier Mathieu.

Nous pourrions citer beaucoup d'autres exemples semblables, que nous laisserons de côté, pour passer aux monstres bicéphales.

Les monstres de cette catégorie sont subdivisés en

monstres à deux têtes sur un seul tronc, et monstres à deux têtes sur deux troncs, ayant deux, trois ou quatre bras, et deux jambes seulement.

Il naquit en Espagne, année 1775, une fille qui n'avait rien de double que la tête, et encore ces deux têtes étaient fondues ensemble à la manière dont on nous représente le dieu Janus. Les deux bouches tetaient séparément le sein de la mère, et chacune faisait entendre des vagissements. Comme il n'y avait qu'un seul tube digestif, la mère s'aperçut qu'une fois l'estomac satisfait, les bouches refusaient le sein presque en même temps.

Ce monstre, un des plus bizarres qu'on ait vus sur le globe, fut, pendant plusieurs années, promené de ville en ville et montré au public, moyennant une faible rétribution d'argent.

L'ancienne école de chirurgie mentionne dans ses *Annales*, les deux monstruosités suivantes :

« Un monstre à deux occiputs et à une seule face : deux yeux, deux oreilles, une bouche, un œsophage, deux estomacs, quatre bras et quatre jambes bien conformés. Il n'y avait confusion que sur la ligne médiane, depuis la tête jusqu'aux environs de l'épigastre, le reste du corps était entièrement séparé. »

« Deux filles réunies par un côté de la poitrine jusqu'à l'ombilic. Deux bras étaient libres, les deux autres se trouvaient fondus en un jusqu'au poignet, qui donnait naissance à deux mains formées chacune de quatre doigts, et n'ayant qu'un pouce commun ; on voyait distinctement que ce pouce était la réunion des deux, de telle sorte qu'on pouvait dire que ce monstre possédait quatre mains et trois bras seulement. »

L'histoire du fameux bicéphale, que le poète Buchanan nous a transmise, est d'autant plus curieuse qu'elle est affirmée par les savants de l'époque :

« Vers le commencement du règne de Jacques IV, dit-il, naquit en Ecosse un monstre à deux têtes, deux poitrines, quatre bras, un seul ventre et deux jambes : la réunion des poitrines avait lieu au-dessus de l'ombilic. Elevé avec beaucoup de soins par les ordres du roi, ce monstre apprit plusieurs langues, et parlait avec beaucoup de facilité. Les deux têtes avaient souvent des volontées opposées, et ces dissidences amenaient fréquemment des querelles. Cet être, dont l'étude physiologique et psychologique eût été si intéressante, vécut jusqu'à vingt-huit ans. » Le fanatisme qui régnait à cette époque ne permit pas aux savants de soumettre son cadavre aux investigations anatomiques.

Home a consigné, dans les *Transactions philosophiques*, la description d'un bicéphale extraordinaire, né au Bengale, qui vécut jusqu'à quatre ans et mourut des suites de la morsure d'un serpent venimeux. Les deux têtes se trouvaient parfaitement soudées ensemble ; la tête surnuméraire se terminait par un cou arrondi en moignon. Cette tête, douée d'une grande sensibilité, exprimait la joie ou la douleur que l'autre éprouvait. Lorsque l'enfant tetait ou mangeait sa bouillie, la tête surnuméraire laissait échapper beaucoup de salive : c'était le cas de dire que *l'eau lui venait à la bouche*. On remarqua souvent que pendant le sommeil de l'enfant, l'autre tête conservait les yeux ouverts, et les fermait aussitôt que celui-ci se réveillait ; on eût dit qu'elle comprenait que c'était à son tour de dormir.

L'un des plus curieux bicéphales offerts à la curiosité publique, est certainement celui qui reçut le jour en Sardaigne et vint mourir à Paris vers la fin de l'année 1828. Ce monstre présentait deux têtes, deux poitrines et quatre bras, un seul bassin soutenu sur deux jambes. La fusion des deux troncs avait lieu à la hauteur du nombril. Les noms de Rita et Christina leur furent donnés en raison du sexe féminin. La mort de l'une entraîna presque subitement la mort de l'autre. L'autopsie faite par M. Geoffroy Saint-Hilaire fournit les détails suivants : — Deux cœurs dans la même enveloppe ; — un seul foie ; — le tube digestif double jusqu'au cæcum ; — deux utérus allant s'ouvrir dans le même vagin ; — deux colonnes vertébrales se réunissant au coccix ; — un seul diaphragme. (Pl. IX, fig. 1.)

Le tessarapode ou monstre à quatre jambes est la contre-partie du précédent : Rita et Christina étaient doubles supérieurement, tandis que celui-ci n'avait qu'une tête, une poitrine, un seul ombilic et deux bras. La duplicité commençait au-dessus du pubis. On lui voyait deux parties sexuelles et quatre jambes bien musclées, grasses et pleines de vie. La locomotion s'exécutait aussi facilement avec une paire de jambes qu'avec l'autre paire. Ce monstre, né à Bâle en 1475, vécut pendant quinze ans et ne dut sa mort qu'à un accident.

MACROCÉPHALIE

La monstruosité dite *macrocéphalie*, ou grosse tête, est assez rare dans nos contrées. Le grand *Dictionnaire de médecine* contient plusieurs observations de macrocéphales, entre autres les deux suivantes :

« Le nommé Borghini, né à Marseille, et mort à l'âge de cinquante ans, ne présentait pas plus de quatre pieds de taille. Sa tête avait trois pieds de circonférence, sur un pied de hauteur. Vers l'âge de vingt-deux ans, il fut obligé de se garnir les épaules de deux énormes coussins pour assujettir sa tête, qu'il ne pouvait tenir en équilibre. »

« Un naturaliste bien connu, récemment arrivé de Tunis, raconte avoir vu un Maure de trente ans, d'une taille moyenne, et qui portait sur ses épaules une tête plus grosse que le plus gros potiron, de telle sorte que le peuple s'attroupait autour de lui chaque fois qu'il sortait de sa maison. En outre, il possédait un nez de cinq pouces de longueur, qui s'évasait en pavillon de clarinette. De plus, sa bouche s'ouvrait si large qu'il y fourrait un melon avec son écorce, tout comme un homme ordinaire aurait pu le faire d'un abricot. Ce curieux macrocéphale, quoique imbécile, était le plus habile grimacier du pays. »

MULTIMAMES

Les femmes *multimames*, c'est-à-dire qui ont plus de deux mamelles, se rencontrent plus souvent dans les climats chauds que sous une froide température.

L'histoire nous apprend que la mère d'Alexandre Sévère avait trois mamelles.

Madame Withes, de Trèves, une des plus belles femmes de son temps, portait également trois jolies mamelles, formant sur sa poitrine une espèce de triangle.

Georges Annœus dit avoir palpé une jeune femme qui montrait trois seins d'une ravissante rondeur; ceux-là étaient placés horizontalement.

Lynceus vit une dame romaine fort jolie qui avait quatre mamelles placées sur deux lignes, l'une supérieure, l'autre inférieure, ne dépassant point les fausses côtes.

Gardner a connu au Cap une mulâtresse douée de cinq mamelles, parfaitement développées et pouvant fournir un demi-litre de lait chacune. La nature lui avait probablement fait ce don à cause de sa fécondité future. Cette femme devint mère à quatorze ans, et faisait les enfants par quatre et cinq à la fois.

M. Percy parle, dans ses Mémoires, d'une vivandière valaque à la poitrine de laquelle pendaient cinq longues mamelles, dont quatre étaient pleines; la cinquième était flasque et fanée.

Tout le monde a pu lire dans le *Dictionnaire philosophique*, l'histoire de cette femme qui portait sur sa poitrine quatre larges mamelles à bouts d'une excessive longueur ; de son croupion sortait une excroissance garnie de poils si longs et si touffus, qu'on la prenait tout d'abord pour une queue de jument.

Comme il n'est, ici, question que des monstres ayant vécu plus ou moins longtemps, nous ne parlerons point des monocéphales à deux corps et à quatre jambes ; ni des acéphales complets, espèces de monstres sans tête qui ne sortent du néant que pour y rentrer aussitôt.

SECTION III

MONSTRES PAR DÉFAUT

Cette deuxième classe comprend : les cyclopes, les *monopodes* et *anapodes* (une seule jambe, un seul pied, ou défaut complet de ces parties), les *anachyres* (sans bras ou sans mains), et généralement tous les êtres auxquels il manque une partie du corps.

La cyclopie et la monopodie dépendent presque toujours de la fusion de deux organes en un, et cette fusion s'opère par l'accolement intime de deux parties qui, longtemps affrontées l'une contre l'autre, ont fini par n'en plus former qu'une seule, mais au milieu de laquelle l'anatomiste découvre toujours la ligne de séparation.

Les cyclopes et les monopodes vivants sont très rares; les exemples qu'on en cite sont presque tous fabuleux; cependant un Père de l'Église certifie, dans ses écrits, avoir lié conversation avec des hommes dont le corps était soutenu sur une seule jambe comme sur une colonne, de véritables hommes *cariatides*, en un mot, et qui n'avaient d'autre marche possible que le saut gymnastique, dont ils s'acquittaient admirablement; car, pour la force et l'élasticité, ils possédaient ce qui s'appelle un *jarret d'acier*. Ce même Père vit aussi des hommes sans tête, présentant une large poitrine au milieu de laquelle s'ouvrait un œil menaçant; de même qu'aux premiers il essaya de leur adresser des paroles de paix; mais ce fut en vain, il ne reçut point de réponse.

Nous donnons (Pl. IV, fig. 2), la figure d'un cyclope presque quadrumane, qui ne vécut que quelques mois. Ce monstre, enfant légitime d'un épicier de la petite ville de ***, tenait du lion par la tête et le poil roux en forme de crinière, et du chameau par les bosses qui chargeaient son dos; le reste du corps offrait une ressemblance frappante avec le chimpazé. Cette pièce, aussi rare que curieuse, est conservée dans un bocal, au musée de l'Ecole.

Le magnifique ouvrage d'anatomie pathologique de M. Cruveilhier, nous fournit aussi des monstres humains dans une attitude quadrupède forcée; les membres seuls tiennent de l'homme; le reste du corps semblait appartenir à la brute.

Nous terminerons le paragraphe des *monstres par*

défaut, par l'histoire abrégée de Louis-César-Joseph-Ducornet, né à Lille, le 10 janvier 1806 :

Sa taille était de trois pieds huit pouces ; sa tête et sa poitrine très bien conformées ; la colonne vertébrale légèrement déviée à droite. — Les deux bras et avant-bras manquaient en totalité. — Les membres inférieurs consistaient en deux jambes très courtes qui, dès la naissance, ayant été affectées de luxations spontanées, s'étaient fixées sur les côtés du bassin et avaient perdu, en grande partie, la mobilité ordinaire. — Les pieds étaient bien conformés ; l'espace qui existe entre le gros orteil et le doigt correspondant était plus grand que dans l'état normal. Cette conformation, jointe à un exercice journalier, a eu des résultats très heureux, c'est-à-dire que les pieds se sont transformés en de véritables mains.

Dès son enfance Ducornet manifesta une grande aptitude pour le dessin ; à l'aide de ses pieds, il saisissait ses crayons, ses plumes, et les taillait avec une admirable dextérité ; M. Wateau, alors directeur de l'école de peinture de Lille, l'ayant vu dessiner, résolut de lui donner des leçons ; le jeune Ducornet fit de si rapides progrès en peu d'années, qu'il remporta le grand prix annuel de sa ville natale. Après ce premier succès, il vint à Paris pour continuer ses études et se perfectionner dans son art. Il obtint plusieurs médailles, et ses ouvrages, jugés dignes de la faveur de l'Exposition, le classèrent parmi les jeunes peintres distigués de son époque. En 1832, il eut la commande d'un portrait du roi, pour la préfecture de Lille.

L'année suivante, pareille commande lui fut faite pour la sous-préfecture de Sisteron. Il travailla trois ans à un grand tableau, représentant *Madeleine aux pieds du Christ après sa résurrection*, qui fut exposé, et acheté par le ministre de l'intérieur.

Ducornet avait une conformation de tête remarquable ; le galbe de son front était élevé, son œil vif, sa conversation spirituelle et variée, comme celle de tout véritable artiste ; c'est surtout dans le portrait qu'il excellait : ce genre de peinture a fait sa réputation. Sa mère l'a aimé, soigné, comblé de caresses, dans son enfance, comme s'il eût été beau de formes et de grâces, lui, être disgracié physiquement de la nature ; ô amour maternel !... et lorsque l'enfant contrefait eut grandi, plein d'une sainte reconnaissance, il paya sa dette à celle qui l'avait élevé : le produit de son travail et surtout sa tendresse filiale jetèrent sur sa vieillesse un rayon de bonheur.

LE PODIGRAPHE

On voit à Paris, sur les places publiques ou dans les carrefours, un homme, né sans bras, qui exécute, avec ses pieds, divers exercices très remarquables et dont tout le monde peut être témoin oculaire. Parmi les exercices au moyen desquels il attire l'attention et l'aumône des passants, nous citerons ceux de la plume, de l'aiguille, du pistolet, etc.

Il saisit, avec un de ses pieds, une plume d'oie, et, de l'autre, prenant un canif, il la taille, puis écrit fort correctement sur une feuille de papier. Il fait, ensuite, divers traits de plume dont un maître d'écriture serait jaloux. — Il enfile une aiguille avec une étonnante promptitude et coud aussi régulièrement qu'une habile couturière. — Il arme son pied d'un pistolet, le charge, l'amorce et le tire. — Il bat le briquet, allume sa pipe. — Prend un tire-bouchon, débouche une bouteille, verse le contenu dans un verre et boit, après avoir salué ceux qui l'entourent. — Il se nettoie les dents, se peigne, fait le nœud de sa cravate, avec une adresse et un goût des plus remarquables. Enfin, il pratique une foule d'autres exercices que nous passerons sous silence.

Cette étonnante dextérité à se servir d'un membre, fait pour d'autres usages, prouve que l'exercice longtemps continué, modifie les mouvements et la forme de l'organe. Les orteils de ce malheureux sont, en effet, beaucoup plus allongés et plus flexibles que dans l'état ordinaire; cette modification acquise par l'exercice les rend propres à remplacer les mains qui lui manquent.

RENVERSEMENTS D'ORGANES

Les monstres de la troisième classe, ou par *renversement d'organes*, sont plus communs qu'on ne semble le croire; mais, comme ces renversements ont presque toujours lieu à l'intérieur, la vue ne peut les distinguer, et, par cette raison, ils passent inaperçus.

Les Mémoires de l'Académie des sciences font

mention d'un invalide mort à l'âge de soixante-douze ans, et dans le corps duquel il existait un bouleversement des plus remarquables : tous les organes qui, dans l'ordre naturel sont à gauche, se trouvaient placés à droite; et cette transposition existait aussi bien pour les artères et les veines, que pour les viscères.

Cette observation n'est point la seule qu'on possède ; il en existe un grand nombre qu'il est inutile de rapporter.

Nous passerons de suite à la quatrième classe des monstruosités humaines, qui embrasse tous les monstres offrant des parties étrangères à l'espèce d'où ils sortent; cette classe est la plus féconde en créations imaginaires. Depuis le bon Hérodote, qui ne craint pas de nous apprendre que certaines femmes de la province de *Mendès* se livraient dévotement aux boucs sacrés nourris dans les temples, jusqu'à ce Père de l'Église qui soutient *mordicus* avoir lié conversation avec un centaure de très bon sens, il a existé un foule de personnes recommandables par leur savoir, mais hallucinées, sans doute, qui se sont évertuées à nous donner la description d'êtres fantastiques merveilleux, impossibles.

Plusieurs auteurs anciens et quelques modernes regardent comme véritable, l'existence de monstres avec des rudiments d'ailes, de cornes, de nageoires, de queues, etc... Ils s'appuient sur l'histoire ancienne et les peintures qui représentent des hommes à têtes d'oiseaux, de lions, de reptiles, etc... ou des hommes avec n corps de cheval, des pieds de bouc... Ils induisent que les centaures ont put exister, que les satyres ont pu être engendrés par l'embrassement monstrueux de la femme et du bouc, attendu que ces embrassements ont eu lieu, puisque Moïse s'élève contre eux et les défend sous peine de mort (*Lévit.*, chap. XVII).

Ces auteurs ignoraient, sans doute, que l'accouplement de deux êtres appartenant à des espèces différentes, reste stérile. Tout ce qu'on a débité sur la fécondation des chèvres par les bergers de Sicile, et des dévotes égyptiennes par les boucs de Memphis, doit être regardé comme archifabuleux. La fécondation n'a pu jamais avoir lieu. Les monstres humains dont la forme semble accuser une ressemblance plus ou moins éloignée avec certains animaux, ces monstres sont dus à un arrêt dans l'évolution embryonnaire décrite au chapitre *Embryologie*.

Citons quelques exemples de monstres appartenant à cette dernière classe ; comme nous sommes loin d'en certifier l'existence, nous aurons soin de nommer les savants et les voyageurs auquels nous les empruntons, ainsi que les ouvrages où nous avons puisé :

« Dans la *Collection académique*, Schreyer raconte qu'en 1681, on trouva dans la rivière qui baigne les murs de la ville de Ciza, un monstre ayant une tête humaine et le corps d'un veau. Au milieu de son front, large comme celui d'un taureau, on voyait un œil fermé, mais de chaque côté s'ouvraient deux gros yeux de veau. Les oreilles étaient petites et ressemblaient à celles d'un chat. Le bas du menton était garni d'une touffe de longs poils, semblable à une barbe de bouc. Les pieds tenaient de ceux du veau, la queue de celle du cochon, et ce monstre appartenait au sexe féminin. »

« On lit dans la même *Collection :* le sieur Tamponette, chirurgien-accoucheur, possédait un cyclope de dix mois, dont l'œil triangulaire et presque menaçant occupait une grande portion du front ; les mains et les pieds étaient garnis de six doigts, et à l'extrémité du coccix on apercevait les rudiments d'une queue.

« Ledit sieur Tamponette, en accouchant une vieille femme, reçut dans ses mains une masse ronde et poilue, dont la mère se fit, plus tard, une perruque. »

Toujours dans la *Collection académique*, ouvrage très curieux, sans doute, on trouve au tome VII les deux faits suivants :

« Une paysanne accoucha d'un monstre mâle horriblement contrefait ; la tête se joignait aux épaules par une énorme masse de chair qui confondait les deux parties ; toute cette masse était recouverte d'une si grande quantité de longs poils, que tout d'abord on se croyait en présence d'un hideux bison. Ce monstre avait, en outre, appliquée contre le ventre, une poche membraneuse assez profonde ; de telle sorte qu'il tenait à la fois de la sarigue et du bison. »

« La femme d'un berger mit au jour un enfant dont les mains et les pieds étaient palmés, c'est-à-dire dont les doigts et les orteils se trouvaient réunis par une membrane, à la façon des pattes d'oie. A l'âge de trois ans, cet enfant, étant aux bras de sa mère, qui se pro-

7

menait sur les bords d'un étang très profond, s'élança tout à coup dans l'eau. Celle-ci, effrayée d'abord, poussa des cris perçants, appela au secours ; mais elle fut bientôt rassurée en voyant son nourrisson reparaître sur la surface et nager comme un canard. »

Les *Éphémérides des curieux de la nature* contiennent les portraits de plusieurs monstres cornus, entre autres celui d'un enfant qui portait une corne de bouquin à la main droite et une autre au pied droit ; deux cornes semblables embrassaient son mollet gauche, en tout quatre cornes ; de plus, une énorme queue lui pendait entre les jambes.

Thomas Bartholm cite, comme l'ayant vue de ses yeux à Copenhague, une femme dont le front était armé de deux cornes recourbées ; ces cornes adhéraient fortement aux os du crâne ; elle pouvait s'en servir pour l'attaque et la défense.

On trouve, dans l'*Anatomie pathologique* de Cruveilhier, le portrait suivant : — « Le nommé François Trouillu, amené à Paris en 1599 par le maréchal de Lavardin, était âgé de trente-cinq ans ; de son large front sortait une corne aussi longue, aussi dure que celle d'un bouc ; avec cette corne, une touffe de longs poils rudes qu'il portait au menton, lui donnaient la physionomie d'un satyre.

FEMMES BARBUES.

Ce phénomène n'est point aussi rare qu'on pourrait le croire ; il ne serait pas difficile de fournir un grand nombre d'exemples pour prouver que cet apanage dont l'homme est orgueilleux, lui est souvent disputé par certaines femmes dont la barbe est aussi longue, aussi belle que la sienne.

En 1655, on voyait à Augsbourg une femme nommée Barbe, barbue par tout le corps ; on l'eût volontiers prise pour une guenon, mais elle avait été baptisée. A l'âge de vingt-deux ans, époque où on la montrait au public pour quelque argent, elle avait une barbe qui lui descendait jusqu'à la ceinture.

De nos jours, nous voyons aussi des femmes à barbe ; il ne se passe point de foire qui n'ait ses géants, ses nains, ses hercules et sa femme barbue ; mais celle qu'on montrait à Paris en l'année 1774 est restée jusqu'ici la reine des femmes à barbe. Nulle encore n'a pu la détrôner. Cette femme phénoménale possédait non seulement une barbe à désespérer un vieux *sapeur*, mais elle avait, en plus, tout le visage couvert de poils si épais, qu'on la surnomma la *tête d'ours*.

L'enfant représenté dans la planche V (fig. 2), offrait de larges taches brunes sur toute la surface du corps. Sur la moitié de ces taches croissaient les poils communs à notre espèce, sur l'autre moitié des poils de chevreuil. On tenta l'emploi de plusieurs épilatoires énergiques pour débarrasser l'enfant de cette toison incommode ; ce fut en vain, les poils repoussèrent plus rapidement et plus vigoureux, et force fut d'abandonner un moyen qui aurait pu compromettre la vie du sujet. Les taches brunes allèrent toujours s'élargissant et les poils augmentant de longueur. Vers l'âge de la puberté, les poils avaient envahi toute la surface du corps, et cet enfant, du reste horriblement laid, fut montré publiquement comme un orang-outang civilisé, et promené comme tel dans toutes les foires d'Europe.

Le médecin Ascanius lut, à l'Académie de Londres, un mémoire très curieux sur une fille née de parents sains et bien conformés, qui, six semaines après sa naissance, eut la peau entièrement couverte de petites verrues, du fond desquelles poussèrent des espèces de soies brunâtres, demi-transparentes, ayant la consistance de la corne. Ces espèces de piquants crûrent avec rapidité et atteignirent la longueur de six pouces; ils étaient implantés perpendiculairement dans le derme, comme chez les hérissons. Une mue générale s'opérait tous les ans, comme chez la plupart des animaux; tous les piquants tombaient, pour repousser plus vigoureux que jamais.

A vingt ans, cette fille se maria et accoucha successivement de six enfants tout à fait hérissons comme elle; seulement on crut remarquer que chez l'aîné des enfants, les piquants, beaucoup plus longs et plus forts que ceux de la mère, le rapprochaient du porc-épic.

Craignant que cette race hideuse ne se perpétuât aux Iles-Britanniques, le Parlement interdit, par un arrêt, le mariage à cette étrange famille.

CHAPITRE VI

SATYRES

L'antiquité ne doutait nullement de l'existence de monstres moitié homme, moitié bête. Les sculptures et peintures sauvées des naufrages du temps, nous donnent une représentation fidèle et variée d'êtres imaginaires, tels que Satyres, Faunes, Égypans, Sylvains, Tytires, Centaures, Sphynx, etc.

Nous pensons aujourd'hui que ces formes agréables ou hideuses cachaient un sens allégorique ; cela est possible ; mais les historiens de ces époques étaient loin de penser de même. Ainsi, Hérodote place une nation entière de Faunes dans les épaisses forêts de la Scythie ; Pline, Elien l'assurent également.

Le bon Plutarque rapporte que, du temps de Sylla, un Faune, très bien proportionné, fut surpris à Nymphée, près d'Apollonie, et amené à Rome : les curieux qui virent ce dieu des forêts, attestèrent qu'il n'avait aucun langage, et que sa voix tenait le milieu entre le hennissement d'un étalon furieux et le gémissement du bouc. Ce Faune, qu'on promenait dans différents cercles de l'aristocratie romaine, montrait peu d'affection pour la société des hommes ; pour celle des femmes, c'était tout le contraire. Le beau sexe produisait sur ce demi-dieu à pieds fourchus une impression si violente, et tout son corps entrait dans une exaltation telle, qu'on était obligé de le lier, dans la crainte d'accidents...

Philostrate raconte qu'on prit, en Ethiopie, un Égypan très musculeux et très habile à la course. Doué d'un naturel fort doux, on parvint facilement à le civiliser ; il aimait beaucoup les enfants et recherchait leur société ; ne pouvant les amuser par des contes, puisqu'il était privé de la faculté de parler, il les divertissait par des gambades, des sauts périlleux et mille cabrioles très risibles.

Les prêtres égyptiens ont soutenu qu'une famille de Sphynx, très versée dans la botanique, avait autrefois existé près des sources du Nil : les hommes furent assez méchants pour l'exterminer tout entière, sous un prétexte frivole.

Il est très probable que les anciens ont pris les grands singes pour une espèce d'hommes ; la tradition qui altère toujours les narrations de témoins oculaires, et l'imagination des poètes qui s'égare toujours dans les régions du merveilleux, en auront fait des Égypans.

Saint Jérôme dit positivement, dans la *Vie de saint Antoine*, que ce pieux ermite trouva dans le désert, non seulement des démons, sous la forme de centaures, mais de beaux et bons satyres, qui, fort heureusement, n'eurent contre lui aucun projet hostile. Au contraire, un de ces satyres, après avoir déjeuné avec saint Antoine, lui demanda en grâce de prier Dieu pour lui, ce que saint Antoine lui promit de bon cœur. Saint Jérôme fait les réflexions suivantes : que l'existence des satyres est suffisamment démontrée pour lui, et que parmi eux il s'en trouve qui feraient d'excellents moines. — Devant une profession de foi aussi claire, que répondre? Faut-il croire ou douter? Le dévôt François Hédelin, malgré le respect qu'il portait à saint Jérôme, ne voulut pas croire aux satyres ; dans une savante dissertation, il nous déclare que les satyres sont des êtres chimériques et que celui qui eut l'honneur de déjeuner avec saint Antoine était tout simplement un astucieux démon, sorti de l'enfer pour tenter l'ermite ou se moquer de lui.

Aujourd'hui ces contes nous font rire, et nous traitons les anciens de visionnaires, d'hallucinés ; nous nous moquerions volontiers d'eux, s'ils ne portaient des noms aussi respectables ; et cependant nous avons aussi nos faiblesses, d'autant moins pardonnables que notre époque est plus avancée dans les sciences naturelles. L'on ne croit plus aux satyres, aux égypans, il est vrai, mais on croit à d'autres êtres dont l'existence est tout aussi impossible : les sirènes, les tritons, par exemple.

TRITONS, SIRÈNES (*Monstres marins*).

Si Homère, Hérodote, Démosthènes, Pline, Pausanias, Appius, Ovide, Athénée ont prétendu que l'empire de Neptune cachait une race de sirènes, les modernes, François Massarin, Fulgose, Petrus Gillius, Georges Trapezuntius, Theodore Gaza, Conrad, Kircher, Bartholin, etc..., tous hommes de mérite et de réputation, ont soutenu l'opinion des anciens. Nicolas Rimbert garantit que la famille des Manini, en Espagne, descend d'un triton, — Bartholin assurait avoir écorché une sirène fort belle, dont il conservait la peau, — Kircher affirme avoir vu et ouï un diable marin, — Rondelet, dans son *Histoire naturelle des poissons*, certifie qu'en 1531, on vit dans les mers du Nord un prélat aquatique, mitre en tête et crosse en main, tout prêt à donner ses bénédictions !... Ceci ne vaut-il point le conte de cette baleine qui, ayant avalé deux matelots hollandais, fut, le même jour, harponnée par l'équipage, conduite à la côté et dépecée. O prodige! les avalés étaient vivants et bien portants... On les trouva très mollement couchés dans le ventre de la baleine et jouant aux dominos !...

En vérité, lorsque les hommes d'intelligence débitent de sang-froid de pareils contes, ne les croirait-on pas guidés par un intérêt personnel, politique ou religieux, pour ne pas dire atteints d'hallucinations graves?

Cependant, il faut le dire, les nombreux procès-verbaux rédigés par les témoins oculaires, sur la rencontre d'*hommes marins*, porteraient à croire que cette race neptunienne, aujourd'hui éteinte, a pu exister autrefois; elle aurait disparu des mers comme tant d'autres espèces dont nous ne retrouvons plus que les fossiles. En rapportant les faits nous ne prétendons pas certifier leur véracité, mais nous pensons que rien n'est impossible à la nature, hormis l'impossible absolu. Serait-il rationnel de nier l'existence des hydres sauriennes, des mastodontes, etc., etc., parce qu'ils ont disparu de la surface du globe? Or, si ces animaux antédiluviens ont existé, pourquoi n'aurait-il pas aussi existé une race marine ayant quelque ressemblance avec l'une des races humaines? Nous livrons aux philosophes l'examen de cette question.

Si, comme le pensent beaucoup de naturalistes, un organe, un membre, livré continuellement au même exercice, finit, au bout d'un certain temps, par acquérir la dimension, la forme, et l'aptitude propres à cet exercice, il n'y aurait point d'absurdité à admettre que les doigts, les orteils de l'homme vivant au sein des mers, se fussent palmés, c'est-à-dire réunis par une membrane. Si la nature a produit l'homme terrestre, qui lui empêchait de produire l'homme marin? Là est la question; nous laissons aux lecteurs le soin de la résoudre, et passons immédiatement à la relation des faits les plus authentiques sur cette matière, sans toutefois les certifier.

Il y a trente ans à peine, les feuilles anglaises retentissaient de l'histoire d'une superbe sirène vue à Sandside, en Écosse ; les journalistes français répétèrent la narration de leurs collègues d'outre-mer, et l'embellirent. Des discussions s'élevèrent sur l'existence de ces monstres marins ; au dix-neuvième siècle, on douta au lieu de nier... — Cette sirène écossaise avait de beaux yeux, une jolie figure, la poitrine blanche, veloutée et ornée de deux demi-globes d'une ravissante rondeur. Sa main, d'une délicatesse, d'une élégance aristocratique, s'amusait à caresser les longues tresses de sa chevelure. Elle soutint longtemps les regards de la foule accourue pour l'admirer ; quoique toute nue, sa pudeur ne parut point s'alarmer ; elle ne voyait, sans doute, dans ce monde attentif à saisir ses moindres mouvements, que des admirateurs de ses charmes ; la coquette ! Elle resta près d'une heure ainsi puis rentra, en souriant malicieusement, dans le palais d'Amphitrite.

Il paraîtrait certain, qu'en raison de leur existence toute maritime, les enfants d'Albion jouiraient du privilège de voir plus souvent que nous les divinités neptuniennes. Mais si les eaux de la Garonne produisent un si merveilleux effet sur ceux qui en boivent, ne pourrait-il se faire que les eaux de la Tamise eussent des vertus équivalentes ? Alors il ne faudrait plus s'étonner si les curieuses histoires que nous débitent nos voisins, n'étaient que d'énormes *puffs !*

Un capitaine anglais, nommé Schmid, vit en 1614, dans la Nouvelle-Angleterre, une sirène d'une grande beauté : ses cheveux azurés flottaient sur ses blanches épaules, son sein s'arrondissait en poire; ses mouvements étaient souples et gracieux ; elle souriait voluptueusement, jetait de furtives œillades... enfin comme une sirène. La moitié supérieure de son corps avait la délirante beauté d'Armide, l'autre moitié se terminait tristement... en queue de morue.

Monconys, dans son *Voyage en Afrique*, assure avoir vu des hommes et des femmes moitié poissons ; beaucoup avaient les pieds et les mains palmés, d'autres agitaient des ailes semblables à celles des chauves-souris. Il avoua même avoir tué, en guet-apens, une de ces charmantes sirènes, et avec sa peau s'être fait faire des souliers qui ont duré trois ans.

Un grave naturaliste hollandais donne l'histoire très détaillée d'une sirène qui fut prise dans son pays et qui apprit à filer à la perfection.

Le voyageur Merolla dit que la sirène, espèce de poisson qui ressemble à la femme par les seins, les bras, la poitrine et le ventre se trouve abondamment dans la rivière de Zaïre.

Ce monstre, moitié poisson et moitié femme, est très bon à manger, mais surtout très indigeste. Merolla ajoute que tout son équipage s'en régala, que lui seul s'en abstint à cause de sa répugnance pour l'anthropophagie.

Enfin, le révérend père Henriquez raconte et certifie avoir été appelé pour baptiser sept tritons et neuf sirènes, pris aux environs de Ceylan, et qui étaient peut-être l'escorte égarée de quelque divinité marine. Comme il se disposait à les ondoyer, en présence de plusieurs ecclésiastiques, il s'éleva un conflit d'opinions, à savoir si ces êtres, moitié hommes et moitié bêtes, avaient une âme digne du séjour des élus.

Le voyageur Pyrard, si avantageusement connu, par les curieux documents qu'il a recueillis dans ses courses maritimes, dit avoir rencontré aux environs des îles Malailli, plusieurs poissons à tête humaine. Ce sont sans doute ces poissons qui, ayant quelques rapports avec la forme humaine, ont donné lieu aux fables des tritons et des sirènes.

Nous terminerons ces descriptions de sirènes, par l'extrait d'une lettre de M. Chrestien, écrite de la Martinique a un licencié en Sorbonne, et qui se trouve tout au long dans le supplément au *Journal des savants*, du 11 avril 1672 :

« Deux marins français, accompagnés de quatre nègres, ayant amarré leur canot, mirent pied à terre sur une côte déserte. Tout à coup ils aperçurent un homme marin qui sortait la moitié de son corps de la mer. Ils furent d'abord surpris et presque effrayés, craignant que ce ne fût une apparition diabolique ; mais ils se rassurèrent bientôt et eurent le temps d'observer à loisir. Ce monstre ressemblait strictement à un homme depuis la tête jusqu'à la ceinture. Il avait la taille d'un jeune homme de seize ans ; sa tête, bien proportionnée, était percée de deux gros orbites où roulaient deux gros yeux ; son nez, un peu épaté, ne déparait pas trop son visage large et plein qui passait à la rubicondité. Ses cheveux, gris verdâtre, entremêlés de mèches blanches, retombaient bouclés sur ses épaules comme s'ils eussent été soigneusement peignés. Sa barbe, longue de huit à dix pouces, également bien peignée, ondoyait sur sa poitrine recouverte de poils gris. La couleur de sa peau était un peu jaunâtre ; à partir de la ceinture, le corps se terminait par une queue longue et fourchue.

« La première fois, il parut à huit pas de l'endroit où les matelots s'étaient assis ; il s'avança ensuite tout près d'eux et se mit à nager avec une vigueur surprenante ; il se retourna plusieurs fois et s'arrêta longtemps sur l'eau en se caressant la barbe et s'essuyant le visage de ses mains ; bientôt il se mit à faire une si curieuse gymnastique, en cabrioles, coupe, contre-coupe, planche, moulinet, plongeon, et tout cela exécuté avec une si grande souplesse, que le premier maître de natation de la capitale eût été glorieux d'avoir formé un élève si habile ; le monstre nagea entre deux eaux, reparut à la surface, fit deux bonds prodigieux, piqua une tête et disparut. »

Au reste, ce ne serait pas le seul homme marin qu'on ait vu ; M. Desponte, observateur très véridique, fait mention d'un homme et d'une femme, appartenant à l'espèce sirène, qui furent pris en même temps. Cette femme à queue de poisson, et de mœurs très douces, ne put jamais apprendre à parler ; mais, en revanche, elle apprit à filer au rouet avec une adresse supérieure à celle de la sirène hollandaise dont nous avons parlé plus haut.

Nous résumerons ce qui précède en faisant observer que, de tous temps et sous tous les climats, il y eut des anomalies dans la nutrition et le développement du fœtus. Tantôt deux germes fécondés et tombés en même temps dans l'utérus, ont pris racine à ses parois, se sont accolés par un point de leur surface, et ont produit des monstres doubles, triples... ou *monstres par excès.* Tantôt l'embryon a éprouvé un arrêt dans son évolution ; d'autres fois c'est la fusion de deux organes en un seul qui a eu lieu, d'où il est résulté des *monstres par défaut.* Les causes de ces aberrations sont aussi nombreuses que la forme des monstres est désordonnée ; mais on est en droit de présumer que les femmes affectées de certaines maladies nerveuses, les vapeurs, l'hystérie, l'épilepsie, etc... les femmes ardentes et superstitieuses, les femmes pusillanimes qu'un rien effraye, sont plus sujettes que les autres à procréer des monstres. En effet, supposez qu'une de ces femmes, dans les premiers huit jours qui suivent la fécondation, soit saisie d'une grande frayeur, ou qu'elle éprouve des émotions violentes, extraordinaires ; supposez que, écrasée sous le poids d'un affreux cauchemar, elle s'imagine recevoir les embrassements d'un succube, ou être en butte aux menaces et aux coups de fouets d'une hideuse sorcière ; nécessairement le travail de la grossesse sera troublé par les contractions spasmodiques de la matrice, et la forme du fœtus en sera plus ou moins altérée.

Les auteurs anciens, ceux du moyen âge et quelques modernes, parlent d'enfantements extraordinaires, monstrueux, qui jetaient la terreur jusqu'au sein des cités et obligeaient les familles à des lustrations, à des purifications. Ces pratiques avaient lieu toutes les fois qu'on croyait reconnaître dans le nouveau-né des rapports de formes avec la brute. Aujourd'hui que les lumières de la civilisation ont pénétré les masses, ces vaines terreurs se dissipent peu à peu ; cependant il est encore des villages où l'ignorance a causé des infanticides.

On racontait, il n'y a pas longtemps, qu'une femme de la campagne, après un accouchement laborieux, donna le jour à un petit être assez laid ; parmi les dévots et dévotes qui l'assistaient, quelques-uns crurent saisir, dans les traits de cet enfant, une ressemblance frappante avec un chat en colère ; d'autres, avec un hibou effrayé ; d'autres, enfin, avec un loup-cervier !...

On discutait, car chacun et chacune voulaient avoir raison, lorsqu'une voix, partant de dessous terre, fit entendre ces mots : — Vous n'y êtes pas, mes sœurs, c'est au diable qu'il ressemble !...

Alors tout le monde frissonna, en murmurant : c'est un diablotin...

Vite, on empoigna l'innocente créature, et on l'étouffa entre deux matelas ; après quoi chacun se lava les mains et partit en se signant.

Ces exemples deviennent heureusement de plus en plus rares, car la police a su mettre un frein à ces excès du fanatisme et de la superstition.

CHAPITRE VII

DES MONSTRUOSITÉS GÉNITALES

La nature a fixé la direction, les dimensions et le degré de vitalité convenables aux organes de la reproduction ; toutes les fois que ces organes s'éloignent des bornes prescrites par la nature, soit en trop, soit en moins, il y a monstruosité, anomalie et imperfection. Les sujets qui se trouvent dans un de ces cas, sont généralement impropres à la reproduction de leur espèce.

Chez l'homme, le pénis et les testicules peuvent pécher par un excès ou un défaut de développement. La *Collection des observations de médecine* cite des sujets dont le membre viril avait acquis une effrayante dimension, tandis que d'autres sujets n'en offraient que les rudiments. Dans ces deux cas, l'impuissance à la génération est presque certaine. Les mêmes anomalies peuvent exister dans les deux glandes testiculaires et produire les mêmes résultats.

Quant aux difformités acquises par suite de maladies, nous renvoyons le lecteur à notre ouvrage sur l'*Hygiène du mariage*, où ces questions sont traitées avec tout le soin qu'elles méritent.

Chez la femme, les parties génitales peuvent également offrir des anomalies, des monstruosités par excès ou par défaut. Ainsi, la longueur et la largeur des *nymphes* ou petites lèvres, ressortant de la vulve et retombant sur les cuisses, comme chez les Hottentotes ; la dimension extranormale du clitoris, simulant une verge ; la dilatation excessive ou l'angustie du vagin, la double matrice, l'absence des ovaires, etc... etc.., sont des imperfections et monstruosités qui, le plus souvent, frappent le mariage de stérilité. Toutes ces difformités étant détaillées dans l'*Hygiène du mariage*, avec les moyens d'y porter remède lorsqu'il y a possibilité, nous nous bornons ici à les mentionner.

Le cas le plus remarquable des diverses monstruosités génitales est, sans contredit, l'*hermaphrodisme* dont suit l'histoire.

SECTION PREMIÈRE

HERMAPHRODISME

L'étymologie d'Hermaphrodite se trouve dans ce mythe célèbre de l'antiquité païenne :

La nymphe *Samalcis* devint éperdument amoureuse

d'*Hermaphrodite*, engendré par Mercure (Hermès) et par Vénus (Aphrodite), offrant, sur son beau corps, la réunion des deux sexes. Après s'être longtemps consumée en vains désirs, la nymphe s'aperçut, hélas! qu'elle n'obtenait qu'indifférence en échange de son brûlant amour; dans son désespoir, elle pria Jupiter de l'unir si étroitement à celui qu'elle adorait, que leurs deux corps n'en formassent désormais qu'un seul : sa prière fut exaucée.

L'hermaphrodisme est donc la réunion des deux sexes sur le même individu, avec la faculté d'engendrer sans un concours étranger; mais cette organisation n'existe que chez les plantes et chez quelques êtres placés au pied de l'échelle animale : les zoophytes, les oursins, les holoturies, les mollusques, etc. L'hermaphrodisme disparaît entièrement lorsqu'on arrive aux êtres d'un ordre supérieur.

Cependant, il est des cas où cette forme bisexuelle se présente, dans l'espèce humaine, avec des traits si distincts, qu'il y aurait à s'y méprendre, si l'anatomie n'avait démontré que cet état dépendait d'un vice de conformation des parties génitales : en effet, les individus ainsi conformés sont presque tous impuissants ou stériles. On cite, néanmoins, plusieurs sujets chez qui les organes mâles et femelles existaient dans toute leur intégrité, et des hommes de l'art n'ont pas craint d'avancer que ces sujets offraient la possibilité de se féconder eux-mêmes et de procréer.

Nous allons mettre sous les yeux du lecteur les hermaphrodites les plus célèbres, observés et analysés par des hommes de science, au jugement desquels on peut s'en rapporter.

Aristote et Pline, ces deux naturalistes de l'antiquité, signalent l'existence des *Androgynes*, autrement dit des individus réunissant les deux sexes. Le premier parle d'une courtisane qui pouvait exercer sa profession aussi bien avec les hommes qu'avec les femmes. Le second s'exprime ainsi :

« Ce n'est point une fable d'assurer qu'on a vu des femmes métamorphosées en hommes et des hommes métamorphosés en femmes. Nous lisons dans nos annales que, sous le consulat de Licinius Crassus, une jeune fille étant devenue garçon sous les yeux de ses parents, fut transportée dans une île déserte par ordre des Aruspices. »

« — Licinius Macianus atteste qu'il a vu, dans la ville d'Argos, un jeune homme appelé Aresco, qui, d'abord, avait eu le sexe et le nom d'une fille et avait été marié à un homme ; mais, pendant son mariage, la barbe et les organes générateurs ayant poussé, il épousa une femme. Le même Licinius ajoute qu'à Smyrne il fut témoin d'un fait semblable. »

« Moi-même, ajoute Pline, j'ai vu Lucius Cofficius, citoyen de Thysdritane, marié en qualité de femme et déclaré homme le jour même de ses noces ; au moment où j'écris, il vit encore.

« Ainsi donc, il est avéré que la nature produit des êtres qui réunissent les deux sexes ; ces êtres furent appelés *Androgynes* par les Grecs; on les regardait comme des monstres ; de nos jours on les appelle *Herma-*

phrodites et ils servent aux plus infâmes débauches. »

(Voyez Pline et Aulu-Gelle.)

Un nid d'hermaphrodites, qualifiées de *ribaudes* au dix-septième siècle, fut découvert dans les bas quartiers de Rome, on les déféra immédiatement au Tribunal de l'Inquisition. L'ignorance et la superstition de ces temps fit croire que ces malheureuses étaient des suppôts de l'enfer et on allait les condamner à être brûlées vives, lorsque le célèbre médecin légiste Zacchias fut appelé à les visiter et à donner son avis. Après un examen attentif de ces ribaudes, ce savant s'exprima ainsi devant les juges :

« Il existe dans l'espèce humaine, comme dans les végétaux, des monstruosités de constitution. Les sujets que le saint Tribunal m'a ordonné d'explorer sont des hermaphrodites, c'est-à-dire des êtres chez lesquels les parties honteuses ont éprouvé un arrêt ou un excès de développement ; mais ce sont des créatures humaines. »

Vers le milieu du dix-huitième siècle, la nommée Anne Grandjean fit grand bruit dans la cité de Lyon, elle se faisait passer publiquement pour homme et pour femme à la fois. Le grand nombre des curieux qui vinrent la visiter avouèrent, en sortant, qu'Anne Grandjean portait sur sa personne les deux sexes très distincts ; mais un Mémoire, publié par M. Verneuil, qui la visita plus attentivement, prouva que cet hermaphrodite n'était autre qu'une femme, dont les parties offraient un prolongement anormal, comme autrefois les femmes de Lesbos.

Handy visita, en 1807, à Lisbonne, un hermaphrodite complet : les parties de l'homme étaient parfaitement développées, et celles de la femme ne laissaient rien à désirer, quant à leur élasticité et à leur fraîcheur. Cet hermaphrodite, portant barbe au menton, éprouvait la sensation érotique par l'un et l'autre sexe. Il fut fécondé trois fois, et trois fois l'avortement eut lieu au troisième mois. Les médecins qui l'accouchèrent purent s'assurer que c'était une femme mal constituée sous le rapport sexuel.

Plusieurs cas d'hermaphrodisme se sont présentés où les parties femelles semblaient si apparentes, que des enfants inscrits sur le registre des naissances comme appartenant au sexe féminin, sont devenus hommes plus tard et ont été reconnus pour tels. L'exemple suivant, tiré du *Dictionnaire de Médecine*, en fournira une preuve :

« Le 19 janvier 1792, d'après l'examen d'une sage-femme, le curé de la paroisse de Bu constata la naissance d'une fille qu'on lui présentait, et lui donna les noms de Marie-Marguerite. Cet enfant parvint jusqu'à l'âge de quatorze ans, sans que rien de particulier n'eût fixé l'attention de ses parents. Il couchait dans le même lit que sa sœur, moins âgée que lui, et grandissait au milieu d'autres jeunes personnes, dont il partageait l'éducation, les plaisirs et les jeux.

« A cette époque de la vie où les organes de la génération sortent de leur nullité, se perfectionnent pour être aptes au grand œuvre de la reproduction, Marie se plaignit d'une douleur à l'aine droite : une tumeur s'était manifestée à cette région. Le chirurgien du village pensa que c'était une hernie, et fournit un bandage, qu'abandonna bientôt la jeune personne, à cause de la gêne qu'il lui causait. Quelques mois écoulés, le côté gauche offrit les mêmes phénomènes. A cette double hernie, le chirurgien opposa un double brayer ; ce moyen n'étant pas supportable, fut promptement rejeté ; on renonça tout à fait au moyen de contenir les descentes.

« Marie atteignait déjà seize ans ; blonde, fraîche, bonne ménagère, elle inspira de l'amour au fils d'un fermier voisin ; des raisons d'intérêt firent manquer ce mariage. Un autre parti se présenta deux ans après, et n'eut pas un meilleur résultat.

« Cependant, à mesure que Marie avançait en âge, ses grâces disparaissaient, sa démarche avait quelque chose d'étrange ; de jour en jour, ses goûts changeaient : elle aimait mieux conduire la charrue, la voiture, que de s'acquitter des soins du ménage. Ces dispositions viriles, les propos du chirurgien, qui publiait que Marie était blessée de manière à ne pouvoir jamais se marier, n'empêchèrent pas un troisième amant de se présenter. Le mariage allait avoir lieu, lorsque les parents de Marie se rappelèrent qu'elle n'était point faite comme les autres filles et n'avait jamais été réglée. Pour ne point abuser le fils d'un vieil ami, ils se décidèrent à la faire visiter par un médecin consciencieux et éclairé. Quels furent la surprise, le désappointement peut-être, des personnes intéressées à ce mariage, lorsqu'on vint leur apprendre que Marie ne pouvait se marier comme femme, attendu qu'elle était homme.

« Marie versa des larmes ; il fallut plusieurs mois pour l'habituer à l'idée qu'elle n'était plus femme. Enfin Marie prit un jour la résolution de se faire proclamer homme ; il fit donc son entrée virile dans le village dont les habitants ne l'avaient encore vu que sous les habits féminins. Après ce coup décisif, protégé par celui qui était son amant, Marie se rendit dans les lieux fréquentés par les jeunes gens de son âge et partagea leurs divertissements.

« Marie perdit bientôt toutes les habitudes féminines ; mais ne pouvant contracter mariage à cause de son imperfection physique, il employa sa jeunesse et son activité à l'étude pratique de l'agriculture. » Aujourd'hui Marie est un excellent agronome qui éclaire de ses conseils les paysans de son village.

Adélaïde Préville fut mariée à dix-huit ans, à un jeune homme très amoureux d'elle, et s'acquitta toujours fort bien de ses devoirs conjugaux. Elle mourut dans un âge assez avancé à l'Hôtel-Dieu de Paris. Son cadavre, ayant été examiné par les chirurgiens de l'hôpital, fut reconnu pour appartenir au sexe masculin.

Les cas les plus remarquables d'hermaphrodisme complet que possède la science, sont, sans contredit, les suivants :

Le nommé Hubert (Jean-Pierre), mort, le 23 octobre 1767, à l'hôpital de Bourbonne-les-Bains, offrit à l'analyse anatomique les deux sexes, incomplets, à la vérité, mais très distincts. Le sexe masculin était représenté par une verge imperforée, un testicule et une vésicule séminale pleine ; le sexe féminin, par un canal vaginal, une trompe et un ovaire.

Schenck, célèbre médecin, rapporte qu'un homme avait épousé une femme hermaphrodite et qu'il en eut des enfants. Le mari étant mort, sa femme resta dans le veuvage et eut des rapports secrets avec sa servante qu'elle féconda.

Schenck a pu croire à ce phénomène ; aujourd'hui que la physiologie est beaucoup plus éclairée, on rejette cette observation dans le domaine des contes.

Le même auteur dit, d'après la relation d'un voyageur, qu'à Surate, au Mogol, il y a beaucoup de ces hermaphrodites qui, avec des habits de femmes, portent le turban des hommes, pour faire savoir qu'ils ont les deux sexes.

Robinet, dans ses *Considérations philosophiques*, parle d'un moine qui se féconda lui-même. « Ce fait, dit-il, a été traité de fable et peut en être une ; mais il y aurait témérité, ajoute-t-il, à certifier qu'une pareille fécondation est impossible. » Au temps de Robinet on pouvait croire des choses qu'il est impossible d'admettre aujourd'hui.

Un autre exemple des plus curieux d'hermaphrodisme, est celui que fournit une jeune fille de Toulouse, vers la fin du dix-septième siècle, et qui eût passé pour un véritable hermaphrodite, sans l'examen attentif de l'anatomiste Saviard.

Marguerite Malaure, c'était son nom, vint à Paris en

habit de garçon, l'épée au côté, le chapeau retroussé et la jambe bottée. Elle disait à qui voulait l'entendre qu'elle possédait les organes génitaux des deux sexes, et qu'elle était en état de satisfaire l'homme le plus amoureux et la femme la plus ardente. Elle se montrait dans les assemblées publiques et particulières de médecins et de chirurgiens, et se laissait examiner moyennant une légère rétribution.

Parmi les curieux qui l'examinaient, il y en avait, sans doute, qui, manquant de connaissances anatomiques pour bien juger, se laissèrent entraîner par la vue des deux genres d'organes simulant l'un et l'autre sexe ; il y eut même des médecins et des chirurgiens d'une grande réputation qui s'y laissèrent prendre, et qui certifièrent hautement que Marguerite Malaure offrait tous les caractères de l'hermaphrodisme complet. Ces savants justifièrent par les certificats donnés à cette fille, que l'on peut avoir acquis beaucoup de réputation, soit en médecine, soit en chirurgie sans posséder réellement une grande connaissance du corps humain.

Saviard fut le seul homme de l'art qui se refusa de croire à l'hermaphrodisme dans l'espèce humaine ; cédant aux sollicitations de ses amis, il se décida, enfin, à analyser ce prodige. Il ne l'eut pas plus tôt examiné, qu'il déclara aux médecins et chirurgiens présents, que ce prétendu cas d'hermaphrodisme était tout simplement une descente de matrice ; il prouva la vérité de ce qu'il avançait, en réduisant, séance tenante, la descente utérine. Ainsi fu tout à coup rendu au sexe féminin cet hermaphrodite, qui avait fait tant de bruit dans le monde savant.

Marguerite Malaure, guérie de sa descente, présenta sa requête au roi pour obtenir la permission de reprendre ses vêtements de femme qui lui avaient été interdits par le tribunal de Toulouse. Le roi fit droit à sa requête et, malgré les capitouls toulousains, il l'autorisa à porter désormais les vêtements de son sexe.

Il ressort de ces faits que l'hermaphrodisme complet ne se rencontre que chez les êtres placés aux derniers degrés de la série animale, et qu'il est impossible dans l'espèce humaine.

En 1754, Jean Dupin, entré à l'Hôtel-Dieu de Paris, dans la salle des hommes, succomba, quelques jours après, à une maladie aiguë. Le chirurgien de service, surpris de voir à ce cadavre des mamelles aussi grosses que celles d'une femme, éprouva la curiosité d'examiner les parties sexuelles. Au premier coup d'œil, il trouva les parties génitales des deux sexes, situées l'une au-dessous de l'autre et parfaitement conformées. En haut les parties viriles, en bas celles de la femme. Le chirurgien procéda aussitôt à la dissection des organes intérieurs : il trouva, à droite, un canal déférent qui, partant du testicule, allait s'ouvrir dans une vésicule séminale, également située au côté droit ; cette vésicule communiquait avec l'urètre et, par un petit canal de deux pouces, avec une matrice ovale, aplatie, située sous la vessie. La matrice était pourvue d'une trompe, terminée par un morceau frangé ; d'un ovaire et d'un ligament rouge.

En face de cette organisation androgyne si frappante, les médecins et les chirurgiens de l'établissement avouèrent qu'ils ne voyaient aucune impossibilité à ce que Jean Dupin eût pu se féconder lui-même, sans le concours d'un autre individu.

Dorothée Perrier, née en Prusse en 1780, est un des hermaphrodites qui aient fixé l'attention d'un plus grand nombre de médecins. Elle fut d'abord baptisée comme fille, et eut, à l'époque de la puberté, un écoulement menstruel qui se renouvela trois fois. Le célèbre Hufeland l'ayant scrupuleusement examinée, en 1801, se prononça pour le sexe féminin. Après un examen non moins scrupuleux, un célèbre anatomiste avoua qu'il penchait pour le sexe masculin. Dorothée Perrier parcourut successivement la France, l'Allemagne et l'Angleterre, se montrant à tous les hommes de l'art qui désirait la voir. Les uns la déclarèrent mâle, les autres femelle. Les opinions furent sans cesse partagées, d'où l'on peut conclure que les deux sexes se trouvaient parfaitement distincts. Cet hermaphrodite mourut à Bonn en 1835; son autopsie fut faite par le professeur Meyer, qui constata dans le système osseux un mélange bizarre des caractères des deux sexes. Les organes génitaux se composaient d'une verge, d'une prostate et d'un testicule droit, pour le sexe masculin, — d'un utérus avec deux trompes, d'un ovaire gauche, et d'un canal vaginal pour le sexe féminin. — Les deux sexes étaient incomplets; mais très distincts, et auraient pu fonctionner.

Ici se termine l'histoire abrégée des monstruosités

humaines. L'hermaphrodisme, que plusieurs philosophes de l'antiquité ont regardé comme un des attributs de la divinité, n'est, selon les physiologistes, qu'une imperfection, une défectuosité dans les organes de la génération, et les êtres exceptionnels qui appartiennent à cette classe, sont généralement frappés de stérilité.

CHAPITRE VIII

GÉANTS. — FABLES DÉBITÉES A CE SUJET

Les théogonies anciennes s'accordent toutes à admettre une race de géants qui, par leur orgueil, encoururent la colère et le châtiment des dieux. Ne serait-il point possible que, dans ces temps primordiaux, où les sociétés humaines étaient souvent témoins de bouleversements partiels du globe, les hommes se fussent figuré que ces fléaux provenaient de génies malfaisants, qu'ls auraient personnifiés, ainsi que l'étymologie des noms semblent l'indiquer? *Othus* signifie le renversement des saisons; *Argès*, l'éclair; *Brontès*, le tonnerre; *Mimas*, les eaux tombantes; *Encelade*, le mugissement des torrents; *Porphyrion*, les fentes et crevasses de la terre; *Typhon*, nues épaisses, affreux tourbillons de vapeurs enflammées; *Antée* veut dire : je mange beaucoup; *Briarée*, fort, robuste; *Orion*, enfant du ciel; *Titan*, esprit souterrain, vengeance; *Cyclope*, j'embrasse l'univers;

Polyphême, voix terrible; *Ephialtes*, cauchemars, songes horribles; *Cacus*, mauvais, redoutable, etc., etc. Les Indous auraient pris ces personnifications aux peuples primitifs; les Chaldéens les auraient empruntés aux Indous; les Égyptiens aux peuples de Chaldée, et successivement de même, pour les autres nations, jusqu'aux temps où la saine physique détruisit ces erreurs.

Ainsi, l'histoire et les traditions perpétuèrent chez les peuples la croyance d'une race gigantesque, dont quelques savants ont cru même découvrir des traces sur le globe. Ces géants furent presque toujours des hommes de guerre qui, joignant le courage à la force physique, remplirent les chroniques de leurs actions prodigieuses. Héros par l'épée, ils marchaient à la tête des guerriers et les conduisaient à la victoire. Chaque nation, à son berceau, eut ses Hercule, ses Persée, ses Gédéon et ses Goliath, dont elle conserva religieusement le souvenir. Les poètes, en chantant les exploits de ces hommes extraordinaires, en ont fait des êtres privilégiés, des demi-dieux; et il n'est peut-être pas une épopée où ne figure un géant.

Nous ferons observer qu'en outre du sens allégorique, ces récits sont plus ou moins exagérés, selon l'imagination du poète ou de l'historien, selon le pays et l'époque qui nous les ont transmis; car il est des peuples qui poussent à l'excès l'amour du merveilleux. La Genèse hébraïque, par exemple, fait vivre des tribus gigantesques au pays des Emims et de Chanaan; elle nous dépeint les habitants d'Hénac si prodigieusement hauts, que les autres hommes, à côté d'eux, paraissaient à peine comme des sauterelles. Dans le livre des Nombres, on trouve que le lit d'Og, roi de Basan, n'offrait pas moins de douze coudées, longueur strictement nécessaire pour loger le corps du *grand* monarque. Si les livres attribués à Énoch, et aujourd'hui reconnus supposés, nous ont appris que du commerce des anges avec les filles des hommes, étaient nés de superbes géants, Hésiode nous a aussi conservé, dans ses poésies, les noms de ces Titans révoltés que Jupiter écrasa sous les masses de l'Olympe et de l'Ossa.

Les mythologies ne sont point les seules mines fécondes en géants; les historiens anciens et modernes, quoique plus réservés que les poètes, nous en glissent de temps à autre des exemples. — Pomponius Mela dit que certains habitants de l'Inde avaient de si longues jambes qu'ils enfourchaient un éléphant comme nous enfourchons un cheval. — Sous le règne d'Henri II, on trouva à Rome un tombeau que l'on supposa être celui de Pallas, fils d'Évandre. A l'ouverture du cercueil, le cadavre du géant fut trouvé dans un état parfait de conservation. On peut juger de ses dimensions colossales par la plaie de cinq pieds, encore sanglante, qu'on lui voyait à la poitrine; cette énorme entaille avait été faite par le grand sabre de Turnus, autre géant connu par ses coups rares. — Au temps de Charlemagne, le colosse Œnotère défiait une armée entière, et fauchait, avec son cimeterre, les plus épais bataillons, tout comme on fauche un pré. — Plutarque rapporte, avec candeur, que le squelette d'Antée, trouvé près de Tanger, laissait compter, du *calcaneum* au *vertex*, cinquante coudées, autrement dit soixante-quinze pieds. Mais on trouvera ces proportions bien mesquines, si on les compare à celles que dut avoir le géant formidable dont saint Augustin vit la dent molaire à Utique; cette dent phénoménale était cent fois plus grande que celle d'un homme ordinaire. Évidemment, ce géant-là, n'a jamais trouvé son pareil.

Le moyen âge eut aussi ses colosses : on peut citer entre autres, le terrible Ferragut, haut de douze coudées, plus robuste que dix chevaux et quarante Espagnols; Ferragut, dont la lourde massue broyait les hommes comme on écrase une fourmi.

Les chroniques de cette époque nous apprennent que, malgré sa haute taille et l'épaisseur des os de son crâne, plus durs que le fer, ce géant fut pourfendu par le fameux Roland, neveu de Charlemagne. — Vers la fin du quinzième siècle, en creusant le sol près du château de Laugeon, des ouvriers trouvèrent, à six mètres de profondeur, un tombeau de trente pieds de long sur douze de large, avec cette inscription : *Teudobochus Rex*. Plusieurs pièces du squelette renfermé dans cet énorme sarcophage furent envoyées à Paris, et des savants ne crurent point exagérer en estimant à vingt-cinq pieds la taille du géant Teudobochus. Nous renvoyons les curieux en ce genre à la fameuse gigantologie du P. Torrubia, où sont consignés les récits les plus incroyables, pour ne pas dire extravagants.

Evidemment, les narrations sur ce sujet, grossies et coloriées par l'imagination des poètes, doivent être rejetées dans le domaine du merveilleux, à côté des fables de Gulliver. Tous ces os de géants, de cyclopes, trouvés dans le fond des cavernes ou sous d'épaisses couches de terrain, et offerts à la curiosité des gens crédules, sont reconnus maintenant n'être que les os naturels ou fossiles de quelques grands animaux qui, par suite des révolutions du globe, ont disparu du règne animal, ou qui, désertant nos contrées tempérées, sont allés vivre sous des climats plus chauds.

Aujourd'hui, qu'un assez bon nombre de savants voyageurs ont enrichi de leurs immenses et minutieuses recherches la science anthropologique, le mot géant ne représente plus que ces êtres exceptionnels dont la stature dépasse de quelques pieds la stature ordinaire.

Sans doute, les différentes nations qui peuplent la terre, offrent des différences dans la taille, mais de quelques pieds seulement et jamais au delà. C'est aux influences climatériques, à l'alimentation, aux mœurs, qu'on doit rapporter la stature élevée de certaines nations; on s'est assuré que les contrées modérément froides et humides fournissaient des hommes de haute taille; ainsi, en Europe, la Pologne, la Livonie, l'Ukraine, la partie méridionale de la Suède et du Danemark, la Prusse, etc., donnent une moyenne plus élevée que la France, l'Italie, l'Espagne. Les anciens Germains, les Gaulois et les Francs, nos ancêtres, étaient plus hauts que les Romains; il en est de même dans les autres partie du monde : la stature humaine augmente et diminue selon le climat et les mœurs. Les froids excessifs arrêtent le développement du corps; les Lapons, les Samoyèdes, Ostiaks, Esquimaux, Koriaques, etc., qui habitent les régions polaires, présentent rarement une taille au-dessus de cinq pieds... Un ciel brûlant s'oppose également à l'élongation du corps; ainsi, les Égyptiens, les Nubiens, les Abyssins, etc..., sont de petite taille, maigres et secs.

Le célèbre évêque Berkeley tenta sur un enfant, nommé Macgrath, un essai de macrosomie, au moyen de l'alimentation et de l'hygiène. A l'âge de seize ans, cet enfant avait acquis la hauteur de sept pieds huit pouces anglais. Macgrath mourut de vieillesse et dans l'imbécillité à vingt ans. Quoique les procédés dont se servit Berkeley n'aient pas été publiés, on peut admettre comme certain, que les boissons chaudes et mucilagineuses, les aliments féculents et gélatineux facilitèrent cette élongation considérable du corps.

La hauteur de la taille est héréditaire dans certaines familles, de même que les autres formes et dimensions physiques. Ce fait était connu du père de Frédéric le Grand, roi de Prusse, qui forma un régiment d'hommes colosses, pour garder sa personne. Ce prince ne tolérait le mariage de ses gardes qu'avec des femmes d'une taille égale à la leur, voulant perpétuer ainsi une race de géants.

Parmi les géants qui se sont offerts et qui s'offrent

chaque jour aux regards des curieux, nous citerons les plus remarquables.

Un Piémontais vu par Delrio, à Rouen, dépassant neuf pieds.

Le géant que Scaliger vit, à Milan, couché sur deux lits placés bout à bout, pouvait avoir neuf pieds quatre pouces.

Les géants de Salisbury et de Thoresby, tous deux de neuf pieds trois pouces.

Un garde du duc de Brunswick, huit pieds six pouces.

Un garde du roi de Prusse, huit pieds cinq pouces.

Un Suisse, examiné par Baudin, huit pieds.

Un Frison de même taille.

Le géant Cajanus, né en Finlande, huit pieds deux pouces.

Le géant Chili, de Trente, dans le Tyrol, huit pieds deux pouces.

Un paysan suédois , également huit pieds deux pouces.

Le géant Charles Byrne, taille de huit pieds quatre pouces ; son squelette existe dans le musée anatomique de Hunter.

Trois géants qui ont parcouru l'Angleterre : sept pieds cinq et sept pouces.

Lecat cite un Écossais, nommé Funnam, qui aurait atteint onze pieds six pouces ; mais Lecat était un ami du merveilleux, et l'on doit se tenir en garde contre les récits d'historiens semblables.

Beaucoup de voyageurs, à leur retour d'Amérique,

se sont plu à débiter des contes au sujet des Chiliens, et surtout des habitants des terres magellaniques. D'après eux, les Patagons seraient un peuple gigantesque et pour la stature et pour la force physique; ils ne leur donnent pas moins de neuf à douze pieds. Mais notre célèbre voyageur Bougainville, qui s'est trouvé au milieu de plusieurs centaines de Patagons, et qui les a mesurés, nous apprend, dans la relation de son voyage, que ces hommes n'ont, en général, pas plus de cinq pieds huit pouces à six pieds, rarement au delà. Ce qu'ils offrent de remarquable, c'est leur énorme carrure et le riche développement de leur système musculaire. D'autres voyageurs sont venus plus tard détruire les fables de leurs devanciers, et confirmer la vérité des relations de Bougainville.

Les géants sont ordinairement lents, mous et énervés; la nutrition semble s'être égarée dans cette élongation contre nature du corps humain. Ces grands corps ont une activité moindre, soit au moral, soit au physique, que les hommes de taille ordinaire; ils se courbent de bonne heure, vieillissent avant l'âge, et n'atteignent jamais la longévité commune.

Cet accroissement extranormal n'est point exclusif à l'homme; on en rencontre de nombreux exemples parmi les animaux et les végétaux.

Les lecteurs qui seraient curieux de connaître les géants anciens et modernes, pourront satisfaire leur curiosité en se procurant la *Généanthropia* de Sinibaldi.

CHAPITRE IX

NAINS

Commençons, de prime abord, par résoudre la question en disant, avec les grands naturalistes modernes, que la race des nains, de même que celle des géants, n'a jamais existé nulle part, sur aucun point du globe. Les nains sont des avortons, des êtres arrêtés dans leur croissance par des causes que la physiologie médicale explique, et qui naissent toujours isolément sans pouvoir perpétuer leur race, attendu, qu'en général, ils sont frappés d'impuissance. Mais si les géants ont eu leurs historiens, il était naturel que les nains eussent aussi les leurs. Or, l'existence des Pygmées est attestée par les hommes du plus haut mérite : Homère, Aristote, Plutarque, Pline, Juvénal, Philostrate, Pomponius, Athénée, Aulu-Gelle, saint Augustin, et beaucoup d'autres, en parlent d'une manière non équivoque.

La mythologie grecque, si féconde en créations

ingénieuses, nous représente les Pygmées abattant les blés à coups de hache, de même que nos bûcherons abattent les forêts, et se servant de perdrix rouges pour attelage. Le courage qu'ils déployèrent dans leurs longues guerres contre les grues, les rendit célèbres dans l'antiquité ; mais leur plus fameuse expédition fut, bien certainement, le *siège d'Hercule*. Nous traduisons ce conte pour ceux qui l'auraient oublié :

Après avoir tué le terrible Antée, Hercule s'étant endormi dans le pays des Pygmées, leur roi, d'humeur très belliqueuse, fit sonner les trompettes et rassembler ses troupes. L'attaque fut faite dans toutes les formes de l'art stratégique : l'aile gauche de l'armée marcha sur le bras droit du héros ; l'aile droite sur le bras gauche ; le roi avec sa garde, bannières déployées, chargea la tête et tenta l'escalade ; le centre de bataille, sous les ordres des plus intrépides généraux, s'avança en colonne serrée, sur les mollets ; les flèches, les dards, les javelots pleuvaient de tous côtés et couvrirent bientôt le corps d'Hercule, qui, se figurant être piqué par des puces, se réveilla subitement. Alors, en souriant, il déploya son large manteau, et y ayant emprisonné toute l'armée des Pygmées, il les porta, en cadeau, à son frère Eurysthée.

Le voyage du célèbre capitaine Gulliver chez les Lilliputiens est, sans doute, tiré de cette fable.

Une preuve convaincante que l'imagination seule a créé ces êtres fantastiques, sous les noms de *Pygmées*.

Myrmidons, *Spithamiens*, c'est que, parmi tous les historiens qui en parlent, aucun n'est d'accord sur le pays qu'ils habitaient. Homère, le premier qui les ait cités, les place sur les rivages de l'Océan. Cette localisation du père des poètes est bien vague et ne mène à rien. — Aristote les établit aux sources du Nil ; — Philostrate, aux rives du Gange ; — Pline, aux extrémités de l'Europe septentrionale, tantôt sur les bords du lac Strymon, et tantôt autre part. Ce qu'il y a de certain, c'est qu'aucun d'eux ne les a vus.

Nous pourrions encore citer le prophète Ézéchiel qui, faisant l'énumération des forces de Tyr et la pompeuse description de son luxe, lui adresse ces paroles :

O Tyr ! qui brilles comme un saphir entre les cités du monde, tu es belle et somptueuse ; mais ce qui te rehausse le plus, c'est le régiment de Pygmées, commis à la défense de tes tours.

Ctésias rapporte aussi que le roi de Mogol étalait le même luxe ; il s'était composé une garde d'honneur de trois mille Pygmées.

Nicéphore Calixte donne la description détaillée d'un Égyptien pas plus grand qu'une perdrix, ayant un petit filet de voix fort agréable et dansant à la perfection.

Le nain Philitas, contemporain d'Hippocrate, avait le corps si fluet, si léger, qu'il était obligé de marcher avec des sandales de plomb, car le moindre vent lui faisait perdre l'équilibre.

Les Troglodytes, que Pline nous dépeint nichés

dans des trous de renards, se nourrissant de serpents, de lézards et de chauves-souris, et ayant pour langage un sifflement analogue à celui des couleuvres, se trouvaient voisins du pays des Garamanthes. Il faut que la race ait singulièrement profité depuis cette époque ; car la contrée des Troglodytes de Pline est la même qu'habitent aujourd'hui les Habeschs, qui se prétendent autochtones, et d'où le sultan tire d'excellents soldats.

Les chroniques allemandes rapportent qu'une princesse, amoureuse sans doute de l'espèce miniature, étant parvenue à réunir un certain nombre de nains des deux sexes, les maria et subvint à leurs frais d'existence pendant plusieurs années, dans l'espoir de devenir reine d'un peuple de nains. Cette princesse fut complètement déçue dans son attente, car Lucine ne daigna point visiter ces petits ménages.

Le laborieux Blaise de Vigenère qui, le premier, donna une traduction des images de Philostrate, dit qu'en l'année 1566, étant à dîner à Rome chez le cardinal Vitelli, le service de table fut fait par trente-quatre nains de vingt-cinq à trente-six pouces. — Il vit aussi ce fameux Milanais, nain de taille, mais grand par sa naissance et ses richesses, qui se faisait promener par des valets géants, dans une cage à perroquet.

Quelques voyageurs du siècle dernier ont parlé des *Quimos* de Madagascar, comme d'un peuple de nains ne dépassant point deux pieds de hauteur. D'autres voyageurs, qui prétendent les avoir vus plus tard, leur ont donné quelques pouces de plus ; mais des explorateurs modernes sont venus les démentir. La race de plus petite taille que l'on connaisse est celle que rabougrit les froids du pôle ; mais la taille ne descend jamais au-dessous de trois pieds et demi.

Le nom de nain appartient donc exclusivement à ces êtres rachitiques, le plus souvent difformes, qui n'égalent point en hauteur la moitié de la taille ordinaire. Chez le géant, il y a élongation excessive ; ici, c'est l'inverse, il y a arrêt de nutrition, nouure. Ces petites créatures ne doivent, généralement, la vie qu'à un accident, à des parents débiles ou mal conformés. On rencontre des nains chez toutes les nations, chez les plus hautes, les plus robustes, comme chez les nations les plus chétives et de taille inférieure.

En tête des nains les plus célèbres des temps modernes, on cite Bébé, Borwslasky, Bereskny, et quelques autres dont nous rapporterons l'histoire abrégée.

Nicolas Ferry, ce nain si connu en France sous le nom de Bébé, que lui donna le roi Stanislas, son maître, naquit à Plaisance, dans les Vosges, de parents sains et bien constitués. Nous ferons observer, en passant, que l'aïeul était de constitution rachitique. Sa mère ne le porta que sept mois dans son sein. Le jour de sa naissance, Bébé ne présentait que huit pouces de longueur et un poids de neuf onces. Pendant quatorze mois un sabot garni de laine fut son berceau ; à deux ans le premier soulier qu'il chaussa n'avait que dix-huit lignes ; à six ans, sa hauteur était de quinze pouces, et de vingt-cinq pouces à douze ans. Ce petit être, malgré tous les maîtres qui lui furent prodigués, resta toujours très borné du côté de l'intelligence. Son état de langueur habituelle ne l'empêchait cependant pas d'être rageur, emporté, jaloux. A l'âge de seize ans, il avait acquis vingt-neuf pouces de hauteur. Un an plus tard les signes de la puberté se manifestèrent, et même d'une façon assez étrange pour sa constitution chétive. Il grandit encore jusqu'à dix-huit ans et atteignit trente-trois pouces. A cette époque il fut marié à Thérèse Sauvray, naine, d'une taille semblable à la sienne. Bébé s'acquitta parfaitement des devoirs du mariage ; mais cette union ne donna aucun fruit. On attribue à ses excès amoureux le dérangement de sa santé et la perte rapide de ses forces ; car, trois années après son mariage, il cessa d'être gai, sa tête se pencha comme celle d'un vieillard ; à vingt-trois ans il mourut dans la caducité. L'ouverture de son cadavre fit apercevoir des traces non équivoques de rachitisme.

Borwslasky, plus petit que Bébé de cinq pouces, fut amené à Lunéville par la comtesse Humieska, parente du roi Stanislas. A l'âge de vingt-deux ans, le gentilhomme polonais Borwslasky ne présentait que vingt-huit pouces de hauteur, mais il avait de beaux yeux, une jolie figure ; sa taille était parfaitement prise et ses membres bien proportionnés. Tout à fait opposé à Bébé du côté de l'intelligence, Borwslasky montrait une grande facilité à apprendre, il écrivait fort bien, calculait de même ; parlait plusieurs langues, dansait avec grâce et jouait assez bien de la flûte et du violon. — Les père et mère de ce nain remarquable étaient de taille ordinaire et eurent six enfants. Le frère aîné de Borwslasky ne le dépassait que d'un pouce, et la taille de sa sœur cadette ne s'élevait pas à plus de vingt-un pouces. Les trois derniers enfants, au contraire, atteignirent la taille de cinq pieds huit pouces.

Crachani, naine de vingt pouces, morte à neuf ans et désséquée par Hunter.

Pierre Bereschy, fils d'un Cosaque du régiment de Lubni, haut de vingt-neuf pouces seulement, vécut jusqu'à l'âge de trente ans. Il n'avait point de bras ; ses jambes étaient tordues et soudées à l'articulation des genoux ; ses pieds n'offraient que quatre orteils ; malgré cette infirmité, il marchait très vite, écrivant fort lisiblement avec le pied gauche, en russe et en latin. Il dessinait, levait des plans à l'encre de Chine, tricotait, et faisait mille choses surprenantes, toujours avec le pied gauche ; il jouait même du galoubet. Bereschy passait, en outre, pour un des plus forts joueurs de son pays, aux cartes, aux dames et aux échecs.

En 1774, on montra à la foire Saint-Germain une naine de vingt-huit pouces, âgée de vingt-ans et parfaitement bien conformée.

L'élégant auteur de l'*Histoire du genre humain*, en vit également une en 1818, à Paris, qui ne dépassait guère dix-huit pouces. Cette petite créature se faisait remarquer par sa vivacité, sa gaieté et sa gentillesse. Son pouls donnait quatre-vingt-dix pulsations à la minute ; son intelligence n'était pas plus développée que celle d'un enfant de quatre ans.

Paris a possédé, il y a quelque temps, un nain de vingt-neuf pouces, venant d'Angleterre et nommé *Tom-Pouce*. La curiosité des Parisiens lui fit gagner beaucoup d'argent.

Après *Tom-Pouce* arriva le prince *Colibri* et madame son épouse, délicates créatures, atteignant à peine trente pouces de hauteur, parfaitement conformées et ayant un sourire fort agréable. Ces deux nains, que tout Paris voulut voir, se firent construire un équipage lilliputien, purent trouver deux chevaux nains pour attelage et un cocher nain pour conducteur. La foule se rassemblait sur leur passage lorsqu'ils allaient se promener sur les boulevards et dans l'avenue des Champs-Élysées ; car, en vérité, ces nains et leur équipage étaient fort curieux à voir.

Birch, dans son intéressante collection, conserve un nain de seize pouces, mort à l'âge de trente-sept ans, qui amusa longtemps les curieux par ses gracieuses pantomimes ; c'est, je crois, la plus petite miniature humaine qu'on ait vue jusqu'à ce jour.

Les *Transactions philosophiques*, où sont consignées tant de choses merveilleuses et incroyables, citent un nain, véritable Lilliputien, qui, tout habillé, ne pesait que 30 livres, y compris ses bottes éperonnées, son chapeau, son épée, sa perruque et même sa canne.

Autrefois les rois de France avaient leurs bouffons et leurs nains. Catherine de Médicis en maria plusieurs, mais sans résultat de progéniture.

A Rome, les nains amusèrent plusieurs empereurs. Suétone nous apprend qu'Auguste se divertissait, dans son palais, à voir sautiller un nain de dix-neuf pouces. — Tibère en possédait un de vingt-deux pouces qui, à une sagacité remarquable, joignait une volonté ferme ; le César lui donna voix délibérative au conseil. — Antoine fit présent à Cléopâtre d'un nain de vingt pouces, d'une légèreté et d'une souplesse si merveilleuses, que la grande reine passait des heures entières à lui voir exécuter mille tours plaisants de gymnastique. — Domitien, pour distraire ses ennuis, réunit, à grands frais, une cinquantaine de ces pygmées dont il forma une troupe de gladiateurs.

On voit par ces exemples que ces petits êtres ont existé de tout temps et chez tous les peuples ; leur vie est de courte durée ; à l'âge adulte, ils offrent déjà les signes de la décrépitude, et l'autopsie cadavérique fait toujours découvrir des traces de rachitisme sur leur organisation avortée.

CHAPITRE X

VICES DE NUTRITION

Il existe une différence immense entre les tempéraments nervo-bilieux et la constitution lymphatique ou lymphatico-sanguine : l'un s'offre sec et grêle, l'autre humide et chargée de graisse. Les deux points extrêmes de ces deux tempéraments sont deux exagérations opposées, le *marasme* et l'*obésité*.

Dans la constitution lymphatico-sanguine, et surtout à l'âge où la croissance en hauteur a cessé, l'individu commence à gagner en épaisseur. La nutrition se dirige plus spécialement sur le tissu cellulaire et produit l'embonpoint. Mais, si les sucs nutritifs arrivent toujours plus abondants, s'ils continuent à inonder le système adipeux, l'hypertrophie commence, et l'obésité qui la suit ne tarde pas à donner au corps un développement excessif, une grosseur monstrueuse.

Les tempéraments nerveux et bilieux présentent les phénomènes contraires : le tissu adipeux devient presque nul, la nutrition y languit, la maigreur est presque constante. Cependant, si les sucs nutritifs arrivent de plus en plus rares dans le réseau cellulaire, les lamelles de ce réseau se dessèchent, s'effacent, pour ainsi dire ; il y a dépérissement, atrophie, et bientôt marasme complet.

Ces deux états vicieux de l'économie animale, lorsque les organes splanchniques n'ont point subi d'altération profonde, sont compatibles avec la vie pendant un temps plus ou moins long.

SECTION PREMIÈRE

OBÉSITÉ, CORPULENCE, POLYSARCIE

Parmi les exemples d'obésité extrême, on peut citer les suivants :

Un enfant de quatre ans, présenté à la faculté de médecine de Paris, pesait 104 livres ; il mourut à dix ans ayant acquis le poids de 315 livres.

Un Anglais du comté de Lincoln, pesait 583 livres ; il avait 10 pieds de circonférence, et engloutissait, par jour, dans les profondeurs de son ventre, 18 livres de bœuf et 10 litres de bière.

Un autre Anglais, pesant six cent quarante-neuf livres, mangeait à peu près la même quantité de rosbif ; mais, affecté d'une soif inextinguible, il vidait par jour un galon de bière forte, c'est-à-dire vingt-cinq litres.

M. Sponer, mort dans la province de Warwick, était regardé comme l'homme le plus énorme de l'Angleterre ; à l'âge de cinquante-sept ans, son poids fut estimé à quarante-cinq *stones*, c'est-à-dire six cent soixante-quinze livres. D'une épaule à l'autre, on comptait quatre pieds et demi. Ses jambes surtout étaient d'une grosseur monstrueuse ; on raconte que ses domestiques parièrent un jour avec des étrangers que le pantalon de leur maître était assez large pour contenir trois hectolitres de blé. La gageure ayant été acceptée, les valets se saisirent, en secret, d'un vieux pantalon de M. Sponer, et, après avoir cousu le bas des jambes, y versèrent 300 litres de blé, et encore le fond de la culotte ne se trouva point tout à fait rempli. — On raconte aussi que deux années avant sa mort, étant allé à la foire d'Atherston, il se prit de querelle avec un juif, qui lui lança un coup de couteau dans le ventre. Mais cette blessure, si dangereuse pour tout homme, n'eut aucune gravité pour lui ; la lame du couteau, portant cinq pouces de longueur, ne put atteindre les intestins. Les parois abdominales de cet énorme Anglais étaient matelassées de six pouces de lard.

Le docteur Coë donne l'histoire curieuse d'Édouard Brigth, fils d'un épicier de Molden, qui, à l'âge de deux ans, pesait déjà 144 livres. Le développement monstrueux du système musculo-cellulaire du jeune Brigth, sujet lymphatique, marcha incessamment, sans pouvoir être arrêté par aucun des moyens que l'art médical lui opposa. A dix-huit ans, Brigth pesait

336 livres ; sa taille s'élevait à 5 pieds 10 pouces ; il était doué d'une grande force musculaire, et exécutait avec assez de légèreté différents exercices de gymnastique. Vers trente ans, époque de sa mort, son poids avait augmenté de près du double, six cent seize livres !! Sa poitrine donnait cinq pieds six pouces de circonférence ; son ventre, huit pieds ; ses bras, deux pieds deux pouces ; ses jambes, deux pieds huit pouces ; sept hommes de taille ordinaire pouvaient se cacher. sans gênè, dans sa redingote ; et, lorsqu'il fut conduit en terre, il fallut douze personnes pour descendre son cercueil dans la fosse.

— Jacob Powel, de Hebbing, pesait 570 livres.
— Becker, de Worcester, — 620 livres.
— Lambert, de Leicester, — 720 livres.
— Samuel Sugars, — 760 livres ;
la taille de ce derniers, de 4 pieds 8 pouces seulement était dépassée par le diamètre de son ventre, qui offrait 5 pieds 1 pouce de diamètre. Il mourut étouffé par le tissu graisseux qui avait envahi les voies pulmonaires. Une caisse carrée de 6 pieds de profondeur sur 5 et demi de largeur lui servit de cercueil ; mais, pour la faire sortir de la chambre mortuaire où elle avait été construite, on fut obligé, la porte se trouvant trop étroite, d'abattre le mur de cloison.

Le général espagnol Chiapin Vitellis, célèbre par son excessive corpulence, pesait, dit-on, sept cent vingt livres : il éreintait tous ses chevaux ; on lui fit venir trois robustes dromadaires d'Arabie, pour lui servir de monture. Pendant une maladie dont le traitement exigea une diète prolongée, les proportions de son ventre diminuèrent tellement qu'une énorme duplicature de peau ridée, partant du nombril, lui retombait sur les genoux et simulait un tablier de cordonnier, sauf la couleur. Ce prolongement de peau pouvait faire le tour de son corps et se nouer par derrière le dos.

Dans le *Bulletin des sciences médicales* on trouve l'observation d'un individu, mort à l'âge de quarante ans, du poids de sept cent trente-neuf livres. Sa taille était de six pieds deux pouces; son ventre avait dix pieds de circonférence; — de sa poitrine, offrant cinq pieds deux pouces de largeur sur trois pieds de profondeur, pendaient deux masses de graisse semblables à deux grosses mamelles. De même que Sugars, il mourut étouffé par le tissu graisseux.

Le polysarque le plus fameux qu'on ait vu sur la terre est, sans nul doute, le nommé Hopkins, de la principauté de Galles. On ne trouva ni balances, ni romaines assez fortes pour évaluer le poids de son corps: on dut le placer sur une bascule à diligence: la pesée fut de 990 livres!!!... (Pl. VII, fig. 2.) Cet Anglais monstrueux fut promené dans Londres, sur un char traîné par quatre paires de bœufs. — On raconte qu'un jour Hopkins, ayant voulu se lever de son siège, perdit l'équilibre et tomba sur une truie qui allaitait dix-sept petits. La pauvre truie fut écrasée, et les petits se trouvèrent aplatis sur le sol, absolument comme des harengs salés dans un tonneau. Il fallut quinze hommes robustes pour relever Hopkins et le replacer sur son siège; encore ce fut avec grand'peine, car l'énorme rotondité de son ventre, tendu comme la peau d'un tambour, ne laissait aucune prise. A sa mort on habilla vingt-cinq petits mendiants avec le drap de sa redingote. Cent douze planches entrèrent dans la confection de sa bière : cette immense caisse fut placée sur quatre roues, et deux vigoureux chevaux la traînèrent jusqu'au lieu de sa sépulture.

Les exemples d'obésité monstrueuse se rencontrent plus rarement parmi les femmes, probablement parce qu'elles boivent et mangent moins que l'homme ; cependant le beau sexe n'est pas exempt de cette infirmité. Il est des cas d'obésité féminine qui peuvent être comparés à ceux qu'on vient de lire.

Le docteur Short fait mention d'une jeune femme qui mourut dans sa vingt-cinquième année, pesant cinq cents livres.

Dernièrement, on promenait, dans les foires de France, une fille de dix-neuf ans, du poids de cinq cent soixante-quinze livres. Ses bras étaient aussi gros que le corps d'un homme, et ses jambes égalaient celles d'un éléphant. Sa robe, dans laquelle entraient soixante-douze mètres d'étoffe, eût suffi pour habiller douze jeunes personnes.

Voici l'observation tirée du *Journal de médecine continué*, d'une femme obèse dont le plâtre se voyait dans les cabinets de l'École :

« Marie-Françoise Clay naquit à Vieille-Église, de parents vivant dans l'indigence et qui n'étaient nullement remarquables par la corpulence ; elle fut réglée à treize ans et mariée à vingt-cinq. Malgré son embonpoint déjà effrayant, elle accompagnait, à pied, son mari, que son état forçait à de longs voyages. Elle eut six enfants, dont elle ne conserva qu'un seul.

« Cette femme, à l'âge de trente-cinq ans, avait 5 pieds 1 pouce de hauteur et 5 pieds 2 pouces de circonférence, mesurée au niveau de l'ombilic. Sa tête, petite pour le volume de son corps, se perdait au milieu de deux énormes épaules, entre lesquelles elle semblait immobile. Son cou avait disparu et ne laissait entre la tête et la poitrine, qu'un sillon de plusieurs pouces de profondeur ; celle-ci avait une circonférence et des dimensions prodigieuses, en quelque sens qu'on l'examinât. En arrière, les épaules soulevées par la graisse, formaient deux larges reliefs ; à sa partie antérieure, pendaient deux longues mamelles de 28 pouces de circonférence à leur base, et qui retombaient sur le ventre, jusqu'à l'ombilic. Les pelotons de graisse amassés sous les aisselles retenaient les bras soulevés et séparés du tronc. Les parois du ventre, amincies par six grossesses, n'avaient qu'une épaisseur médiocre, et son volume paraissait tenir uniquement à celui des viscères contenus ; mais les lombes avaient 2 pieds et demi de largeur, et les hanches, pourvues d'immenses coussins de graisse, semblaient faites pour fournir aux bras un point d'appui. Les cuisses et les jambes, outre leur énorme grosseur, avaient pour caractère bien remarquable, celui d'être creusées, à de petites distances, par des sillons circulaires et profonds comme chez les enfants bien nourris. Au milieu de ces difformités, les bras avaient conservé leurs formes; leur augmentation de volume, loin de les rendre hideux, leur donnait, au contraire, ce genre de beauté que Rubens avait pris pour modèle.

« Cette femme mourut à l'Hôtel-Dieu, âgée de quarante ans et six mois, pesant 427 livres. »

En l'année 1819, on montrait à Paris une jeune Allemande, nommée Frédérique Ahrens, dont le poids était estimé 450 livres. Elle pesait 13 livres à sa naissance, 42 livres à six mois, et 150 à quatre ans. A six ans, elle portait sa mère et annonçait un très grand développement dans la taille et les forces physiques. A l'âge de vingt ans, sa taille s'élevait à cinq pieds cinq pouces et autant de circonférence, mesurée au bassin. Ses bras avaient dix-huit pouces de circonférence et ses seins vingt-six pouces. Malgré son monstrueux embonpoint, elle paraissait assez agile, et portait à chaque main, en valsant, un poids de deux cent cinquante livres.

Tout le monde connaît le goût des Orientaux pour les femmes douées d'un énorme embonpoint; ils regardent cette infirmité comme une des conditions de la beauté féminine, et en provoquent le développement par l'abus du repos, des bains, de la saignée, et d'une nourriture exclusivement féculente.

J'ai vu à Tchesmé, ville du littoral de l'Asie Mineure, une femme réputée la belle des belles; on estimait le poids de son corps à 637 livres; — ses seins, retombant jusque sur les cuisses, pesaient c acun 60 livres ; ses bras et ses jambes ressemblaient à des colonnes; son ventre avait la capacité d'un tonneau. La locomotion était impossible à cette malheureuse, qui, cependant, allaitait un enfant de dix-huit mois. Nonchalamment couchée sur des tapis, elle passait ses journées à fumer le nargilek, à boire de l'hydromel et à dormir. C'était la Vénus du pays, et elle devait ce surnom à sa monstrueuse obésité.

M. Alibert cite, dans son magnifique ouvrage nosologique, une petite fille qu'on montrait au public pour de l'agent, et qui fut trouvée morte un matin par excès d'obésité. Quoiqu'elle n'eût que 8 ans, son corps avait déjà acquis un volume extraordinaire : toutes les formes s'étaient pour ainsi dire anéanties sous un énorme fardeau de graisse. Ses yeux se trouvaient cachés sous les épais bourrelets que formaient ses joues ; les narines, également comprimées, forçaient l'enfant à ouvrir la bouche pour respirer. Une foule de curieux se pressait chaque jour dans la tente où l'on montrait ce phénomène; on s'étonnait surtout à la vue des mamelles d'une prodigieuse grosseur. Toutes les articulations avaient disparu, et cette fille n'était plus qu'une épouvantable masse de graisse, conservant à peine l'apparence humaine.

Cet accroissement extranormal du système graisseux se rencontre chez certains animaux pachydermes, auxquels il occasionne la maladie nommée *ladrerie*. Les végétaux fournissent aussi des exemples de grosseur extraordinaire. On a vu des arbres dont la circonférence dépassait soixante-dix pieds.

SECTION II

MAIGREUR EXTRÊME, ÉMACIE, MARASME.

Les constitutions *nervo-bilieuse* et *mélancolique* vont nous offrir des cas diamétralement opposés à ceux que nous venons de relater. L'obésité se rencontre généralement dans les tempéraments lymphatiques; la maigreur est particulière aux individus nerveux ou mélancoliques.

Dans l'antiquité, Philétas de Cos était si grêle et si frêle, qu'il se vit dans la nécessité de porter des chaussures de plomb pour ne pas être renversé par le vent.

Mélitus, le poète, était plus renommé par son excessive maigreur que par la beauté de ses vers.

Le divin Archetratas ayant été fait prisonnier de guerre, on le mit dans une balance et il se trouva ne peser qu'une obole.

La maigreur de Philippide était telle qu'elle devint proverbiale; pour désigner un individu décharné on disait c'est un *Philippide*.

Au moyen âge, un certain Gilippon, surnommé Graingalet, était d'une maigreur si remarquable que des bateleurs s'en emparèrent pour le montrer au public. Il ne pesait, dit-on, que cinquante livres, quoique d'une taille assez élevée.

Dans les temps modernes, il n'est de foire où l'on ne montre des sujets qualifiés de squelettes vivants.

De tous les squelettes vivants qu'on a promenés de foire en foire, Claude Seurat a été, sans contredit, le plus remarquable; né en avril 1798, à Troyes en Champagne, il tomba dès l'âge de 4 ans dans un état complet de marasme. La peau, amincie, était exactement collée sur les os; toute trace de système musculaire semblait avoir disparu; cependant il continua de vivre, et, plus tard, courut les départements sous le nom du *squelette vivant*.

Voici la description qu'en donne un curieux, qui l'observa sur la fin de 1832 :

« Age, 34 ans. — Taille, cinq pieds, trois pouces. — Poids général, 43 livres. — Physionomie douce et mélancolique d'un convalescent. — Maigreur extrême du corps entier. — Enfoncement considérable du sternum, réduisant à trois pouces le diamètre antéro-postérieur de la poitrine. — Pouls faible; cinquante pulsations par minute. — Atrophie du système musculaire et disparition complète du tissu lamelleux sous-cutané ou cellulaire. — Les bras sont réduits à l'humérus; aucune fibre charnue sous l'enveloppe extérieure; aussi le sujet éprouve-t-il une grande difficulté à soulever ses bras, qui ont à peine deux pouces et demi de circonférence. — Les avant-bras, les mains, les cuisses, les jambes, les pieds conservent encore quelques rudiments de l'appareil moteur, et *le squelette vivant* peut se tenir debout, agir, marcher pendant un quart d'heure; mais l'épuisement qui en résulte le force bientôt à se reposer. Il prend dix onces de nourriture par jour, moitié légumes et moitié viande rôtie. Son intelligence est ordinaire; ses organes génitaux sont toujours restés muets (Pl. VII, fig. 1). »

Racine Orby, du département des Landes, vint au monde offrant dix-neuf pouces de longueur et ne pesant que deux livres. Elle crût rapidement, sans être affectée d'aucune maladie; mais une maigreur et une voracité extrêmes, dont se plaignait souvent sa mère, faisait dire à tout le monde que cette chétive créature ne vivrait point; elle arriva néanmoins jusqu'à l'âge de seize ans. A cette époque, les signes de la puberté n'avaient point encore paru, et sa taille s'élevait jusqu'à cinq pieds six pouces; on la surnommait le *grand échalas*.

Racine Orby, toujours dévorée par la faim, ne pouvait se contenter des vivres qu'elle partageait avec sa mère indigente; elle allait donc quêtant du pain dans le voisinage; mais tout ce que lui donnait la pitié ne pouvait suffire à la rassasier. La nuit elle se mettait à courir les jardins, mangeait des salades crues, des choux, des carottes et toutes sortes de légumes; quelquefois elle rentrait chez elle avec un ventre gonflé, tendu comme un ballon. Malgré cette énorme quantité d'aliments qu'elle engloutissait chaque jour, sa maigreur ne faisait qu'empirer.

A dix-sept ans, ses forces locomotives l'abandonnèrent; malgré ses efforts multipliés, ses jambes refusèrent de la porter. Forcée, alors, de rester sur un grabat, on l'entendait crier à chaque instant qu'elle se mourait de faim. Un médecin étant venu la visiter, trouva le corps de cette pauvre fille dans un état effrayant : la poitrine, étroite et décharnée, laissait compter les côtes et leurs aspérités; la peau du ventre, collée à la colonne vertébrale, était sillonnée de rides dues, sans doute, à l'énorme distension qu'elle avait subie; les bras, les jambes n'avaient point la grosseur d'un manche de balai; enfin, sa peau était tellement amincie qu'on croyait voir un squelette. Le corps de cette jeune fille, pesé après sa mort, donna le chiffre de vingt-deux livres et trois onces.

CHAPITRE XI

HOMMES A QUEUE

Beaucoup de voyageurs et même de naturalistes ont prétendu qu'il existait aux îles Formose une race d'hommes à queue; d'autres, plus réservés, ont pensé que le prolongement des os coccygiens, qui forment la queue chez les animaux, pouvait bien se montrer dans l'espèce humaine, mais que les hommes *caudati* devaient être regardés comme une infiniment rare exception, et rangés dans la classe des monstres. L'opinion de ces derniers n'est pas tout à fait invraisemblable, et si des hommes dignes de foi, des maîtres, assurent avoir vu et touché des hommes à queue, il serait déshonnête, eux élèves, de leur rire au nez ou de leur jeter une négation formelle.

Nous citerons quelques exemples : Demaillet, l'auteur qui nous fournit les deux premiers, passait pour un excellent observateur ; Voltaire même se plaît à lui rendre cette justice.

Voici ce que Demaillet raconte :

« Lorsque je passai à Tripoli, au commencement de ce siècle, j'y vis un noir, nommé Mohamed, d'une force extraordinaire ; il menait seul une grosse chaloupe à l'aide de deux énormes rames, avec plus de vitesse que n'auraient pu le faire vingt autres rameurs. D'une seule main il renversait trois hommes, et sur son échine il portait des fardeaux d'une pesanteur étonnante. Il était velu et couvert de poils, contre l'ordinaire des nègres, et avait en outre une queue d'un demi-pied de longueur, qu'il me montra, et que je touchai. Il m'assura que son père avait une queue comme lui, ainsi que la plupart des hommes et des femmes de sa contrée, qui vont tout nus, et chez lesquels cette queue n'a rien de déshonorant comme en Europe.

« Les marchands de Tripoli qui trafiquent en esclaves noirs, m'apprirent que les nègres du *Bournou*, patrie de Mohamed, étaient beaucoup plus forts, plus farouches et plus difficiles à dompter que tous les autres ; qu'ils portaient tous des queues, les hommes aussi bien que les femmes, et qu'on les vendait très cher sur les côtes de Caramanie, où ils étaient employés à couper des bois. »

Mais il ne faudrait pas regarder la queue comme le partage exclusif des habitants de *Formose* et du *Bournou;* la nature s'amuserait de temps en temps à la faire pousser dans tous les pays, en Europe comme en Afrique, et les Français ne seraient point exempts de cet appendice velu. Ecoutons encore l'observateur Demaillet :

« Il n'est point honteux à un naturaliste d'approfondir des faits qui peuvent l'instruire des secrets de la nature et le conduire à la connaissance de certaines vérités. Etant à Pise, en l'année 1710, je fus informé qu'une courtisane se vantait d'avoir connu un étranger qui était de l'espèce des hommes à queue dont je viens de parler. Cela me donna la curiosité de la voir et de la questionner. Elle me raconta que, revenant de Livourne à Pise, elle fit la rencontre de trois officiers français, dont un devint amoureux d'elle. Cet officier était grand, bien fait, et pouvait compter trente-cinq ans. Il avait la barbe noire, épaisse, et tout le corps si velu, que les ours ne le sont guère davantage. Comme la courtisane n'avait jamais rencontré d'homme de cette espèce, la curiosité lui fit passer les mains sur son corps ; elle y trouva une queue de la grosseur du pouce et de la longueur d'un demi-pied, et lui demanda ce que c'était. Cette queue était velue comme le reste du corps. L'officier répondit d'un ton brusque et chagrin que c'était un morceau de chair qu'il portait de naissance, par le désir que sa mère avait eu, pendant sa grossesse, de manger une queue de mouton. Depuis ce moment, la courtisane remarqua que son amant ne lui témoignait plus la même affection, honteux sans doute de voir son secret découvert. Le lendemain, cet homme à queue s'éloigna de Pise en toute hâte, craignant, avec raison, l'indiscrétion des femmes. » (Pl. IV, fig. 1.)

Le troisième exemple, quoique rapporté par un homme connu dans la science, nous paraît moins authentique.

Michel-Frédéric Lakner fut consulté pour un enfant de huit ans, qui avait une queue de sept à huit pouces de longueur et se terminait par une épaisse touffe de poils. Cette queue, à peu près semblable à celle de la girafe, pouvait se mouvoir en tous sens, et, au besoin, servir à chasser les mouches. Les parents désiraient qu'on en fît l'amputation ; mais l'enfant s'y refusa constamment. Il grandit, et sa queue grandit aussi.

Robinet, l'auteur des *Considérations philosophiques*, a vu à Paris, et cinquante personnes ont pu le voir aussi, une limonadière dont l'appendice coccigien avait quinze pouces de longueur. Cette femme était poilue et avait les traits ainsi que les manières viriles.

Le même savant dit avoir touché, à Orléans, la queue d'un jeune garçon doué d'une grande force physique. Ce pauvre garçon, ayant fait couper sa queue pour plaire à une maîtresse, mourut des suites de l'opération. Le *Mercure* de septembre 1718 raconta cette histoire.

La *Chronique* d'Aix, en Provence, a conservé le fait suivant : — Louise Martine, âgée de trente-cinq ans, fut attaquée de la peste qui décima la population. Les personnes qui la soignèrent pendant sa maladie, découvrirent entre ses jambes une grosse queue velue à sa pointe et de moyenne longueur. Cette femme, d'une force physique remarquable, avait le menton barbu ; ses traits tenaient plutôt de l'homme que de la femme ; mariée deux fois, elle n'avait pas eu d'enfant. Un jour, elle donna un soufflet à un portefaix qui la raillait sur sa queue, et l'étendit par terre où il resta longtemps évanoui. Un autre portefaix ayant voulu prendre la défense de son camarade, reçut une gifle qui le fit tourner violemment sur lui-même et lui brisa deux dents.

Dans la même ville d'Aix, un procureur, nommé Bernard, portait le surnom de *Queue de Porc*, parce qu'il portait une queue absolument semblable à celle d'un cochon.

On pourrait citer mille observations semblables, mais nous pensons devoir nous arrêter là.

Nous nous abstiendrons de toute réflexion à l'égard de ce genre de monstruosité ; seulement nous dirons aux incrédules : S'il existe des hommes cornus, pourquoi n'existerait-il pas des hommes à queue ?

CHAPITRE XII

HOMMES RUMINANTS

Ruminare, ruminer, remâcher, se dit des animaux ordinairement herbivores, qui ont la faculté de renvoyer, de faire remonter à la bouche les aliments déjà descendus dans l'estomac, pour y être mastiqués de nouveau et assurer ainsi leur complète digestion.

Cette opération, naturelle aux animaux ruminants, est toujours, chez l'homme, le résultat d'une maladie ou d'une conformation vicieuse des organes gastriques. Cette dégoûtante infirmité, nommée *mérycisme* par les médecins, est très rare; cependant le grand nombre d'observations qu'on en rapporte ferait croire que les observateurs se sont trompés, en prenant une des formes du vomissement pour la *rumination* proprement dite. Les citations suivantes serviront à le démontrer :

J.-B. Windthier s'était lié, en Allemagne, avec un Suédois âgé de quarante-cinq ans, bon et joyeux convive qui, au sortir de table, était obligé de se retirer à l'écart pour se livrer à la rumination forcée. L'opération commençait par de nombreuses éructations, à la suite desquelles les aliments remontaient de l'estomac à la bouche; alors il les remâchait et les avalait de nouveau. Mais, selon le degré de digestion plus ou moins avancé, les aliments avaient contracté une saveur acide ou douceâtre; la saveur acide lui était très désagréable; ce motif l'engageait donc à ruminer aussitôt après le repas, ou du moins avant que le bol alimentaire eût acquis la qualité ascescente. L'habitude rendit cette opération comme naturelle et sa santé n'en parut nullement altérée.

Ce Suédois tenait cette infirmité de son père, et l'avait passée en héritage à son fils; mais celui-ci, à force de travail et d'efforts pour la surmonter, parvint, à l'âge de vingt-quatre ans, à s'en débarrasser tout à fait.

Le médecin Velsch a vu plusieurs cas d'une rumination qu'on pourrait nommer *éliminatrice;* les personnes qui en étaient affectées, faisaient remonter, deux heures après le repas, leurs aliments à la bouche, crachaient les parties réfractaires à l'action de l'estomac, et réavalaient celles qui pouvaient être digérées. Un phénomène à peu près semblable, se passe chez les personnes sujettes aux vomissements après le repas: l'estomac, par un mouvement que l'on pourrait appeler instinctif, ne rejette que les aliments antipathiques, tandis qu'il conserve et digère ceux qui lui conviennent.

On a prétendu que les enfants allaités par des animaux ruminants, ou que leur condition de pâtre forçait à vivre au milieu des troupeaux, contractaient, soit par l'entraînement de l'exemple, soit par instinct d'imitation, l'habitude de ruminer; après plusieurs années, cette étrange habitude finissait par devenir fonction naturelle et même indispensable à la conservation de l'individu.

Daniel Perrinetti, Sennert et autres, ont recueilli plusieurs exemples d'enfants qui, allaités par des chèvres ou des vaches, étaient devenus de vrais ruminants.

Wil et Wepfert ont vu un enfant né de mère idiote et idiot lui-même, qui, relégué dès son bas âge dans les étables au milieu des bêtes à cornes, s'était habitué, sans aucune participation de la volonté, à ruminer très proprement et fort longuement.

Dans les *Éphémérides des curieux de la nature*, le professeur Ludwig parle d'une adolescente, très peu mangeuse de son naturel, et qui se retranchait encore de sa nourriture tant elle était honteuse, chagrine et humiliée tout à la fois, de se voir descendue à la classe des ruminants. Elle ruminait donc malgré elle; mais avec cette circonstance singulière que c'étaient oujours les aliments de la veille qui se présentaient à la mastication du lendemain.

MM. Percy et Laurent, dans leur article mérycisme du *Grand dictionnaire de médecine*, citent, entre autres faits de ce genre, celui du sieur R..., maître de forges très opulent, qui, à la suite d'une maladie violente, passa dans la catégorie des ruminants. Cette infirmité commença par un hoquet, bruyant d'abord, puis sourd, imperceptible, se formant dans le gosier. A chaque éructation amenée par le hoquet, une gorgée d'aliments remontait à la bouche qu'il tenait fermée, par décence, puis, après une mastication insensible, les rendait à l'estomac. M. R... fut d'abord très affligé de son état, qu'il essaya vainement de combattre; bientôt il s'y habitua, et finit même, sauf la malpropreté, par trouver une espèce de jouissance à ruminer. A chaque repas il se retirait dans son cabinet, sous prétexte de faire la sieste, et là, à l'abri de tout témoin indiscret, il ruminait à son aise. Voici comm ent il procédait : les aliments arrivaient à la bouche par masses égales et temps égaux ; il les remâchait un instant, les promenait de droite à gauche, puis les avalait pour faire place à une nouvelle colonne ascendante qui descendait à son tour, et à laquelle une autre succédait ; ainsi de suite jusqu'à ce que le contenu de l'estomac y eût passé ; l'opération était longue, car le maître de forges aimait la bonne chère, et, de plus, avait l'estomac très ample. Pendant un accès de goutte, qui le retint au lit près d'un mois, il ne rumina pas une seule fois ; la goutte passée, les choses se rétablirent comme avant. Ce trait de ressemblance avec les animaux, qui cessent de ruminer aussitôt qu'ils tombent malades, est remarquable sous plus d'un rapport. Vers l'âge de cinquante ans, la faculté ruminatrice de M. R... s'affaiblit sensiblement, ce qui le chagrina beaucoup; ce changement dans les fonctions gastriques fut pour lui le présage certain d'une mort inévitable. En effet, la digestion devenant de jour en jour plus difficile, il languit quelques mois et mourut dans un état de marasme complet.

CHAPITRE XIII

POLYPHAGES, OMNIVORES

Ces noms ont été appliqués aux individus insatiables, d'une voracité extrême, engloutissant d'énormes quantités d'aliments et dont la faim ne s'apaise jamais. La polyphagie est regardée comme une affection nerveuse très grave du tube digestif.

Parmi les plus célèbres mangeurs de l'antiquité, on cite l'athlète Milon de Crotone, qui assommait un bœuf d'un coup de poing et le mangeait dans sa journée. — Erisichton, selon Ovide, dévora en une heure, un dîner homérique servi pour cinquante personnes. — Théagine n'avalait pas moins de deux moutons pour son déjeuner. — Artidame, roi de Lydie, mangeait soixante livres de viande dans sa journée, autant de pain, et buvait quinze brocs de vin. — Camblès, prince africain, avait beau manger et le jour et la nuit, il ne se rassasiait jamais. On dit qu'il tua sa femme et la dévora toute crue.

Elien rapporte qu'Aglaïs, fille de Mégaclès, mangeait à son souper, douze livres de viande, huit livres de pain et buvait six mesures de vin.

Un nommé Diotime, surnommé l'*Entonnoir*, mangeait un mouton sans s'arrêter et buvait quinze mesures de vin.

L'empereur Aurélien s'amusait quelquefois à regarder manger un de ses officiers, à qui l'on servait pour souper un sanglier, un cochon de lait et un agneau rôtis. Ces trois pièces disparaissaient en moins de trois heures, sans compter dix mesures de vin équivalant à trente-six bouteilles.

Les polyphages modernes ne le cèdent en rien aux polyphages anciens; peut-être même les ont-ils surpassés s'il faut ajouter foi aux citations suivantes :

Surius rapporte qu'en présence de l'empereur Maximilien, un polyphage avala un veau cru avec son cuir, et deux moutons énormes dont on avait grossièrement tondu la laine; toute la ville d'Augsbourg put en être témoin.

Un autre polyphage avala un mouton tout entier devant le sénat de Wittemberg, puis un cochon de lait et quinze lapins; son dessert se composa de soixante livres de prunes avec leurs noyaux et de quatre demi-boisseaux de cerises. Ensuite, comme on ne lui donnait plus rien à dévorer, il démolit et avala le plâtre d'un fourneau. Une autre fois, ce même individu mangea dans l'espace de moins de deux heures, deux sacs de chenilles qu'on allait jeter aux flammes, deux bourriches de volailles, soixante gros rats, six cochons de lait crevés pendant la nuit ; tout le derrière d'un âne galeux qu'on menait à l'équarrisseur ; enfin, pour divertir la foule, il s'élança sur un marchand de peaux de lapin qui s'était arrêté par curiosité, et, lui ayant arraché vingt et une peaux tant de lièvres que de lapins, les avala les unes après les autres sans même prendre la peine de les mâcher !...

Les lecteurs qui refuseraient de croire à cette voracité, peuvent consulter, à ce sujet, les mémoires du docteur Georges Rudoph Bochmer, président de l'Université de Wittemberg, année 1757. — Le professeur Helwig a vu un vieillard bien portant, qui consommait habituellement pour son dîner, quatre-vingts livres d'aliments de toute espèce, viandes, légumes, poissons, etc... et quinze litres de vin.

— Réal Colomb parle d'un boulimiaque de vingt-cinq ans, qui, n'ayant pu trouver assez d'aliments pour calmer sa faim dévorante, entra dans l'officine d'un apothicaire de Padoue, se jeta sur un gros sac de charbon et l'avala comme si c'eût été d'excellent boudin.

Les curieux du Jardin des Plantes de Paris ont longtemps été témoins de l'étrange voracité d'un garçon nommé Bijou, employé à la ménagerie. Ce malheureux, pour apaiser la faim terrible qui le tourmentait sans cesse, se jetait indistinctement sur les débris les plus dégoûtants et les engloutissait en un clin d'œil. — Un des beaux lions de la Ménagerie étant crevé, les aides du Muséum l'écorchèrent afin de l'empailler ; le soir, un tombereau vint pour enlever le ca davre, mais on ne trouva plus que le squelette; Bijou avait tout dévoré. — Une autre fois on le trouva dans le ventre d'un éléphant mort la veille, arrachant, déchirant les viscères de l'énorme animal; oh! ce jour-là il dut s'en donner à..... cœur joie. D'après le calcul des aides, Bijou avait mangé en sept heures quatre-vingt-quinze livres de foie et d'entrailles!

A la suite de ces repas incroyables, jamais il n'éprouva la moindre indisposition; ses digestions étaient régulières, ses excrétions abondantes et très fétides. Son corps, plutôt maigre que fourni, n'offrait rien qui pût indiquer l'assimilation des énormes quantités d'aliments qu'il consommait. On le voyait toujours couvert de sueur, et sa transpiration pulmonaire si abondante, si chaude, que l'été, même au soleil, on la voyait sortir de sa bouche, sous forme de vapeur, absolument comme si c'eût été pendant une froide journée d'hiver. C'est par là, probablement, qu'il faisait les pertes excessives que réparait sa gloutonnerie. Cet homme vécut au delà de soixante ans. — A l'ouverture de son cadavre, on trouva un estomac énorme, épais et dilaté outre mesure, le tube digestif avait moins de longueur que dans l'état ordinaire, et se rapprochait de beaucoup de celui des carnassiers. Nous transcrirons, en l'abrégeant, l'observation d'un polyphage consignée dans le *Dictionnaire de médecine*, par MM. Percy et Laurent, chez lequel on trouvait réunis tous les genres de goûts, tous les degrés de gloutonnerie; qui, au besoin, s'accommodait de toute espèce de viandes crues, cuites, fraîches ou corrompues; fruits, racines, herbes, foin, de tout en un mot.

« Tarare était le nom de ce mangeur incomparable; sorti très jeune de la maison paternelle, il courut quelque temps le pays, tantôt volant, tantôt mendiant, et finit par suivre une de ces troupes ambulantes qui jouent la farce dans les foires de province.

« Monté sur des tréteaux, il défiait les spectateurs de le rassasier, et lorsque, parmi eux, il s'en trouvait qui voulaient lui payer des aliments, il les faisait disparaître dans son estomac, comme l'eût fait un escamoteur dans sa gibecière. Ainsi, un jour, il mangea deux boisseaux de pommes de reinette et trente-cinq livres de pommes de terre crues, qu'un curieux voulut bien lui payer. Après ce léger repas, ne trouvant plus personne qui acceptât son défi, il avala des bouchons de liège, des cailloux, et tout ce qu'on lui présentait. Mais ces tours extravagants le conduisirent plusieurs fois à l'Hôtel-Dieu, pour s'y faire soigner des coliques terribles sous lesquelles il se tordait.

« Vers la fin de 1790, il s'engagea, comme volontaire, dans un régiment; il faisait les corvées de sept à huit soldats de la compagnie et mangeait leurs rations. Il ne pesait que cent livres. Ayant parié de manger en sa journée un quartier de bœuf du poids de son corps, il gagna, sans qu'il en résultât pour lui la plus légère indisposition.

« Souvent, pour amuser ses camarades et apaiser sa faim, il dévorait des chats, des lapins, des volailles vivantes, et, deux heures après, rejetait le poil et les plumes, à la manière des oiseaux de proie. Il était très friand de serpents et d'anguilles; il les avalait vivants et sans les mâcher. On l'a vu engloutir, en moins d'une heure, un dîner préparé pour quinze ouvriers allemands. Ce dîner se composait de quatre jattes de lait caillé, de quinze livres de choucroute, de dix livres de pâte cuite à l'eau, avec du sel et de la graisse; de plus, vingt chopes de bière... Après ce repas rapide et presque incroyable, son ventre, habituellement flasque et ridé, se tendit comme un ballon, et le glouton alla dormir jusqu'au lendemain de ce sommeil lourd du boa, pendant lequel la digestion s'opère.

« Entré à l'hôpital de Sultzen, où il séjourna quelque temps, un des chirurgiens l'ayant reconnu pour être le fameux polyphage Tarare, lui fit donner quadruple ration. On lui préparait, en outre, une espèce de pâté avec tous les débris de la cuisine des malades et des infirmiers; mais cela était encore loin de le satisfaire, et, dès qu'il pouvait se glisser à la pharmacie sans être aperçu, il tombait avec une avidité extrême sur les bassines où cuisait le cataplasme et les vidait en quelques minutes. Un jour, il mangea quarante-cinq livres de cataplasme, plus, dix livres de farine de moutarde préparée au vinaigre et devant servir à l'application des sinapismes... il n'en fut nullement incommodé.

« Nous ne ferons pas un plus long récit des moyens qu'employait Tarare pour se procurer des aliments.

Qu'on se figure tout ce que les animaux les plus immondes, les plus avides sont capables de manger, et l'on aura une idée nette des goûts et des besoins de ce malheureux. Les chiens et les chats fuyaient à son approche, comme s'ils eussent deviné le sort qui les attendait. Les infirmiers firent courir le bruit qu'on l'avait vu boire le sang provenant des saignées faites aux malades; quelques-uns prétendaient même l'avoir surpris dans la salle de dissection, assouvissant sur des cadavres son abominable faim. Un enfant de quatorze mois ayant disparu tout à coup, d'affreux soupçons planèrent sur la tête de Tarare : on le chassa de l'hospice. Son expulsion eut lieu en 1794; on n'entendit plus parler de lui, jusqu'en 1798, époque à laquelle il entra, dans un état de tabidité remarquable, à l'hospice de Versailles, où il mourut peu de temps après.

« Quelques heures après sa mort, son cadavre était dans un état complet de putréfaction. Malgré l'horrible puanteur qu'il répandait, les chirurgiens de l'hospice ne craignirent pas d'en faire l'ouverture. Tout le tube digestif était baigné de pus. L'estomac pouvait contenir un seau d'aliments, et se dégorgeait dans l'intestin duodénum, dont l'énorme dilatation représentait un second estomac. Au lieu de se rouler en circonvolutions multipliées, comme chez les autres hommes, les intestins de Tarare ne formaient qu'un trajet de la forme d'un S, du pilore au fondement. Cette singulière conformation, semblable sous plusieurs rapports, à celle du lion, du tigre et des autres carnassiers, donnait en partie l'explication de la faim brusque, impatiente, du polyphage. Il mangeait aussi gloutonnement que ces carnassiers, digérait aussi rapidement et les surpassait en voracité.

« Les vêtements de Tarare étaient toujours trempés de sueur ; sa transpiration pulmonaire sortait brûlante et sensible à la vue; sa tête semblait plongée dans un nuage de vapeurs : ses pertes énormes et incessantes donnent la raison de sa monstrueuse édacité. A jeun, la peau de son ventre, flasque et plissée, pouvait faire le tour de son corps ; une fois repu, toutes ces rides s'effaçaient et la peau du ventre se tendait comme celle d'un tambour. La vapeur qui le baignait continuellement, augmentait aussitôt qu'il avait mangé, ses pommettes et ses yeux passaient au rouge rutilant, une somnolence brutale s'emparait de lui, et il allait digérer dans un coin écarté. »

La durée de la vie est généralement courte chez les polyphages. La nature ne peut résister longtemps au travail dont elle est sans cesse accablée ; l'état dans lequel se trouvent ces hommes est une véritable irritation, une fièvre continuelle qui les dévore, les consume. Les organes s'usent en raison de leur activité : bientôt la nutrition n'est plus en rapport avec les pertes. Cet équilibre une fois rompu, le corps s'affaisse, la vie languit et disparaît.

CHAPITRE XIV

HOMMES INCOMBUSTIBLES

On dénomme ainsi les individus qui, par un long exercice et à l'aide de certains préservatifs, sont parvenus, soit à durcir leur épiderme, soit à rendre leur corps moins sensible à l'action du calorique.

Dans l'antiquité et le moyen âge, les hommes incombustibles étaient nombreux, car le nombre des jongleurs est en raison directe de l'ignorance et de la crédulité publiques. De nos jours, on voit encore, de temps en temps quelques *incombustibles*, mais ils sont très rares : *le métier ne va plus.*

Virgile et Pline constatent que les prêtres d'Apollon du Mont Soracte tenaient de leur dieu le secret de marcher nu-pieds sur des brasiers ardents, comme s'ils se promenaient sur des fleurs.

Strabon raconte la même chose des vierges consacrées à la déesse Féronie.

Aristote, et après lui Apulée, accordent un privilège semblable aux prêtresses de Diane Persique, dont le temple se voyait près de la ville de Thyane.

Plusieurs autres écrivains de ces époques ont recueilli et publié une foule de faits analogues.

Le moyen âge, si crédule, nous offre, avec ses incombustibles, l'épreuve du feu, qu'on décora du nom de *Jugement de Dieu*, circonstance qui contribua singulièrement à augmenter le nombre des jongleurs et des fanatiques.

Cardan et Ambroise Paré disent avoir vu des charlatans si familiarisés avec l'huile bouillante, le plomb fondu et les charbons ardents, qu'ils se lavaient le visage avec les premiers et ne faisaient aucune grimace en avalant les seconds. Mais ils font observer, plus loin, que si les rois, reines, évêques et autres personnages qui se soumirent à l'épreuve du feu, en sortirent sains et saufs, il n'en fut pas de même des pauvres gars sans nom, ni richesse, que le feu dévorait impitoyablement : c'est ce que prouveront les exemples suivants :

Tuitberge, femme de Lothaire, accusée de relations avec le jeune prince son frère, en appela au jugement de Dieu pour prouver son innocence. Dans ces temps de stupide ignorance, il n'était pas besoin de tenter l'épreuve soi-même, il suffisait de trouver un champion qui voulût la subir pour l'incriminée. L'or et le rang de Tuitberge lui achetèrent un champion qui, devant un nombreux tribunal, plongea son bras dans une bassine d'huile bouillante et l'en retira aussi frais, aussi vigoureux qu'auparavant. Le roi, émerveillé du tour, mais non convaincu de la chasteté de sa femme, se vit forcé de l'absoudre et de la garder, puisque tel était le jugement de Dieu. — Le même jour, la femme d'un *vilain*, accusée d'adultère, voulut tenter elle-même l'épreuve de l'huile bouillante, mais son bras en ressortit horriblement brûlé. Elle fut huée, honnie par la foule, et pendue comme criminelle.

Marie d'Aragon, femme d'Othon III, blessée de voir ses avances rejetées par un jeune comte italien, l'accusa devant l'empereur d'avoir voulu la séduire, et le malheureux eut la tête tranchée. La veuve, pour prouver l'innocence de son mari et l'infamie de l'impératrice, demanda l'épreuve du fer ardent ; elle s'avança donc en public, tenant la tête du supplicié d'une main, et de l'autre saisit une barre de fer rouge qu'elle brandit au ciel en demandant vengeance. Devant cette preuve écrasante, Marie d'Aragon fut condamnée à être brûlée vive, et livrée immédiatement au bourreau.

Aldobrandini, moine florentin, surnommé *Petrus Igneus* à cause de son épreuve du feu, accusa son évêque de simonie, et, pour montrer que son accusation était fondée, il passa et repassa sur les brasiers ardents de deux immenses bûchers.

Vers la fin du dix-septième siècle, l'Anglais Richardson remplit l'Europe du bruit de ses miracles d'incombustibilité. Il marchait sur des charbons incandescents, sur des plaques de fer rouge ; il faisait fondre du plomb et cuire une tranche de bifteck sur sa langue ; il avalait huile et cire bouillantes, bitume, poix, résine et soufre enflammés, tout cela sans la plus petite brûlure et la moindre douleur, absolument comme s'il eût avalé une délicieuse glace de Tortoni. Les expériences du sieur Richardson, qui faisaient le sujet de toutes les conversations des curieux de cette époque, engagèrent l'Académie des sciences de Paris à s'en occuper sérieusement. M. Dodard fut chargé de ce soin, et le résultat de ses recherches, consigné dans le *Journal des Savants*, donna raison des prodiges qu'opérait l'Anglais incombustible.

Un autre incombustible, de grande réputation, après avoir étonné l'Espagne, son pays, vint en France frapper une contribution sur les curieux, et de là, passa à Naples, où le célèbre professeur Sementini le soumit à ses observations, dont voici le compte rendu:

Le jongleur passait sur sa tête une barre de fer rouge sans même roussir ses cheveux ; seulement on voyait s'en échapper une vapeur épaisse. Il la promenait ensuite sur sa poitrine, sur sa langue, sur ses bras et sur ses jambes ; puis saisissant avec ses dents un autre fer rougi à blanc, il faisait le tour de la salle où se pressait une foule de spectateurs.

Certains jongleurs arabes de l'Algérie mordent également un fer rouge, et plusieurs Français ont pu, de nos jours, vérifier le fait. Un membre de la commission scientifique s'est assuré que l'émail de leurs dents n'en éprouvait aucune altération.

L'Espagnol buvait de l'huile bouillante, se lavait la figure et les mains avec du plomb fondu ; en faisait couler des gouttes sur sa langue, et laissait longtemps son visage exposé à la flamme de l'huile et de l'alcool. Tout le monde était émerveillé, beaucoup le regardaient comme un être extraordinaire, Sementini seul conclut que le jongleur opérait au moyen de certaines préparations secrètes ; dès lors il se mit à rechercher les agents chimiques susceptibles de préserver des atteintes du feu. Ses premières recherches furent infructueuses.

Un autre *incombustible*, du nom de Lionetti, parut à Naples peu de temps après l'Espagnol : il ne faisait que répéter les tours de son devancier en y ajoutant toutefois quelques prestiges de plus. Sementini reprit ses expériences, et cette fois les vit couronnées d'un plein succès. Après s'être frictionné longtemps une partie du corps avec de l'acide sulfureux, le courageux professeur put enfin y promener une lame rougie. Le succès fut encore plus complet en lavant la partie avec une solution concentrée d'alun ; le hasard lui fit en outre découvrir un procédé plus sûr, celui sans doute dont se servaient les jongleurs ; il enduisit de savon la même partie préparée à l'alun, et lui donna un haut degré d'incombustibilité. Alors, Sementini répéta une à une les expériences de Robertson, de l'Espagnol et de Lionetti, et prouva que toutes ces actions regardées par le vulgaire comme des prodiges ou des miracles, ne sont que *des tours de gobelets* faits avec plus ou moins d'adresse.

On a vu, au commencement de notre siècle, un individu qui se faisait nommer l'*Arabe incombustible*. Le répertoire de ce jongleur, à peu près le même que celui de ses devanciers, était augmenté du tour *des chandelles* et de celui *du four* ; c'est-à-dire qu'il exposait ses bras à la flamme d'un paquet de chandelles, et entrait dans un four chauffé, tenant un gigot à la main ; à la sortie du four le gigot était rôti. Nous ferons observer que ce dernier point ne se trouvait en réalité que sur l'affiche ; car les incombustibles les mieux trempés ne sauraient résister à l'action d'un four de rôtisseur : nous pourrions, s'il en était besoin, citer à l'appui le fait dont parle Léonard Vair, de cet imprudent jongleur qui, ayant eu la sottise de se laisser enfermer dans un four non préparé par lui-même, y fut étouffé presque subitement. Lorsque les curieux ouvrirent la porte du four, ils ne trouvèrent, en place de l'homme incombustible, qu'une momie à moitié desséchée.

Ainsi nous croyons avoir suffisamment démontré que dans toutes les choses humaines, l'exercice souvent répété, l'habitude, développent en nous des facultés qui tiennent du prodige. Nous voyons tous les jours les artisans dont la profession est de se trouver incessamment en contact avec le feu, se montrer, sinon incombustibles, du moins très peu sensibles à son action. — Les cuisiniers tirent leurs légumes et leurs fritures du liquide bouillant sans se brûler les doigts. — Les forgerons touchent souvent au fer rouge ou au métal fondu, sans en être incommodés. — Les plombiers font un tour plus difficile : ils plongent la main dans le plomb fondu pour en retirer la pièce d'or ou d'argent que les curieux y ont jetée. — Les chauffeurs de bateaux à vapeur sont quelquefois exposés à une chaleur qui rôtirait une volaille. — On cite un forgeron polonais qui marchait nu-pieds sur des barres de fer rouge, et répondait tout bonnement aux questionneurs que c'était une affaire d'habitude.

Dans ces divers phénomènes d'incombustibilité humaine, il faut aussi tenir compte du mode dont le calorique se dégage d'un corps brûlant ; car ce mode varie selon la nature et la température des corps. Une goutte d'eau, jetée sur un fer rouge blanc, y reste quelques secondes sous forme de globule, tandis qu'une semblable goutte d'eau, jetée sur un fer moins ardent se vaporise instantanément. Les forgerons savent bien qu'on se brûle plus fort avec un métal à moitié refroidi qu'avec le même métal porté au rouge blanc. Il paraîtrait qu'au moment où, par sa haute température, un métal prend la forme globuleuse et devient lumineux, le calorique projeté prend une vitesse à peu près analogue à celle de la lumière, et que, dans cet état, sa combinaison avec les corps est presque nulle, sinon très difficile.

Enfin, on a essayé d'établir que, si l'homme septentrional peut supporter un froid de 85 degrés centigrades, ainsi qu'on l'a vu à Jeniseïk en l'année 1735, l'homme des zones brûlantes peut également résister à une température de 85 degrés au-dessus de celle de son corps (on sait que la température humaine est de 36 degrés environ), ce qui donnerait 117 degrés, chiffre énorme que beaucoup de personnes refuseront d'admettre. Cependant, il est rationnel, en pareille matière, de s'en référer aux expérimentateurs. Le voyageur Chappe est entré, en Russie, dans des bains chauffés à 90 degrés centigrades. Tillet Duhamel, et plusieurs autres, ont vu à Larochefoucault, en Angoumois, des servantes de boulanger entrer dans un four dont la température marquait 125 degrés. D'après ces messieurs, le fait de l'*Arabe au gigot* ne serait pas impossible.

Des expériences, faites par des savants, ont donné la preuve que la température du corps humain exposé à ce haut degré de chaleur, ne s'élève que de 2 à 3 degrés ; ce phénomène, selon eux, est dû à l'abondante évaporation qui a lieu à la surface de la peau et dans les poumons, évaporation qui entretient une espèce d'équilibre entre le corps et le milieu. De même, il a été constaté que la température humaine, pendant les froids les plus excessifs, compatibles toutefois avec la vie, ne baisse guère plus de trois degrés.

CHAPITRE XV

HOMMES SAUVAGES

On désigne sous ce nom les enfants qui, perdus ou abandonnés dans les bois, pourvurent instinctivement à leur conservation. Plusieurs écrivains ont avancé que ces enfants avaient été allaités par des animaux ; sans rejeter entièrement cette opinion, nous pensons que si les bêtes féroces ne les ont point dévorés, c'est qu'à l'époque de leur abandon, ils étaient déjà en âge de se préserver de leurs atteintes. Isolés de la société, sans contact avec leurs semblables, ces infortunés durent perdre le langage, le souvenir de leur origine et tout ce qui tient aux facultés morales. Leurs idées s'effacèrent peu à peu pour faire place à une seule pensée, celle de pourvoir à leur alimentation, à leur conservation ; cette pensée vivace, incessante, développa outre mesure la portion du cerveau qui y préside ; les autres parties du même organe restèrent muettes et n'acquirent qu'un développement incomplet. Les exercices du corps accrurent leurs forces musculaires, les intempéries trempèrent leur constitution, et, bientôt, les habitudes de la vie sauvage leur faisant perdre toute notion d'individualité, les rangèrent au niveau de la brute. Ceci démontre positivement, que l'homme ne diffère des animaux que par la tête et l'appareil vocal, et que c'est là seulement que résident ses éléments de perfection et de supériorité sur les autres êtres.

Nous allons mettre sous les yeux du lecteur l'histoire des sauvages qui ont le plus attiré l'attention publique.

L'HOMME OURS.

On lit, dans l'histoire naturelle de Pologne, que vers l'année 1661, des chasseurs aperçurent, dans une forêt de la Lithuanie, jouant au milieu d'une troupe d'ours, deux enfants de neuf ans environ, pleins de force et de vigueur. Les chasseurs ayant mis en fuite les ours, cherchèrent à s'emparer des enfants ; mais, après beaucoup d'efforts, ils ne purent prendre que le plus jeune et encore leur opposa-t-il une opiniâtre résistance avec les dents et les ongles. Cet enfant, à cheveux blonds et d'une physionomie très intéressante, fut présenté au roi de Pologne, qui le fit baptiser et lui donna la reine pour marraine, pour parrain, l'ambassadeur de France. Quelque soin que l'on prît pour son éducation, on ne put jamais parvenir à l'apprivoiser entièrement. Il souffrait avec peine les vêtements qu'on lui faisait porter, et les déchirait par lambeaux aussitôt qu'il n'était plus surveillé. La constance et les efforts des maîtres pour lui apprendre à parler furent inutiles ; la bouche du jeune sauvage se refusa constamment à l'articulation des mots, et, jusqu'à vingt-deux ans, époque de sa mort, il conserva toujours le cri et les habitudes des ours ses pères nourriciers.

Connor, médecin anglais, vit à Varsovie, vers la fin de l'année 1694, un autre enfant, âgé de dix ans, également pris parmi les ours, dans les mêmes forêts de la Lithuanie. Lorsqu'on se saisit de sa personne, il se mit à pousser des hurlements effroyables. Il avait le corps tout couvert de poils rudes et touffus ; d'une humeur farouche et sauvage, il ne s'habitua que très difficilement à notre manière de vivre. Après plusieurs années de leçons assidues, lorsqu'il fut en état d'articuler quelques mots, on voulut l'interroger sur sa vie précédente, mais il en avait complètement perdu la mémoire et ne put donner aucune réponse satisfaisante ; des bûcherons d'âge et d'expérience assurèrent au médecin Connor que les ours enlevaient souvent les enfants attardés ; que, loin de leur faire du mal, ils les emportaient dans leurs tannières, et jouaient avec eux. Lorsque en caressant l'enfant, la patte un peu lourde d'un ours lui arrachait un cri, les autres ours tombaient sur leur compagnon et le châtiaient de sa maladresse...

HOMME LOUP.

Philippe Camérarius rapporte qu'en 1544, on trouva un adolescent dans les bois de la Hesse, au milieu d'une bande de loups. Il marchait à quatre pattes comme eux, et faisait des bonds si rapides, qu'il devançait les plus grands coureurs de la bande. La station quadrupède lui était devenue tellement familière, qu'on fut obligé de lui attacher des planches à la poitrine, pour le forcer à se tenir debout. Le prince Henri, landgrave de Hesse, à qui l'on présenta cet enfant, lui fit donner des maîtres, et veilla lui-même à son éducation. Mais tous les efforts pour l'apprivoiser devinrent inutiles ; le jeune sauvage recevait avec une stupide indifférence les soins qu'on lui prodiguait, et ne cherchait qu'une occasion favorable pour aller rejoindre ses anciens compagnons.

HOMME MOUTON.

Tulpius, médecin hollandais, donne l'histoire d'un adulte trouvé dans un désert d'Irlande, vivant au milieu d'un troupeau de moutons à demi sauvages. Sa peau, très brune, était couverte de poils laineux. Sa bouche, extraordinairement fendue, ne savait articuler aucune parole humaine ; mais elle laissait sortir, de temps à autre, un cri chevrotant, semblable au bêlement des brebis. Son front, très bas et déprimé, offrait, à son sommet, un renflement comme chez les béliers ; il se servait de sa tête pour l'attaque et la défense avec une vigueur extraordinaire. Ce jeune garçon avait perdu toute idée d'origine et d'individualité; il se croyait probablement mouton comme ceux avec lesquels il vivait : il broutait comme eux et n'avait pas d'autre nourriture. On le vit un jour, impatienté de ce qu'une jument venait lui tondre l'herbe sous le nez, lui lancer un coup de tête et la renverser. La taille de ce sauvage était haute et svelte ; sa physionomie douce, mais stupide, tenait beaucoup de celle du bélier. Conduit à Amsterdam vers la fin du dix-huitième siècle, on essaya vainement de l'apprivoiser : il revenait toujours à ses anciennes habitudes, et cherchait à s'évader chaque fois qu'il en trouvait l'occasion.

Le savant Boërhaave avait coutume de citer dans ses leçons, l'histoire d'un jeune homme qui, perdu dans les forêts à l'âge de cinq ans, avait vécu pendant seize années à la manière des bêtes sauvages. Sa nourriture consistait en herbes, fruits, racines, qu'il savait choisir par l'odorat, évitant, sans jamais se tromper, les végétaux vénéneux. Lorsqu'on le ramena dans la société des hommes, il ne put s'empêcher de regretter celle des bêtes, et fit mille tentatives pour y retourner. Boërhaave regardait ce désir instinctif du jeune sauvage comme une violente épigramme lancée au front des sociétés humaines.

LA FILLE SAUVAGE D'OVER-YSSEL.

Vers la fin du mois d'août, année 1717, des voyageurs poursuivirent et attrapèrent une fille sauvage dans une forêt montueuse de la province d'Over-Yssel.

Elle pouvait avoir de 18 à 20 ans, mais on ignorait depuis quel temps elle habitait les bois. Sa peau était brune, rugueuse et couverte de poils; ses cheveux flottaient longs et touffus sur ses robustes épaules. Point de langage ; des cris perçants, un râlement sourd, furent les seules réponses qu'on put obtenir d'elle. Son caractère était sauvage ; l'instinct de la défense, secondé par la force musculaire, rendit sa prise dangereuse et difficile. Cependant, quelques jours passés dans une maison au milieu de personnes de son sexe, calmèrent sa fougue naturelle ; elle devint douce et familière ; mais il ne fut pas possible de lui apprendre à parler. Cependant on lui apprit à filer la laine, et, ne pouvant faire autre chose, la malheureuse fila jusqu'à sa mort.

LES ENFANTS DES PYRÉNÉES.

En 1719, deux petits garçons de neuf à dix ans furent aperçus par des marqueurs de bois dans les forêts des monts Pyrénées. Ils couraient tantôt sur leurs pieds, et tantôt se servaient des mains pour bondir et sauter légèrement d'un rocher à l'autre, à la manière des bouquetins : on ne put les saisir.

LE GARÇON DE HANOVRE.

Près d'une bruyère montagneuse, dans le comté de Hameln, on prit, en 1724, un enfant de treize ans. Son corps était couvert de cicatrices ; sa physionomie, enlaidie par une large bouche et un nez écaché, dénotait un caractère farouche ; il avait la langue très épaisse, et ne pouvait articuler aucun son ; mais, en revanche, il poussait des cris gutturaux à vous épouvanter. Il ne mangea d'abord que de la chair crue, puis il s'habitua, peu à peu à la viande cuite ; on dit que sa voracité était si grande, qu'il consommait à lui seul plus que dix hommes. Le roi d'Angleterre le fit élever, pendant deux années, dans une maison de Londres. Toutes les leçons qu'on lui donna furent perdues ; à peine s'il put apprendre à demander en anglais à boire et à manger.

LA FILLE DE CHAMPAGNE.

La Condamine, et surtout Racine fils, ont donné des détails très curieux sur une fille âgée d'environ quatorze ans, qui fut prise au mois de septembre 1731, près du village de Sogny, à quatre lieues de Châlons, et qu'on nomma plus tard mademoiselle *Leblanc*. Racine a réuni dans sa relation, non seulement tous les documents qu'il possédait, mais tous les bruits publics qui couraient sur cette fille sauvage. Nous transcrirons en abrégé sa narration.

Les domestiques du château de Sogny, en Champagne, ayant aperçu, grimpée sur un pommier, une espèce de fantôme, voulurent s'en saisir ; mais, aussi léger qu'un écureuil, le fantôme sauta par dessus leurs têtes, franchit les murs du jardin, et se sauva dans un bosquet voisin. Le seigneur de Sogny fit entourer, par ses domestiques, l'arbre sur lequel il s'était réfugié ; mais au moment où quelques-uns d'entre eux tentaient l'escalade, le fantôme se mit à sauter d'un arbre à l'autre avec une légèreté qui étonna tout le monde. Après avoir essayé longtemps et vainement de le prendre, la dame du château s'avisa de faire apporter un seau d'eau au pied de l'arbre, et ordonna à ses gens de se cacher à l'écart. Cette ruse réussit ; la fille sauvage, pressée par la soif, sans doute, descendit et alla boire au seau. On remarqua qu'elle buvait à la manière des animaux, enfonçant le menton jusqu'à la bouche. On la saisit alors, et, malgré la vive résistance qu'elle opposa, on parvint à la conduire au château. Elle se jeta d'abord sur les volailles crues que le cuisinier préparait, et les dévora en quelques minutes. Ses ongles, longs et forts, lui servaient pour grimper et déchirer sa proie. Sa peau, qui paraissait très brune, reprit la couleur blanche au bout de peu de temps. Elle n'avait aucun langage ; seulement elle poussait un cri aigu et savait en outre imiter le cri de plusieurs animaux. Pendant la saison froide, elle se couvrait de peau de bêtes ; une ceinture, qu'elle ne quittait jamais, lui servait à placer un bâton en forme de massue ; au moyen de cette arme, elle terrassait les animaux les plus féroces. Elle aimait beaucoup à boire le sang des lièvres qu'elle prenait à la course ; avec ses ongles, elle leur ouvrait une artère du cou et suçait leur sang jusqu'à la dernière goutte. Cette jeune fille courait si vite qu'on n'apercevait presque pas le mouvement de ses jambes. Elle nageait aussi avec la même perfection ; il lui arrivait rarement de manquer le poisson qu'elle poursuivait. Pendant longtemps, elle ne voulut ni s'habiller, ni vivre, ni se coucher comme nous ; il lui fallait de la chair crue et du sang, surtout la liberté de courir dans la campagne, de grimper sur les arbres ou de s'élancer dans les eaux ; aussi essaya-t-elle plusieurs fois de s'échapper du château de Sogny.

Lorsque, un peu apprivoisée, elle eut appris à balbutier quelques mots, on l'interrogea sur sa vie antérieure ; mais elle ne put donner aucune réponse satisfaisante. Cependant, elle se ressouvint avoir vécu avec une compagne de son âge qu'elle dit avoir perdue de la manière suivante :

Un jour, nageant ensemble dans une rivière, elles entendirent une explosion qui les obligea de plonger. Un chasseur venait de tirer sur elles, les ayant prises, sans doute, pour des poules d'eau. Comme elles sortaient de la rivière pour se cacher dans un bois, elles trouvèrent un chapelet, qui fut un sujet de querelle ; chacune désirait l'avoir pour s'en faire un bracelet. Notre sauvage reçut alors de sa compagne une tape sur le bras, et lui riposta par un coup sur la tête, mais si violent, que, suivant son expression, *elle la fit rouge.* Touchée de compassion en la voyant étendue à terre sans mouvement, elle grimpa sur un chêne pour cueillir une gomme qu'elle connaissait et l'appliquer sur la blessure. Lorsqu'elle descendit de l'arbre, elle ne trouva plus sa compagne, probablement, quelques voyageurs ayant rencontré cette fille expirante, la portèrent au village voisin, où elle expira. Quelques jours après ce malheur, la sauvage fut prise dans les bois de Sogny.

Le changement de vie causa une violente maladie à cette pauvre fille, et lui enleva presque toutes ses forces vraiment extraordinaires; car, dans les commencements de sa captivité, elle avait renversé huit robustes paysans qui étaient venus pour la garrotter. Elle conserva longtemps un goût prononcé pour la chair crue, et lorsqu'elle apercevait un enfant, elle se sentait tourmentée du désir de boire son sang.

Le seigneur de Sogny étant mort, la sauvage fut placée dans un couvent de Châlons. Enfermée dans une cellule, réduite à regarder le ciel et la campagne par une petite lucarne, la fille libre des forêts ne put s'habituer à ce nouveau genre de vie. Une noire mélancolie s'appesantit sur elle; sa fraîcheur, sa santé, le reste de ses forces, tout disparut. Bien des fois elle eut la tentation de s'enfuir dans les bois pour y reprendre ses anciennes habitudes, sa liberté! Du couvent de Châlons on la transféra à celui des Filles Catholiques à Paris; puis, en dernier lieu, elle passa au couvent de Chaillot, et l'on n'entendit plus parler d'elle.

LE SAUVAGE DE L'AVEYRON.

Il y a près de cinquante ans, des bûcherons aperçurent, dans le fourré d'un bois du département du Tarn, un jeune garçon entièrement nu, qui prit la fuite à leur approche. L'heure étant déjà avancée, on perdit sa trace. Le lendemain, les bûcherons et d'autres personnes se portèrent sur les clairières du bois, et virent le même garçon chercher des glands et des racines dont il faisait sa nourriture.

Cette nouvelle s'étant promptement répandue dans le pays, une foule de curieux cernèrent et battirent le bois afin de prendre le sauvage. On parvint, en effet, à se saisir de sa personne ; mais son agilité et sa force lui rendirent la liberté, il s'échappa des mains de ceux qui le conduisaient et s'enfonça de nouveau dans le bois.

Quinze mois s'étaient écoulés depuis cette époque, lorsqu'il fut retrouvé sur la lisière du même bois par trois chasseurs de la Caune. A leur vue le jeune sauvage chercha d'abord à s'enfuir ; pressé vivement par les chasseurs, il grimpa comme un chat sur l'arbre le plus près de lui. Après beaucoup de temps et de peines, les trois chasseurs s'emparèrent de lui et le conduisirent à la Caune. Il était complètement nu ; ses cheveux ébouriffés couvraient presque son visage ; il avait les ongles très forts et le corps velu ; ses yeux gris étincelaient et jetaient, la nuit, une lueur verdâtre. Contrairement à la fille sauvage de Champagne, celui-ci ne mangeait point de viande ; il ne vivait que de glands, de racines, de pommes de terre crues et de châtaignes, qu'on lui fournissait en abondance. Il resta huit jours à la Caune chez une femme veuve qui ne lui laissait manquer de rien ; mais la liberté lui sembla préférable, et il s'échappa de nouveau. Cette fois, au lieu de regagner la forêt, il erra dans les montagnes et parcourut un rayon de quarante kilomètres dans le même département. Il vécut ainsi vagabond et solitaire pendant plus de six mois.

Un jour, par un froid rigoureux, le sauvage entra dans une maison située à quelque distance de Saint-Sernin ; son corps était à moitié couvert d'une vieille chemise en lambeaux qu'on lui avait donnée six mois auparavant. Le voisinage fut bientôt instruit de son apparition, et tout le monde accourut pour le voir. On le trouva couché auprès d'un bon feu qui paraissait lui faire grand plaisir. Plusieurs questions lui furent adressées ; il ne répondit pas : ce qui fit croire qu'il était muet. Enfin une personne, après lui avoir fait mille prévenances, mille caresses, parvint à l'emmener à son logis. On lui servit à manger ; il ne voulut point toucher aux viandes ni aux légumes assaisonnés, mais il mangea avidement des pommes de terre et des châtaignes cuites à l'eau. Transféré à l'hospice de Saint-Sernin, le jeune sauvage montra beaucoup de répugnance à manger du potage et à se coucher dans un lit ; cependant il s'y habitua peu à peu. Quoique son existence fût douce et qu'on l'entourât de soins, la liberté lui était plus douce encore et il tenta deux fois de s'échapper. Voici ce qu'en dit un médecin contemporain :

« Le corps de cet enfant offre un grand nombre de cicatrices ; une large surtout se voit à la gorge, indiquant peut-être la trace d'une main infanticide. Ses facultés intellectuelles sont nulles ; il a tous les instincts de la bête : lorsqu'on le caresse, il exprime la joie par un râlement sourd ; si on le contrarie, il boude, il s'emporte, et quelquefois mord la main qui le tracasse. Son sommeil est léger, le moindre bruit le réveille ; il hait les enfants de son âge, et pourtant il n'a jamais commis aucun acte de méchanceté. Il est indifférent à tout, il ne sourit qu'à la vue de l'homme qui lui porte à manger ; il a la douceur et l'innocence d'un idiot. Il est méfiant et demeure toujours sur ses gardes ; la société l'importune, il recherche la solitude.

« Transplanté à l'hospice comme une plante sur un sol étranger, cet infortuné, lorsqu'un beau rayon de soleil luit à la fenêtre, regarde le ciel en poussant un cri aigu ; il regarde les arbres de la campagne avec un œil d'envie, les beaux jours de sa vie sauvage ne sont point oubliés... hélas !... puis il retombe dans son indifférence apathique, se cache la figure dans ses mains, et s'endort.

« Ce malheureux est resté effaré, à demi sauvage. Sa langue, épaisse et gênée, se refuse à toute articulation ; malgré les peines et les efforts de ceux qui le soignent, il n'a jamais pu apprendre à parler. »

Ce ne sont point les seuls enfants sauvages qu'on ait vus ; il en a existé beaucoup d'autres encore. Nous renvoyons aux ouvrages spéciaux les lecteurs qui désireraient connaître leur nombre et leur histoire.

Les exemples que nous venons de citer renferment un fait constant et remarquable : c'est l'absence du langage, ou la difficulté dans l'articulation des mots. Presque tous ces jeunes sauvages avaient perdu l'usage de la parole : des cris aigus ou des gémissements sourds étaient leur unique moyen d'expression dans la joie et la douleur. Malgré les leçons répétées et les efforts les plus opiniâtres, il ne fut point possible de leur apprendre à parler. Le vocabulaire de ceux qui purent retenir quelques leçons, se bornait aux mots exprimant leurs besoins physiques.

Ce vice dépendait sans doute du relâchement des cordes vocales et de leur atrophie, faute d'exercice. On a vu aussi que leur langue, devenue très épaisse, avait perdu de sa mobilité et restait embarrassée dans ses mouvements. D'un autre côté, les sens et les instincts, sans cesse mis en jeu, avaient acquis un haut développement, tandis que les facultés intellectuelles s'étaient endormies et presque effacées. — Ces infortunés restèrent toute leur vie farouches et stupides, craintifs et solitaires ; il exécutèrent machinalement ce qu'on leur avait enseigné, et regrettèrent toujours leur état sauvage. Ceci amène à cette conclusion :

Si le cerveau est la cause de la supériorité de

l'homme sur les animaux, la faculté du langage est aussi un des éléments de sa perfectibilité. L'enfant qui vit et grandit dans les solitudes, loin de la société des hommes, perd cette faculté, se rapproche peu à peu de la brute, et finit par se confondre avec elle.

CHAPITRE XVI

HOMMES AMPHIBIES. — PLONGEURS

On a donné cette épithète à certains hommes doués du privilège de s'élancer au fond des eaux et d'y rester plus ou moins longtemps, sans danger d'asphyxie.

L'histoire ancienne présente des cas d'immersion prolongée qui surpassent toute croyance. Hérodote, liv. VIII, rapporte que, sous le règne d'Artaxerce Memnon, un Macédonien, du nom Scyllias, se rendit célèbre en parcourant six stades sous les eaux de la mer, pour porter aux Grecs la nouvelle du naufrage de leur flotte.

Pline dit qu'un pêcheur de Caprée faisait journellement au fond de la mer, des courses d'une heure et quelquefois plus, dans le but de chercher des endroits poissonneux. Il arrivait souvent que les autres pêcheurs ne prenaient rien dans leurs filets; lui, au contraire, retirait toujours les siens remplis de poissons, par la raison qu'il était allé d'avance à la découverte des bons endroits.

Lors du siège de Byzance par Mahomet II, un plongeur grec, porteur de dépêches importantes, traversa le Bosphore en nageant entre deux eaux, et arriva sans être aperçu sur le rivage opposé.

L'histoire de Sicile nous fournit le trait suivant :

« Un pêcheur en grand renom dans le pays, pour son habileté à plonger et sa faculté à rester longtemps sous l'eau, fut un jour mandé par le roi, qui se promenait suivi de sa cour sur les bords de la mer. Ce prince, désirant éclaircir le mystère géologique de Charybde et de Scylla, proposa au marin une récompense, s'il voulait plonger au fond du gouffre ; mais celui-ci, connaissant le danger, refusa. Alors, le roi, pour tenter sa cupidité, jeta dans la mer une coupe d'or ciselée d'un grand prix, et lui dit : « Si tu la rap-« portes, elle t'appartient. » Le pêcheur hésita d'abord, puis s'élança dans les flots, et reparut un quart d'heure après, loin de l'écueil, tenant d'une main la coupe, nageant de l'autre. Interrogé sur ce qu'il avait vu au fond du gouffre, il répondit que la coupe, au lieu de descendre perpendiculairement avait été poussée dans une direction opposée, et lui-même, emporté par la violence du courant, n'était parvenu à s'en saisir qu'à force de peines et de fatigues. Le roi, voulant à tout prix satisfaire sa curiosité, détacha de son doigt l'anneau de diamant qu'il portait, y adapta une boule d'or et le jeta au milieu du gouffre. « Il est encore à « toi, si tu le retires, dit-il, et, de plus, ma faveur !...

« Ébloui par la magnificence du présent et les applaudissements de la cour, le plongeur se remplit fortement les poumons d'air et s'élança pour la seconde fois. On vit l'eau tourbillonner rapidement sur sa trace. On attendit longtemps : une heure... deux... jusqu'au soir... Mais en vain. Le gouffre avait saisi sa proie et s'était à jamais fermé sur l'intrépide plongeur... Et la curiosité royale ne fut point satisfaite. »

Les plongeurs indiens, surtout les nègres employés à la pêche des perles, plongent à de grandes profondeurs, et restent, dit-on, près d'une demi-heure sans reparaître. Les voyageurs, témoins pour la première fois de cette pêche, sont d'abord saisis de crainte sur le sort de ces malheureux, qu'ils croient ensevelis sous l'onde ; mais un vif étonnement succède bientôt à leur frayeur, lorsque les plongeurs reparaissent à la surface avec le précieux coquillage !

On lit dans les *Mélanges d'histoire naturelle :*

« Un jeune Espagnol, né à Lierganès, nommé François de Véga, se baignant un jour assez loin en mer, avec quelques-uns de ses amis, plongea tout à coup et ne reparut plus ; ses parents le crurent noyé. Cinq ans après, des pêcheurs de la mer de Cadix prirent dans leurs filets un *homme marin*, qu'ils portèrent à la ville. On lui adressa la parole en plusieurs langues : il ne répondit point. Des Cordeliers l'exorcisèrent ; mais il ne parla pas plus en qualité de diable qu'en qualité d'amphibie. Cependant, un moine lui ayant entendu prononcer le nom de Lierganès, le conduisit à ce village. Son père, ses frères et sœurs le reconnurent et l'embrassèrent. Insensible à toutes les caresses qu'on lui prodiguait, il resta dans sa famille l'espace de neuf ans, sans recouvrer la parole et disparut de nouveau. Un de ses compatriotes, voyageant sur mer quelques années après sa disparition, prétendit l'avoir vu dans la mer des Asturies, en compagnie d'une troupe de dauphins. »

Les habitants de l'île de Samos ont, de tout temps, passé pour d'excellents plongeurs. Tournefort, qui a visité cette île nous apprend qu'un jeune Samien ne peut se marier avant d'avoir fait ses preuves dans ce genre de gymnastique.

De nos jours les plongeurs qui se livrent à la pêche des huîtres sont doués d'une grande énergie pulmonaire, et ce n'est qu'après plusieurs minutes qu'ils reparaissent sur l'eau pour reprendre haleine, après quoi ils replongent de nouveau.

Au commencement de notre siècle, un inconnu de trente ans environ, attira, sur les bords du canal de l'Ourcq, tous les curieux de la capitale. Cet individu, se disant Américain, venait régulièrement tous les jours, à l'heure de midi, se déshabillait sur la berge, piquait une tête et ne reparaissait que trois quarts d'heure après ; alors, il se rhabillait tranquillement et se retirait sans regarder personne. Plusieurs témoins assurent l'avoir vu se promener au fond du canal, d'une profondeur de douze pieds, la tête un peu inclinée en avant, les mains croisées sur le dos, dans l'attitude d'un homme qui médite. A la suite d'une de ces promenades sous-fluviales, un curieux lui demanda, pendant qu'il s'habillait, comment il procédait pour rester si longtemps sous l'eau ? L'amphibie regarda fixement celui qui l'interrogeait et répondit : — Je suis cataleptique. Le questionneur, indiscret peut-être, ajouta : — Et dans quel but y restez-vous si longtemps ? — Pour ne pas être importuné par les moucherons et surtout pas les hommes.

Après cette réponse, l'amphibie s'éloigna et, de ce jour, ne revint plus.

Quelque temps après le fameux combat naval qui eut lieu, en 1827, dans la rade de Navarin, où sombrèrent un grand nombre de vaisseaux, le gouvernement fit venir sur les lieux une compagnie de plongeurs ioniens et siciliens, pour retirer les canons, ferrements, cordages, etc., gisant au fond de la mer. Cette compagnie, forte de vingt et un hommes, s'acquitta parfaitement du sauvetage, et les curieux venus en foule sur le rivage pour les voir travailler, restaient stupéfaits d'étonnement. Ces plongeurs ne demeuraient pas moins de cinq à dix minutes sous l'eau ; munis de cordes, ils amarraient les canons que les cabestans ramenaient à la côte. Un d'entre eux, le plus fort de la compagnie, resta plusieurs fois dix-sept minutes sans revenir prendre respiration. Cet intrépide plongeur ouvrait les portes des cabines, entrait dans l'intérieur des bâtiments submergés, amarrait les grosses pièces de métal, brisait à coups de marteau les caisses et armoires qu'il ne pouvait ouvrir, en retirait les objets précieux, puis revenait à la surface de l'eau inspirer l'air qui lui manquait depuis dix-sept minutes. Souvent les spectateurs le crurent asphyxié et crièrent à ses compagnons d'aller à son secours, mais ceux-ci riaient de leurs craintes, car ils connaissaient la *portée marine* (expression locale) de leur camarade.

Ce maître plongeur était natif de Samos : lorsqu'on l'interrogeait sur les moyens qu'il employait pour rester si longtemps sous l'eau, il répondait qu'il ne possédait aucune recette, aucun secret; que c'était tout simplement le résultat d'un exercice journalier et l'habitude qu'il avait contractée dès sa tendre jeunesse.

D'où provient cette faculté que possèdent ces hommes, nommés improprement amphibies, de résister à une immersion longtemps prolongée, c'est-à-dire de rester sous les eaux un temps plus que suffisant pour amener l'asphyxie et la mort chez les autres hommes?

Autrefois on raisonnait ainsi : — Un *trou ovale* existe dans le cœur du fœtus, au moyen duquel la circulation marche sans le concours du poumon. Aussitôt après la naissance, la fonction pulmonaire s'établit et le trou ovale se bouche. Les individus chez qui, par une cause quelconque, l'occlusion de ce trou n'a point eu lieu, pourraient, à l'exemple du fœtus, vivre pendant un certain temps dans un milieu privé d'air.

Aujourd'hui, l'hypothèse du trou ovale est tout à fait abandonnée; d'ailleurs l'autopsie cadavérique de plusieurs nageurs remarquables, n'a point montré cette communication d'une oreillette à l'autre. On pense donc que cette faculté dépend de plusieurs conditions réunies. Une boîte pectorale large et profonde; un poumon parfaitement sain; une continuelle gymnastique des mouvements d'inspiration, afin que les vésicules aériennes s'habituent à retenir une grande quantité d'air; enfin, l'habitude et l'exercice du plongeon, pris dès le bas âge.

Cette gymnastique des organes pulmonaires réagit sur le cœur dont les fibres acquièrent plus de développement, plus de force; l'innervation continuant d'être assez énergique pour entretenir les contractions de cet organe, et par conséquent la circulation, le sujet peut rester cinq, dix, vingt, trente minutes, quelquefois plus, sans danger d'asphyxie. On a aussi prétendu que les hommes qui se nourrissent exclusivement de végétaux ne font pas une aussi grande consommation d'oxygène que les carnivores, et peuvent, par cette raison, résister à une plus longue immersion.

CHAPITRE XVII

FORCE MUSCULAIRE

Cette qualité de l'organisation animale ne dépend point seulement du volume des fibres musculaires; elle exige encore plusieurs autres conditions : d'abord la solidité de la charpente osseuse qui sert de point d'appui; ensuite la bonne conformation des muscles, la solidité de leurs attaches tendineuses, leur parfaite harmonie dans les mouvements de contraction; enfin l'impulsion cérébrale qui les met en action.

L'énergie encéphalique exerce une influence positive sur la puissance musculaire; c'est, pour ainsi dire, le ressort caché qui la développe et la soutient. Nous voyons souvent des hommes grêles être doués d'une force surprenante qu'il serait difficile d'expliquer, si l'on ne faisait intervenir l'impulsion nerveuse; tandis que d'autres individus, larges, épais de corps, robustes en apparence, sont loin de posséder la même vigueur que les premiers; et cela parce que l'énergie cérébrale, paresseuse à se développer, reste comme embarrassée au milieu des masses charnues. Le tempérament sanguin et le tempérament nervo-bilieux nous offrent d'une manière bien tranchée cette différence.

La lenteur des mouvements de l'athlète dans l'état calme, ses poses, ses déplacements dépourvus de vivacité, accusent le peu d'énergie cérébrale : il est nécessaire qu'un stimulus quelconque vienne réveiller le cerveau engourdi? alors il entre en action, ses forces s'exaltent, arrivent à un haut degré et s'y soutiennent. Les anciens, qui se sont toujours montrés excellents observateurs, nous représentent leurs athlètes, insouciants, paresseux avant le combat, arrivant avec lenteur dans l'arène; puis, s'animant peu à peu, stimulés par les acclamations des spectateurs, et se montrant aussi emportés, aussi terribles au milieu de l'action qu'ils avaient été lourds pendant le repos.

Chez l'homme nerveux, la force réside entièrement dans l'énergie cérébrale; elle acquiert tout à coup son développement et produit un effet d'autant plus puissant qu'il est plus rapide; mais cette violente réaction est d'aussi courte durée qu'elle a été prompte: les fibres musculaires n'étant plus en état de répondre à l'action cérébrale, les membres s'affaissent et l'épuisement succède à ce violent effort.

Ainsi, nous voyons, d'un côté, que la force physique n'est point en raison égale des masses musculaires; de l'autre, que l'impulsion nerveuse ne donne aux muscles peu développés qu'une puissance de quelques instants. De ces deux conditions réunies, c'est-à-dire de l'énergie encéphalique et de la richesse des systèmes osseux et musculaire, résulte la force physique par excellence, la vigueur portée à son plus haut point.

Mais la force physique ne se trouve presque jamais répartie en proportions égales dans toutes les parties d'un corps humain ; elle se développe toujours en raison de l'action et de l'exercice imprimé à telle partie, à tel et tel membre. Le coureur, le danseur, présentent le système musculaire des jambes et du bassin très développé, tandis que les muscles des membres supérieurs sont restés stationnaires. Le boxeur, le lutteur, présentent un large développement pectoral ; leurs bras sont énormes, et les saillies tendineuses fortement exprimées attestent leur vigueur ; quoique leurs jambes soient musclées, elles sont loin d'égaler la force et la souplesse des membres supérieurs.

Péron, au moyen d'un dinamomètre, a dressé une table de force comparative des divers peuples qu'il a visités, et dont voici les chiffres : A la terre de Diémen, premier degré de civilisation, 60. — A la Nouvelle-Hollande, civilisation un peu plus avancée, 62.— Aux îles Malacca, 64. — En France, en Angleterre, 68. — Ainsi, contre la croyance générale, les peuples demi-sauvages seraient moins robustes que les peuples civilisés.

Dans l'antiquité, la force physique des hommes faisait la force des empires. Les peuples qui n'avaient pas une population assez nombreuse pour se défendre contre l'invasion des nations puissantes, devaient nécessairement s'occuper des moyens propres à développer la force musculaire; c'est à quoi parvinrent les Grecs, avec le secours de plusieurs grandes institutions. Pour avoir de vigoureux défenseurs, des soldats robustes, capables de résister aux armées nombreuses des Perses, ils ouvrirent des gymnases et obligèrent la jeunesse de les fréquenter. Leurs divers exercices de gymnastique n'étaient qu'une préparation aux combats de Marathon, de Salamine et des Thermopyles; leurs fêtes étaient des jeux et leurs jeux des essais de victoire; la petite nation grecque multipliait ainsi ses forces pour se mettre en état de lutter contre toutes les forces de l'Asie.

Par une heureuse combinaison des plus variées, les jeux de la Grèce antique concouraient également à la puissance de l'État et aux progrès des beaux-arts. Les luttes, les danses publiques de la jeunesse des deux sexes, dépouillée de vêtements; les combats simulés, la pantomime armée, les courses, la natation et autres exercices, offraient pour sujet d'imitation, les plus heureuses proportions et les poses les plus charmantes. C'est pourquoi les modèles de la force et de la beauté physique étaient aussi communs dans l'ancienne Grèce qu'ils sont rares aujourd'hui parmi nous.

Les honneurs et récompenses qu'on accordait aux *athlètes*, en multipliaient le nombre et entretenaient l'émulation parmi eux. Dans les jeux nationaux et les fêtes publiques, les exercices athlétiques étaient de rigueur. La foule entourait l'arène où se mesuraient les athlètes et applaudissait le vainqueur. Nous citerons quelques-uns de ces hommes, doués d'une force prodigieuse, dont l'histoire nous a conservé les noms.

Milon de Crotone, athlète d'une force extraordinaire, fut quatre fois vainqueur aux jeux Olympiques. Les hommes les plus robustes ne pouvaient lui arracher une grenade qu'il tenait seulement entre deux doigts. Par la seule contraction de ses muscles et le gonflement de ses veines, il faisait rompre une corde dont on lui entourait le front. Il chargeait un bœuf sur ses épaules, faisait le tour d'un hippodrome au pas de course ; arrivé au but, il tuait l'animal d'un coup de poing et l'avalait pour son dîner.

Polydamas, de Thessalie, fut le plus vigoureux et le plus adroit des hommes de son temps. De même qu'Hercule, il attaqua et tua un lion monstrueux qui ravageait les vallées du mont Olympe. D'une main il arrêtait un char attelé de deux chevaux ; il rompait un tronc d'arbre comme on brise une baguette. Le roi Darius le fit venir à sa cour pour être témoin de ses tours de force. A son entrée, Polydamas commença par assommer les trois plus robustes gaillards de la garde du roi, en donnant une calotte à chacun. Il allait, par manière de plaisanterie, distribuer çà et là quelques autres calottes, lorsque Darius, satisfait, lui dit que c'était assez. Alors, saisissant un taureau par le pied, il le fit aiguillonner ; le fougueux animal regimbait, ruait, mais il ne parvint à se dégager de l'étau qui le serrait qu'en y laissant son sabot.

Pline cite les deux traits de force suivants : Un certain Salvius se montrait à Rome, portant 200 livres sur les épaules, 200 aux mains, 200 aux pieds et montait avec légèreté sur les bâtons d'une échelle. — Un autre, nommé Athanatus, parcourait l'arène, chargé d'un poids de 1,000 livres, dont 500 sur les épaules et 500 aux pieds.

Le fameux Théagène, de Thase, qui, aux belles formes d'un corps d'Apollon, joignait une force herculéenne, surpassa tous ses rivaux dans les différentes gymnastiques du corps, et remporta, durant sa vie, 1,400 couronnes.

Eurybate, Chilon, Euthymus, Astydamas et beaucoup d'autres, se rendirent célèbres par leur force et leur adresse. La statuaire et la poésie de ces époques immortalisèrent leurs victoires à l'égal de celles des grands capitaines.

Quoique aujourd'hui la profession d'athlète ne soit plus en honneur comme autrefois, les chroniques des temps modernes se plaisent à raconter les prouesses de nos Hercules, assez rares, et s'ils n'obtiennent plus de couronnes, ils s'attirent encore l'admiration du peuple.

On remarque, parfois, sur les places des capitales et dans les réjouissances publiques, des hommes fortement constitués qui, dans leurs exercices, déploient une grande vigueur, soit des bras, soit des jarrets, des reins, des mâchoires, etc. Mais ils sont loin d'égaler en force et richesse de formes les anciens athlètes. Cependant, on en cite quelques-uns qui auraient pu rivaliser avec le fameux Milon de Crotone.

Louis de Boufflers, né en 1534, fut surnommé le Robuste, à cause de sa force physique prodigieuse. Il rompait une barre de fer avec ses mains. L'homme le plus fort essayait vainement de lui arracher une paume qu'il maintenait serrée entre le pouce et l'index. Debout sur le sol, sans aucun appui, quatre vigoureux grenadiers ne pouvaient le faire bouger ; il restait aussi ferme en place qu'un pieux fiché en terre. Il s'amusait quelquefois à charger sur ses épaules, son cheval tout caparaçonné, et, avec ce lourd fardeau, se promenait autour de la place d'armes, au grand plaisir du populaire. Louis de Boufflers unissait à la force l'adresse et la légèreté, circonstance d'autant plus remarquable, que les Hercules sont généralement lourds. Il sautait, armé de toutes pièces, sur son cheval, sans mettre le pied à l'étrier. Les lutteurs, les coureurs les plus renommés furent toujours vaincus par lui. Sa force et son adresse passèrent en proverbe.

Le nommé Pièdro, Espagnol d'origine, étonna, en 1555, la ville de Naples, par la puissance musculaire de ses poignets. Il brisait les plus fortes menottes dont on le garrottait. Il croisait ses bras sur la poitrine, et dix hommes, tirant, en sens contraire, sur des cordes qui y étaient attachées, ne pouvaient parvenir à les décroiser.

Maurice, comte de Saxe, et plus tard maréchal de France, se rendit non moins célèbre par sa force herculéenne que par ses talents militaires. Entré un jour chez un maréchal ferrant pour y faire ferrer son cheval, il brisa entre ses doigts tous les fers que l'artisan lui présenta, disant : « Tes fers ne valent rien, mon ami; c'est du plomb que tu me donnes. » Il lui jeta, en souriant, une pièce de six livres et se disposait à sortir, lorsque le maréchal ferrant, homme également d'une force extraordinaire, l'arrêta par ces mots : « Seigneur, vos écus ne valent pas mieux que mes fers. » Et il lui rendit les deux morceaux de la pièce qu'il venait de rompre entre ses doigts.

Le comte, stupéfait de rencontrer un rival en forces, lui qui ne l'avait jamais trouvé, récompensa largement l'ouvrier et le prit à son service.

Dans un voyage que le comte de Saxe fit à Londres, on dit qu'il empoigna une demi-douzaine de boxeurs qui voulaient lui barrer le passage, et les lança les uns après les autres dans un tombereau d'ordures, absolument comme on lance une balle.

Au seizième siècle, le major Barsabas se rendit célèbre par la force musculaire de ses bras ; nous rapporterons quelques-uns des traits les plus saillants de sa vie : un jour, il prit une enclume de 500 livres et la cacha sous son manteau. Plusieurs fois, pour amuser ses camarades, il faisait la manœuvre du fusil avec une pièce d'artillerie. — Il écrasait entre ses doigts les membres des plus gros animaux. — Passant, par hasard, dans un carrefour où le peuple s'amusait à regarder un ours d'une énorme grosseur, que son conducteur faisait danser, Barsabas perce la foule et demande à lutter avec le terrible animal, ce qui lui fut accordé avec peine, dans la crainte d'un accident. Le major renversa plusieurs fois son adversaire, et, le jugeant indigne de lui, l'assomma d'un coup de poing, puis l'emporta sur ses épaules, aux acclamations de la foule émerveillée. — Un soir qu'il rentrait au quartier, Barsabas aperçut plusieurs officiers de son régiment cernés par une masse de peuple irrité; il court à eux, renversant les hommes qui embarrassaient son passage, ainsi qu'un enfant renverse des capucins de cartes. Mais le peuple furieux se rua sur sa personne avec des cris de rage qui annonçaient une péripétie funeste pour lui et ses camarades. Alors, de chaque main saisissant les deux plus robustes assaillants, il s'en servit, comme de massue, pour écarter les autres. Devant ce trait de force herculéenne, la populace effrayée se dispersa, et les officiers purent regagner leur quartier. — On voit qu'il ne faisait pas bon se frotter à un pareil gaillard; cependant un certain Gascon ne craignit pas de le provoquer en duel. Barsabas, bon et patient, comme le sont presque tous les hommes de sa force, garda le silence. Le Gascon insista et ne reçut pas encore de réponse. Enfin, à une troisième provocation avec un geste insultant, Barsabas, impatienté, lui dit : — Vous m'y forcez donc, monsieur? Touchez là! — Le Gascon ayant eu l'imprudence de mettre sa main dans celle qu'on lui présentait, poussa un cri déchirant, épouvantable!... Sa main venait d'être broyée comme entre les dents d'un étau de maréchal.

La sœur du major Barsabas n'était pas moins remarquable que lui par sa force. On raconte d'elle plusieurs traits dont un seul suffira pour la juger. — Des voleurs s'étant introduits dans le couvent où elle était religieuse, la panique fut générale et toutes les sœurs de s'enfermer dans leurs cellules. Informée de cet accident, sœur *Dorothée* (c'était le nom qu'on lui avait donné) marche droit aux voleurs, empoigne le premier qui se présente, ouvre la fenêtre et le jette dans le jardin; elle s'apprêtait à les lancer, les uns après les autres, par la fenêtre, lorsqu'elle se sentit blessée aux reins d'un coup de couteau. Furieuse de voir couler son sang, elle arrache une des colonnes qui soutenait l'oratoire, poursuit les voleurs avec cette énorme massue, en assomme deux et met les autres en fuite.

Sœur Dorothée avait un excellent cœur, mais ses mouvements étaient rudes et même redoutables. On dit qu'en jouant, un jour, avec deux de ses compagnes, elle en étouffa une sans le savoir, et cassa le bras à l'autre en la caressant. Ce fut le motif de son renvoi du couvent.

Auguste II, roi de Pologne, rompait avec ses doigts un fer à cheval ; il ployait très facilement des pièces de monnaie, et portait un homme sur sa main ; de nos jours, nous sommes quelquefois témoins de tours semblables.

Les marins de Constantinople parlent encore d'un Grec qui, sans autre secours que ses deux mains, était parvenu à faire ployer une ancre de goëlette, de manière à en affronter les deux extrémités.

Les frères Rousselle, surnommés Hercules du Nord, nous ont offert, dans ces derniers temps, des exemples d'une vigueur vraiment remarquable. La force était chez eux également répartie, c'est-à-dire que les bras, les jarrets, les reins, les mâchoires exécutaient alternativement la plus violente gymnastique. Rousselle aîné sautait légèrement à dix pieds de hauteur, avec un poids de 50 livres aux pieds et un poids semblable à chaque main. — D'un seul bras, il se maintenait pendant une minute dans cette pose fatigante qui consiste à saisir un anneau attaché au mur, et à se soulever horizontalement et de côté, le corps raidi par une contraction musculaire permanente. — Monté sur une chaise, il se renversait et, avec les dents, enlevait de terre un poids de 5,000 livres ; puis, s'arc-boutant sous une table chargée de 1,800 livres, il la soulevait sur ses épaules.

Ces deux frères, à peu près de la même force et de même taille, n'avaient rien offert d'extraordinaire pendant leur adolescence ; ce fut par des exercices gradués et par une grande tempérance qu'ils parvinrent à ce haut degré de forces musculaires.

Krüntz, dans son *Encyclopédie*, rapporte des exemples d'hommes semblables aux frères Rousselle ; il cite, entre autres, le nommé Eckemberg, forgeron, qui souleva un canon de 2,500 livres. Deux hommes, des plus vigoureux, ne pouvaient lui arracher un bâton qu'il tenait dans une de ses mains.

Un Anglais, d'après Baglivi, à l'aide d'une corde passée autour de ses reins, arrêtait deux chevaux excités par le fouet.

L'athlète Iccus, chez les anciens Grecs, arrêtait le

taureau le plus furieux, et lui arrachait les cornes aussi facilement qu'on arrache un radis.

La force musculaire, chez l'homme et chez les animaux, dépend de la contraction des muscles. Les individus robustes offrant un système musculaire très développé, on doit croire que la force est généralement en proportion du volume des muscles ou plutôt du nombre de leurs fibres charnues. Mais on doit aussi ajouter que l'impulsion nerveuse joue un grand rôle dans la force physique. On voit souvent des individus dont les muscles, beaucoup moins prononcés que ceux d'autres individus à formes athlétiques, l'emporter néanmoins sur eux en force musculaire. Cela dépend uniquement de l'impulsion nerveuse, qui est plus active, plus énergique chez les premiers que chez les seconds.

L'étendue de la contraction musculaire est toujours proportionnelle à la longueur et au volume des fibres.

La cause la plus commune de la contraction musculaire réside dans la volonté ; cependant, il est des maladies, telles que l'hystérie, les convulsions, etc., qui mettent involontairement en jeu cette contraction.

CHAPITRE XVIII

COUREURS. — SAUTEURS. — VOLTIGEURS

Soumis, dès le bas âge, aux divers exercices gymnastiques, le corps humain est susceptible d'acquérir cette flexibilité, cette souplesse extraordinaire dont les sauteurs et danseurs de profession nous rendent témoins tous les jours. C'est par un exercice continuel, c'est en répétant sans cesse les mêmes mouvements, les mêmes poses, qu'ils parviennent à conserver aux capsules et aux ligaments des articulations des membres et de l'épine dorsale, toute l'élasticité et la souplesse qu'ils avaient à l'âge tendre. De telle sorte que les individus, ainsi exercés, possèdent, jusque dans l'âge viril, cette merveilleuse agilité qui nous étonne.

Qui n'a entendu parler du fameux sauteur AURIOL et des tours prodigieux qu'il exécutait devant un public stupéfait, émerveillé !... — Il faisait l'exercice du fusil avec sa jambe ; la levait et la tenait fixée perpendiculairement, à côté de sa tête, comme un soldat tient son fusil au port d'armes. Il exécutait une série de tours périlleux, dans l'arène du cirque, à faire croire que son corps, aussi flexible qu'un roseau, était mu par un ressort. — Il joignait ses deux pieds, traçait un carré sur le sol dans lequel il les renfermait ; puis, au moyen d'un bond aussi rapide qu'imprévu, il opérait un mouvement de rotation sur lui-même et ses deux pieds retombaient exactement dans le carré qu'ils occupaient avant. Ce saut, exécuté avec la rapidité de l'éclair, est un des tours de souplesse les plus difficiles, et il est d'autant mieux fait qu'il paraît plus facile.

L'anecdote suivante fera mieux ressortir sa merveilleuse souplesse :

Attaqué nuitamment par trois voleurs. Auriol ne voit de salut que dans l'élasticité de ses jambes ; il s'arrache par un bond des mains de celui qui le tenait au collet et saute par dessus sa tête. Tandis que le voleur reste tout stupéfait du tour, son camarade va pour saisir Auriol, mais Auriol bondit de nouveau et exécute le même saut périlleux. Alors le troisième voleur, réunissant ses efforts à ceux des deux autres filous, revenus de leur étonnement, essaye d'arrêter l'habile sauteur qui, d'un coup de pied, en étend un sur le sol, saute à pieds joints par dessus la tête de l'autre et disparaît. Nos trois filous se frottent les yeux, se regardent tout ébaubis, et l'un d'entre eux dit en ricanant : — « Il n'y a qu'Auriol pour faire de semblables tours. »

L'HOMME CERCEAU

Il y a quelques années, on voyait à Paris un bateleur dont la colonne vertébrale avait acquis un tel degré de souplesse, qu'il pouvait en se renversant en arrière, prendre son cou avec ses deux pieds et arrondir son corps de manière à lui donner la figure d'un cerceau. Dans cette attitude, un autre bateleur le faisait rouler sur le théâtre comme les enfants font rouler leurs cerceaux. Parmi les divers tours qu'il exécutait, le suivant était fort remarquable :

Il se soulevait d'abord perpendiculairement sur les avant-bras, ses pieds en haut, la tête en bas ; il renversait ensuite ses deux jambes en arrière, appuyait ses deux pieds sur le sommet de sa tête de façon que l'occiput touchait les omoplates. Dans cette incroyable rétroversion du corps, il marchait sur ses mains, la poitrine légèrement appuyée contre le sol. Ce tour n'avait rien d'agréable ni d'élégant à voir ; mais il fournissait la preuve de ce que l'homme peut faire de son corps par un exercice longtemps continué.

COUREURS

L'organisation physique du coureur est opposée à celle de l'athlète, en ce sens que l'un s'avance épais et lourd, l'autre s'enfuit rapide et léger. — Le coureur doit avoir une poitrine bien conformée, un poumon sain, une grande liberté respiratoire ; car, pendant la course, la respiration se précipite, les battements du cœur se rapprochent et la circulation pulmonaire devient très active. — On a observé qu'en général, la durée et la vitesse sont entre elles en raison inverse ; c'est pour ménager leurs forces que les coureurs de profession s'exercent à un pas régulier qu'ils ne quittent jamais. La course précipitée et soutenue établit une véritable congestion pulmonaire et peut occasionner la mort ou de graves paralysies : témoin ce soldat grec qui, partant du champ de bataille de Marathon, tout fumant de carnage, courut d'une haleine jusqu'aux portes d'Athènes, et n'eut que la force de dire : — *Réjouissez-vous ! les Grecs sont vainqueurs.* — Il tomba mort aussitôt.

Pline a consigné au livre VII de ses ouvrages, le trait d'un Lacédémonien qui parcourut mille stades en un jour. Pour obtenir un emploi de coureur à la cour des rois de Perse, les chaters d'Ispahan subissent plusieurs jours de suite des épreuves qui consistent à faire trente-six lieues en douze heures.

Les sauvages d'Amérique fatiguent et atteignent à la course les animaux les plus légers.

M. Pariset cite un petit homme trapu, parcourant chaque jour une distance de trente-six lieues sans la moindre fatigue ; il l'a vu courir devant des chevaux de poste, et être fréquemment obligé de ralentir son pas afin de n'aller pas plus vite qu'eux.

Maurice Rummel, né à Westorf, fit, en juillet 1825, le trajet de Hanau à Francfort et retour, c'est-à-dire huit lieues, en deux heures quinze minutes. Des cavaliers bien montés ne purent le suivre jusqu'au but. En 1826, il franchit deux fois de suite la distance comprise entre les ponts de Neuilly et de Saint-Cloud, six mille toises, en trente-quatre minutes ; sa vitesse était de cent soixante-seize toises à la minute.

Le fameux West, de Windsor, parcourait mille six cents mètres en moins de cinq minutes, — huit milles par heure, — et prolongeait sa course pendant cinq heures consécutives. Intéressé dans un pari assez considérable, il franchit cent milles en dix-huit heures.

Mais, de tous les exemples de course longtemps soutenue, celui que nous a conservé Pline, au livre VII cité plus haut, d'un coureur d'Alexandre, nommé Phylonide, est, sans contredit, le plus extraordinaire. Cet homme, qui jusqu'ici n'a point trouvé de rival, se rendait d'Elis à Syracuse en neuf heures : et la distance d'une ville à l'autre était de quarante-cinq lieues ! Jamais coursier anglais ni même arabe, n'eût pu suivre le coureur Phylonide. Les plus vigoureux chevaux sont rendus après une course de quatre à six lieues.

On peut conclure de ces faits que la vitesse de certains quadrupèdes est supérieure à celle de l'homme ; mais que celui-ci les fatigue et les dépasse au bout d'un temps donné.

CHAPITRE XIX

VENTRILOQUISME. — ENGASTRYMISME

Ces deux mots, d'une parfaite synonymie, désignent l'art de produire, avec la voix, des sons plus ou moins éloignés ou rapprochés de l'individu qui opère. Ce phénomène, si extraordinaire pour les personnes qui en ignorent la cause, devient très naturel pour celles qui en connaissent le mécanisme.

L'explication de la ventriloquie peut se résumer ainsi :

L'opérateur pousse l'air du poumon vers la glotte, dont l'orifice est presque fermé ; le voile du palais se trouve abaissé ; la poussée d'air est tantôt faible, tantôt forte, selon l'effet qu'on veut produire. Les sons émis viennent se heurter contre le voile et la voûte du palais. Pendant cet exercice, les muscles du larynx, du pharynx et le diaphragme se contractent et agissent d'une manière énergique et soutenue. La bouche est à peine ouverte, pour modérer la sortie du son ; la langue et les lèvres exécutent à peine les mouvements nécessaires à l'articulation des mots. — On conçoit qu'au moyen de cette manœuvre les sons ne trouvant point une libre issue par le tuyau vocal, restent assourdis derrière le voile du palais et dans l'arrière-bouche. La voix est plus sourde ou moins claire parce qu'elle est plus faible ; cette faiblesse dépend strictement de l'expiration, qui doit être retenue, ménagée, quelquefois supprimée. La voix est peu sonore parce que les lèvres de la glotte sont très tendues ; ses articulations sont beaucoup moins nettes parce que les organes de la prononciation agissent très peu dans la voix du ventriloque. Enfin, dans cette manière de parler, l'air étant frappé dans l'intérieur de la gorge lors de l'expiration, et non au dehors comme dans la manière ordinaire, la voix semble arriver de loin.

L'ignorance où l'on était autrefois de la véritable cause du ventriloquisme, donna souvent lieu à des supercheries, à des aventures fort singulières et des plus amusantes.

Louis Brabant, valet de chambre du roi François Ier, mit à profit son talent d'*engastrimyte* pour imiter la voix d'un homme décédé depuis longtemps, et persuader à sa veuve qu'elle devait lui donner sa fille en mariage. Le même Louis Brabant employa le même artifice pour se faire compter cent mille francs par un banquier.

L'abbé de La Chapelle, qui écrivit un volume sur le mécanisme de la ventriloquie, cite l'anecdote suivante arrivée sous ses yeux :

« Le nommé Saint-Gille, homme d'un caractère fort gai et l'un des meilleurs ventriloques de son temps, me fit entrer dans son arrière-magasin pour me rendre témoin de son habileté. Nous nous assîmes au coin du feu, où je ne le perdis pas de vue, le regardant toujours en face. Après m'avoir raconté plusieurs scènes très comiques, occasionnées par son talent de ventriloquie, je m'entendis appeler très distinctement par mon nom ; mais de si loin et avec un son de voix si étrange, que j'en fus ému.

« Comme j'étais prévenu, vous venez de me parler en ventriloque, lui dis-je ; il me répondit par un sourire et je m'entendis appeler une seconde fois dans une autre direction ; la voix semblait partir du toit de la maison. Il fit plusieurs expériences semblables, sa voix voltigeait en tous sens ; elle venait d'où il voulait et l'illusion était complète.

« Voici une autre scène du même ventriloque, à laquelle j'assistai et qui me fit beaucoup rire :

« Saint-Gille se promenait, un jour, avec un ancien militaire qui marchait le corps raide et la tête levée, avec de grands écarts de poitrine ; il ne parlait et il ne fallait parler avec lui que batailles, régiment, garnison, combats singuliers, etc. Pour réprimer un peu cette manie assommante de parler toujours de son métier, Saint-Gille s'avisa de lui servir un plat du sien. Rien n'amuse et ne corrige mieux qu'un ridicule en action.

« Arrivés à un endroit de la forêt de Saint-Germain, notre militaire crut entendre ces paroles du haut d'un arbre : — *On ne sait pas toujours se servir de l'épée qu'on porte.*

« — Quel est cet impertinent? dit aussitôt le militaire.

« — C'est probablement un pâtre qui déniche des oiseaux, répondit le ventriloque.

« — C'est un polisson, un drôle, ajouta le militaire d'une voix brève et secouant la tête en menaçant.

« — *Approche*, continua la voix qui paraissait descendre le long de l'arbre : *tu as peur*.

« — Oh ! pour cela non ! cria le militaire en enfonçant son chapeau et se disposant à l'attaque.

« — Qu'allez-vous faire? lui fit observer Saint-Gille en le retenant; on se moquera de vous.

« — *La bonne contenance n'est pas toujours signe de courage*, continua la voix.

« — Ce n'est point la voix d'un pâtre, dit le militaire courroucé ; je ferai bientôt repentir le lâche de ses impertinences.

« — *Témoin Hector fuyant devant Achille*, cria la voix, descendue au pied de l'arbre.

« Le militaire, ne pouvant plus contenir sa colère, tire aussitôt son épée et la plonge, à plusieurs reprises, dans le plus épais d'un buisson embrassant le pied de l'arbre... il en sortit un lapin qui se mit aussitôt à s'enfuir à toutes jambes.

« — Voilà Hector, lui dit Saint-Gille, et vous êtes le brave Achille.

« Cette plaisanterie suffit pour désarmer la fureur du militaire, et nous rîmes tous, de bon cœur, de cette burlesque aventure. »

CHAPITRE XX

DES EXERCICES GYMNASTIQUES CHEZ LES ANCIENS, COMME MOYEN DE DÉVELOPPER LES FORCES ET L'ADRESSE. — DE LA MÉTHODE ANGLAISE, DITE ENTRAINEMENT (*training*), POUR ARRIVER AU MÊME BUT.

SECTION PREMIÈRE

La gymnastique, la *somacétique* militaire et tous les exercices du corps, étaient plus généralement pratiqués dans l'ancienne civilisation que dans notre civilisation moderne. Les moyens d'attaque et de défense n'étant point les mêmes que ceux d'aujourd'hui, les nations guerrières de ces époques avaient besoin d'un plus grand déploiement de forces physiques. Les exercices corporels étaient donc ordonnés comme nécessaire et faisaient partie de l'éducation nationale; nul ne pouvait s'y soustraire. Aussi, les hommes adroits et robustes, les athlètes, les hercules étaient-ils plus nombreux que parmi nous. L'histoire nous a conservé les noms de leurs exercices et les moyens qu'ils employaient pour arriver à ce degré de force et d'adresse auquel ils étaient parvenus. Ces moyens étaient de deux sortes : les exercices variés sous la direction d'un gymnasiarque et le régime alimentaire. Au nombre de ces exercices nous signalerons :

La *course* dans le stade, divisée en quatre espèces, selon qu'on faisait le tour du stade, deux, quatre et six fois, ou qu'on le parcourait armé de pied en cap.

Le *saut* se divisait aussi en plusieurs espèces, selon qu'on le pratiquait, soit librement, soit avec des poids dans les mains, sur les épaules, soit enfin avec une armure.

Le *disque*, sorte de palet en pierre ou en métal, qu'on lançait tantôt avec la main, tantôt avec une courroie faisant office de fronde.

La *lutte* était l'un des plus anciens exercices que pratiquaient les athlètes. Il existait deux genres de lutte : l'un où l'on combattait debout, l'autre où l'on combattait en se roulant sur le sol. Le vaincu avouait sa défaite en élevant le doigt indicateur.

Le *pugilat*, qui consistait à s'attaquer, à se frapper le visage avec les poings, jusqu'à se briser les dents, à se crever les yeux et se défigurer. Le grand art de ce hideux combat, dont les boxeurs anglais nous donnent un exemple, était de savoir éviter les coups de son adversaire et de lui en assener sur la tête à l'étourdir, à le terrasser. — On pourra se faire une idée de cet exercice et de ses terribles conséquences, par un fait consigné dans l'histoire grecque : Un jeune athlète, proclamé vainqueur au pugilat, alla porter sa couronne à sa mère ; mais celle-ci, voyant un homme édenté, borgne, le nez écrasé, défiguré et hideux, refusa de le reconnaître pour son fils.

Le *pancration ;* cet exercice, composé du pugilat et de la lutte, exigeait beaucoup d'agilité, unie à une grande vigueur. Tous les athlètes n'étaient point aptes au *pancration ;* on regardait ceux qui le pratiquaient comme très supérieurs aux autres.

Le régime des athlètes se composait de viandes rôties, de figues sèches, de fromage et d'une très petite quantité de boisson ; les gymnasiarques attachaient beaucoup d'importance au régime sec. Les bains tièdes, les frictions, les onctions huileuses, la flagellation et autres pratiques étaient d'un usage à peu près général. Les repas, les exercices, le repos, la veille et le sommeil étaient réglés et indiqués au moyen d'une crécelle. La durée du temps des exercices et du régime se trouvait subordonnée à l'âge et à la vigueur des élèves ; la sobriété et la continence étaient de rigueur.

Nos voisins les Anglais, sont en possession d'une méthode d'éducation athlétique, appelée *trainers*, qui, sous le rapport des résultats, a beaucoup d'analogie avec celle des anciens. La méthode anglaise opère des transformations, des métamorphoses corporelles presque incroyables, non seulement sur les animaux, mais aussi sur les enfants et sur l'homme fait.

SECTION II

MÉTHODE ANGLAISE

Nos lecteurs nous sauront gré, peut-être, de leur donner un résumé clair et précis de cette méthode, qu'on applique avec tant de succès aux jockeys, coureurs et boxeurs.

Il existe en Angleterre des *trainers*, ou maîtres-entraîneurs, et pour les hommes et pour les animaux. Ces maîtres, en moins de trois mois, donnent à leurs élèves une force, une agilité et une souplesse dont on ne pourrait se faire une idée exacte si l'on n'en voyait les résultats. — Cette méthode, qui était connue des anciens, n'entraîne aucun des inconvénients signalés par Galien ; elle donne, il est vrai, une agitation fiévreuse du pouls, qui n'a que peu de durée. Les élèves sortent des mains de leurs maîtres, non seulement plus forts, plus agiles, plus vigoureux, mais ayant acquis plus de pénétration d'esprit, plus de sang-froid et de courage ; ils sont exempts d'étourdissements, même lorsqu'on les frappe sur la tête ; leur appétit est excellent, les fonctions du poumon et de la peau s'exécutent avec la plus grande facilité.

Les maîtres-entraîneurs ne reçoivent point d'élèves au-dessous de dix-huit ans ni au-dessus de quarante. Ils choisissent pour le pugilat les sujets à larges épaules, à la poitrine bien ouverte et d'une taille élevée. Une grande taille est moins nécessaire pour les coureurs.

Les principaux moyens de l'*entraînement* sont : une grande sobriété, des exercices gradués et fréquemment répétés en plein air ; des frictions, des bains froids, une grande propreté du corps ; quelques vomitifs et des purgatifs. Si le sujet soumis à cette méthode est pléthorique, on lui pratique une saignée. Cela fait, on commence le régime alimentaire.

Ce régime consiste à ne permettre que très peu de boisson et toujours de la bière forte ou du vin rouge coupé d'eau ; jamais de liqueurs alcooliques ni de boissons chaudes. Les aliments sont du pain rassis et de la viande de bœuf ou de mouton saignante. Les viandes blanches, le laitage, les légumes et les pâtisseries sont interdits. Deux repas suffisent par jour, le déjeuner à huit heures, et le dîner à deux heures, il n'y a point de souper. Cependant, si l'on a faim on peut prendre, deux heures avant le coucher, un peu de viande froide avec du biscuit au lieu de pain. On ne permet que peu de sel, les épices sont défendues. On se couche de bonne heure, à dix heures, au plus tard, et il faut être levé avant huit heures.

Les exercices s'exécutent le matin et le soir ; on les pousse graduellement jusqu'à la sueur, qu'on favorise par les frictions et le repos dans un lit garni d'épaisses couvertures.

Telle est la méthode au moyen de laquelle on transforme, en deux ou trois mois, un sujet lourd ou faible, qui ne peut faire le moindre effort, la petite course, sans fatigue ou oppression, en un homme leste, vigoureux, actif, infatigable. En sortant des mains de l'entraîneur, l'individu si chétif il y a deux mois, se trouve en état de courir vite et longtemps sans être essoufflé ni fatigué ; il peut lutter contre la champion le plus robuste et le plus adroit, et sa constitution, loin d'avoir été maltraitée par cette méthode a éprouvé une notable amélioration.

D'après les beaux résultats qu'on retire du régime de l'entraînement, nous proclamons sa haute utilité pour l'éducation de la jeunesse et même pour la guérison de plusieurs maladies. Il est fâcheux que cet art de transformer l'organisation vivante n'ait été jusqu'ici employé que dans un but lucratif, et par cela même peu digne de fixer l'attention des philantropes. Nous souhaitons que les médecins portent leur attention sur cet art en le faisant tourner au profit de tous.

SECTION III

RÉDUCTION DU POIDS DE L'HOMME PAR L'ENTRAINEMENT

Le même art, dont nous venons de parler, étant modifié, obtient des résultats tout à fait différents de ceux précédemment indiqués. On l'applique, en Angleterre, aux jockeys de courses, pour réduire en très peu de temps le poids de leur corps. Cette réduction est d'une grande importance, puisqu'une différence de quelques livres de plus ou de moins, dans la charge du cheval, apporte une différence dans la vitesse. On n'a souvent que huit à dix jours pour opérer, sur le jockey, une réduction de vingt à vingt-cinq livres, et quelquefois davantage.

La méthode *réductive* est des plus simples : l'administration de purgatifs salins, un violent exercice et la provocation de sueurs abondants en sont la base. — Le régime alimentaire se borne à deux repas par jour; le déjeuner se compose d'un peu de pain et de beurre, avec du thé pour boisson ; le dîner, d'un peu de pudding et de poisson, avec du vin coupé d'eau pour boisson : deux parties d'eau pour une de vin. On supprime le souper.

Chaque matin, une heure après le déjeuner, le jockey est soumis à une course de dix à quinze milles ; vêtu préalablement de six vestes, deux habits et deux culottes pour favoriser une abondante transpiration. Au retour de la course, il est placé entre deux matelas de laine ou de plumes, afin de faire ruisseler la sueur. Pendant le reste de la journée, il se promène, se repose et boit de l'eau. Huit à dix jours de ce régime et de ces exercices suffisent pour opérer la réduction désirée, de vingt à vingt-cinq livres. C'est à ce moment qu'il est placé sur le cheval et que la lutte de vitesse a lieu.

Immédiatement après la course, le jockey est ramené dans une chambre chauffée on le déshabille, on le frictionne vivement de la tête aux pieds et, après lui avoir fait avaler un grog chaud, on le place dans un bon lit où il reste pendant plusieurs heures à se reposer. A partir de ce moment, le jockey est mis à un régime alimentaire copieux et substantiel, qui lui fait recouvrer avec une étonnante rapidité le poids qu'il avait perdu et son embonpoint ordinaire. Le fameux jockey-coureur Bakle, qui avait perdu vingt-huit livres de son poids par le traitement, fut pesé deux jours après la course et de régime substantiel, on constata qu'il avait récupéré neuf livres de son poids dans ce court espace de temps.

L'entraînement des jockeys demande beaucoup de précautions et d'expérience de la part du maître-entraîneur ; car, poussé trop loin, il peut avoir de très fâcheux résultats pour la santé du sujet entraîné.

Nous terminons ici ce court résumé de la *méthode entraînante*, que les Anglais appliquent avec tant de succès à l'homme et aux animaux, méthode qui est à peine connue en France. Nous nous réservons, toutefois, de revenir encore sur cet intéressant sujet vers la fin de cet ouvrage.

CHAPITRE XX.

PHÉNOMÈNES ÉLECTRIQUES CHEZ L'HOMME ET LES ANIMAUX. LA FILLE ÉLECTRIQUE

SECTION PREMIÈRE

L'électricité est, très probablement, le grand moteur de la nature ; elle est la source de la chaleur et de la vie ; tous les corps en recèlent plus ou moins, et il ne s'opère aucune combinaison chimique sans sa participation.

L'électricité par *frottement* se développe dans un grand nombre de substances organiques ; l'électricité par le *contact* ou galvanisme ne naît pas seulement par le contact de métaux hétérogènes, mais le charbon, le graphite, et certaines parties de l'économie animale, telles que les muscles, nerfs, tissu cellulaire, peuvent remplacer les métaux électro-moteurs. Par exemple, si l'on touche la cuisse d'une grenouille avec un morceau de chair fraîche, la cuisse aussitôt donne des signes de contraction. Ce phénomène donna l'idée à Buntzen de construire une pile galvanique avec des couches alternatives de chair et de nerfs. Kœmtz construisit également, avec des substances organiques, des piles sèches sans le secours d'aucun métal ; il étendit sur des rondelles de papier des dissolutions concentrées de substances organiques, et composa une pile, en ayant soin de séparer les couches organiques hétérogènes par deux épaisseurs de papier ; l'action de cette pile donna les résultats suivants :

Le blanc d'œuf, mis en contact avec de la gomme et du sang, se comporta comme élément positif. — La gomme se comporta de la même manière à l'égard du salep ; — et la levure envers le sucre de canne ; — le sel marin envers le sucre de lait ; — la soude envers la graisse de mouton ; — le sang de bœuf envers l'amidon ; etc. D'où l'on a conclu que les corps organiques dégagent de l'électricité de même que les métaux.

Tout le monde sait qu'il existe plusieurs sortes de poissons électriques : la *torpille*, le *gymnote*, le *tétrodon*, le *silure*, l'*anguille de Surinam*, etc. L'appareil électrique de la torpille se trouve placé aux deux côtés de la tête et des branchies. Cet appareil se compose de prismes à cinq ou six pans, placés les uns à côté des autres ; chaque prisme forme un tube à paroi amincie, entouré de vaisseaux et de nerfs, et dans ces tubes est disposée une série de plaques transversales séparées les unes des autres par un liquide gélatineux ; plusieurs filets nerveux se ramifient dans ces organes.

La secousse électrique donnée par la torpille à la main qui la saisit, est assez forte pour s'étendre jusqu'à l'épaule. On dit que la secousse donnée par l'anguille de Surinam est capable d'arrêter un cheval.

A la suite de belles expériences, Matteucci a résumé les phénomènes électriques offerts par la torpille, dans les propositions qui suivent :

1° La décharge électrique de la torpille se fait sous l'influence de la volonté de l'animal.

2° Toute action extérieure sur le corps de la torpille est d'abord transmise au lobe électrique du cerveau qui, au moyen des filets nerveux, en détermine la décharge.

3° Toutes les circonstances qui modifient les fonctions de l'organe électrique, agissent également sur la contraction musculaire.

Devant de semblables faits on se demande si l'électricité de l'animal a sa source dans l'appareil électrique ou s'il n'existe pas un rapport mystérieux entre l'action des nerfs et le dégagement de l'électricité? La science n'a pas résolu ce problème.

Tous les animaux, en général, dégagent plus ou moins d'électricité, selon les circonstances où il se trouvent ; le chat est, parmi eux, celui qui offre cette propriété à un plus haut degré : il suffit de le frotter à rebrousse-poils, dans l'obscurité, pour produire des étincelles.

La faculté d'un dégagement électrique, sous l'influence de la volonté, existe-t-elle chez l'homme? —

Jusqu'ici toutes les expériences tentées à cet égard ont été négatives. Néanmoins, plusieurs savants, et entre autres Weber, ont observé une action très sensible sur le magnétomètre, au moment où l'homme contracte fortement ses muscles. — Prévot a fait une fort curieuse expérience à ce sujet : il enfonce une aiguille dans le ventre d'un muscle, puis il fait contracter volontairement ce muscle ; aussitôt l'aiguille est électrisée et attire à elle de la limaille de fer.

Le dégagement électrique, chez l'homme, ne saurait être comparé à celui qui a lieu chez les poissons dont nous venons de parler ; ce dégagement, quoique très peu prononcé, existe néanmoins ; car les diverses opérations chimiques qui ont lieu dans un corps vivant, doivent nécessairement produire des phénomènes électriques ; mais l'électricité humaine n'est point soumise à l'empire de la volonté, comme chez la torpille ; elle ne se développe que sous l'influence des actions organiques.

Des expériences minutieuses faites sur diverses personnes, à diverses époques du jour et dans des circonstances différentes, ont permis d'établir le tableau ci-après :

1° L'électricité propre à l'homme en état de santé, est positive.

2° Elle dépasse rarement, en intensité, celle produite par le zinc et le cuivre communiquant avec le réservoir commun.

3° Les personnes sèches, irritables, d'un tempérament nerveux, possèdent une plus forte quantité d'électricité libre que les personnes grasses, lentes et d'une constitution lymphatique.

4° La somme totale de l'électricité est plus considérable le soir, qu'aux autres heures du jour.

5° L'usage des boissons spiritueuses augmente la quantité d'électricité.

6° Les femmes seraient douées, plus souvent que les hommes, d'électricité négative, sans qu'il y ait aucune règle précise à cet égard. Gardini a trouvé de l'électricité négative à l'époque du flux menstruel.

7° En hiver, quand le corps est refroidi, l'électricité vitale baisse au point de ne plus laisser de trace ; mais elle reparaît à mesure que le corps se réchauffe.

8° L'électricité paraît se réduire à zéro, pendant la durée des affections goutteuses et rhumatismales ; elle revient à son type normal après la guérison.

Telles sont, à peu près, jusqu'ici, les données qu'on ait sur l'électricité humaine, et ces données n'aboutissent pas à grand'chose. Mais un fait sur lequel les physiologistes devraient porter leur recherche est celui-ci :

Les nerfs sont-ils creux, et, dans leur intérieur, circule-t-il un fluide analogue au fluide électrique ? ou bien les nerfs sont-ils dépourvus de canal, et ne servent-ils que de conducteurs au fluide nerveux ou vital ?

Le fluide nerveux est-il produit par l'organe encéphalique et la moelle épinière, de même que les diverses sécrétions du corps sont produites par des organes ? Le foie, par exemple, sécrète incessamment la bile ; — les reins sécrètent l'urine, etc. Et le cerveau, organe si volumineux chez l'homme, que sécrète-t-il ?

Si, par des expériences positives, on parvenait enfin à découvrir l'existence de ce fluide nerveux que beaucoup de savants considèrent comme hypothétique, ce serait un grand pas de fait dans la science, et les résultats seraient immenses, surtout pour cette partie de la médecine appelée *thérapeutique;* car, pour nous, il est démontré que tout dérangement dans la santé, reconnaît pour cause essentielle une altération de la fonction nerveuse, et que les divers symptômes fournis par les organes en souffrance, ne sont que la conséquence de cette altération. Or, s'il était possible d'arriver à cette découverte, que chaque maladie dépend, selon sa nature, d'un excès ou d'un défaut de sécrétion nerveuse, il ne s'agirait plus que de trouver le moyen de rétablir l'équilibre de la fonction nerveuse pour obtenir une guérison radicale. Alors, au lieu de traiter les symptômes, ainsi qu'on le fait aujourd'hui faute de mieux, on attaquerait directement la cause ; alors, pour la médecine et les malades, s'ouvrirait une ère nouvelle, et la pauvre humanité serait peut-être allégée d'une foule de maux qui pèsent sur elle.

Mais hâtons-nous de terminer ces considérations, trop sérieuses pour beaucoup de nos lecteurs, et maintenant qu'ils ont une idée de l'électricité humaine, offrons-leur l'anecdote de la *fille électrique*, excellent moyen de les tenir en garde contre les jongleries d'une classe de gens qui exploitent si audacieusement la crédulité publique. Voici donc, en abrégé l'histoire de cette prétendue *fille électrique*, dont les partisans des esprits et des tables devineresses voulurent tirer parti, mais qui ne servit qu'à les confondre.

SECTION II

Angélique Cottin, âgée de quatorze ans, d'une constitution assez forte, mais d'un esprit peu développé, possédait, au dire de ses parents, exploiteurs de la crédulité publique, l'étonnante faculté de mettre en mouvement les corps bruts par la seule influence de sa volonté. Ainsi Angélique, étant assise sur une chaise, venait-elle à se lever, aussitôt la chaise était lancée avec force à plusieurs pas de distance. Plaçait-on Angélique devant une table, un guéridon : après quelques instants, ces meubles étaient violemment renversés et quelquefois brisés sans que la fille Cottin parût sortir de son immobilité. Tout cela s'opérait par sa faculté électrique, disait-on.

Sur la relation de ces faits extraordinaires, le secrétaire de l'Académie des sciences, M. Arago, qu'on a si souvent accusé de scepticisme, et que nous trouvâmes trop crédule en cette circonstance, provoqua la réunion d'une commission académique. Placée en face de cette commission, Angélique perdit complètement sa faculté électrique et ne put opérer ses prodiges ; car il n'y a rien qui réduise mieux un thaumaturge au silence qu'une assemblée scientifique. Angélique n'ayant point *retrouvé son électricité* pendant deux longues heures d'attente, la commission fatiguée, pour ne pas dire mystifiée, se retira sans faire de rapport. Ce pauvre M. Arago resta tout étourdi ; ce fut pour lui une leçon, et il se promit bien, à l'avenir, de ne plus déranger ses collègues pour faire constater de semblables prodiges.

Cependant les parents d'Angélique ne se tinrent pas pour battus : l'espoir d'un gain d'autant plus considérable, qu'il était basé sur la crédulité et la passion pour la nouveauté de ces braves Parisiens, les fit revenir à la charge. Ils allèrent donc trouver un des membres de la commission, M. Babinet, et le supplièrent, au nom de l'intérêt qu'il semblait leur porter, d'assister, le soir même, à une dernière séance, attendu que leur fille avait *retrouvé son électricité.* M. Babinet, qui n'ignorait pas que tous les prestiges thaumaturgiques ont un but intéressé, acquiesça, néanmoins à la demande. Ce savant, dans une des livraisons de la *Revue des Deux-Mondes*, s'exprime ainsi, au sujet de cette dernière jonglerie :

« J'arrivai, vers huit heures du soir, à l'hôtel où logeait la famille Cottin ; je fus désagréablement surpris, dans une séance destinée à moi seul et à ceux que j'avais amenés, de trouver la salle envahie par une nombreuse réunion de personnes attirées par l'annonce des prodiges qui allaient prendre leur cours. Après des excuses faites, je fus introduit dans une chambre du fond qui servait de salle à manger, et là je trouvai une immense table de cuisine formée de madriers de chêne, d'un poids énorme. Les parents d'Angélique m'apprirent qu'au moment du dîner leur fille avait, par un acte de sa volonté, renversé cette table massive, et, par suite, brisé les assiettes, verres et bouteilles qui se trouvaient dessus ; mais les excellentes gens ne regrettaient point la perte, dans l'espérance que la faculté merveilleuse de la pauvre idiote allait se manifester et devenir officielle. Il n'y avait pas moyen de douter de la véracité de ces honnêtes témoins.

« Un petit vieillard, le plus sceptique des hommes qui m'avaient accompagné, feignit de croire au récit des parents ; mais, étant entré avec moi dans la salle de réunion, cet observateur défiant alla se poster à la porte d'entrée, prétextant la foule qui remplissait la pièce, et se plaça de côté, de manière à ne perdre aucun des mouvements de la fille électrique placée devant son guéridon. Cette fille faisait face à ceux qui occupaient en grand nombre le fond et les côtés de la salle. Après une heure d'attente, rien ne se manifestant, je me retirai en témoignant de ma sympathie et de mes regrets. Le petit vieillard resta obstinément à son poste : il tenait en arrêt, de son œil infatigable, la fille électrique, comme un chien couchant le fait d'une perdrix. Enfin, au bout d'une autre heure, mille préoccupations ayant distrait l'assemblée et de nombreuses conversations s'y étant établies, tout à coup le miracle s'opère... le guéridon est renversé !...... Grand étonnement du public, grand espoir des parents ! Déjà on allait crier *bravo !* lorsque le petit vieillard s'avançant, avec l'autorité de l'âge et de la vérité, déclara formellement qu'il avait vu Angélique, par un mouvement convulsif du genou, pousser et renverser le guéridon placé devant elle ; il en conclut que l'effort qu'elle avait dû faire, avant dîner, pour renverser une lourde table de cuisine, avait dû occasionner, au-dessus du genou, une contusion plus ou moins apparente. Les parents ayant été mis en demeure de laisser vérifier le fait annoncé par le petit vieillard, on en reconnut l'exacte vérité. Les parents et leur fille électrique, rouges de honte et de colère, décampèrent le soir même de Paris, bourse vide, et maudissant ce malencontreux petit vieillard qui avait dévoilé leur jonglerie.»

Telle fut la fin du miracle, et la nombreuse société qui avait été dupe d'une pauvre idiote, ou plutôt de ses parents, s'en retourna prémunie contre la crédulité, source de tant d'erreurs. Le savant académicien à qui nous avons emprunté cette relation, fait observer que si l'on voulait assimiler tous les récits de faits merveilleux à l'histoire de la fille électrique, on arriverait bientôt, en découvrant le bout de la ficelle, à l'incrédulité la plus absolue.

CHAPITRE XXII

THÉORIE NATURELLE DE LA PROCRÉATION HUMAINE. — FÉCONDATION. — ÉVOLUTION DE L'ŒUF. — DÉVELOPPEMENT PROGRESSIF DU FŒTUS PENDANT SA VIE INTRA-UTÉRINE.

Jusqu'ici nous avons disserté sur l'espèce humaine, sur ses races, ses variétés de races, etc. ; nous avons énuméré ses diverses métamorphoses, ses bizarreries d'organisation etc., etc. ; mais, nous n'avons pas encore fait connaître le mode qu'emploie la nature dans son œuvre reproductrice ; c'est la tâche qui nous reste à remplir.

La durée des espèces vivantes repose sur la grande loi de reproduction ; la reproduction s'opère par le contact des organes génitaux de deux sexes opposés. L'homme suit instinctivement cette loi, il jouit du privilège de procréer en toute saison et de pulluler sur tous les points du globe ; privilège qui n'est pas accordé aux autres espèces vivantes.

Toutes les questions relatives au mécanisme de la

génération ayant été traitées, avec les plus grands détails, dans l'HYGIÈNE DU MARIAGE, nous nous bornerons à de courtes considérations sur les instruments générateurs de l'un et l'autre sexe, et sur le merveilleux travail qui s'opère dans le sein de la femme après la fécondation.

Commençons par établir une comparaison entre les deux appareils génitaux de l'un et l'autre sexe.

APPAREIL GÉNITAL DE L'HOMME.		APPAREIL GÉNITAL DE LA FEMME.
1 Testicules	correspondent aux	Ovaires,
2 Canaux séminifères	id.	Pavillon de l'oviducte,
3 Vésicules séminales	id.	Matrice ou utérus,
4 Canal spermidacte	id.	Oviduc ou trompes,
5 Canal éjaculateur	id.	Conduits excréteurs des glandes vaginales,
6 Pénis ou membre viril	id.	Clitoris,
7 Scrotum ou bourses des testicules	id.	Grandes et petites lèvres.

Ainsi que ce tableau le démontre, chaque organe de l'appareil d'un sexe trouve son analogue dans l'autre sexe ; de ce parallélisme résulte l'harmonie dans l'acte de la génération et de cette harmonie la fécondation ; enfin, la conséquence naturelle de l'acte génital est la procréation d'un être semblable à ceux qui l'ont engendré.

SECTION PREMIÈRE.

DESCRIPTION DES ORGANES GÉNITAUX DE L'HOMME.

Nous prions les lecteurs pudibonds de nous pardonner la *terminologie* dont nous allons être obligé de nous servir ; tout en évitant de blesser leurs oreilles, nous leur ferons observer qu'il est impossible de ne pas nommer chat, un chat ; mais nous jetterons un voile sur certaines descriptions trop physiologiques et n'emploierons que les mots indispensables.

ORGANES GÉNITAUX DE L'HOMME.

A l'extérieur, l'appareil génital mâle se compose du *pénis* ou membre viril, organe de l'intromission, et des *testicules*, dont la fonction est de sécréter le fluide spermatique.

A l'extérieur, les *vésicules séminales*, placées entre le gros intestin et la vessie, sont deux capsules de la grosseur d'une petite noix, destinées à servir de réservoir à la liqueur prolifique élaborée par les testicules. On prétend que cette liqueur, avant d'arriver aux testicules, traverse les conduits séminifères, dont le nombre est évalué à soixante-deux mille cinq cents, et la longueur à cinq mille deux cent huit pieds : le corps ovoïde du testicule serait donc composé de vaisseaux séminifères roulés sur eux-mêmes comme un peloton de fil. — Les *conduits déférents* partent du testicule, entrent dans l'abdomen, descendent en arrière de la vessie, passent près des vésicules séminales, reçoivent d'elles un canal nommé *éjaculateur*, et, traversant la prostate, vont s'ouvrir dans l'urètre, sur les côtés d'une petite éminence nommé *verumontanum*. Pour que l'acte vénérien s'effectue avec fruit, il faut que ces diverses parties du système générateur deviennent le siège d'un orgasme en rapport avec leurs fonctions.

SECTION II.

ORGANES GÉNITAUX DE LA FEMME.

L'appareil génital de la femme est beaucoup plus étendu, beaucoup plus compliqué que celui de l'homme, et par cela même plus sujet à des défectuosités, à des dérangements. On ne peut guère juger de son aptitude à engendrer par l'inspection des parties génitales extérieures ; cependant, les conditions suivantes sont regardées, sinon comme indispensables, du moins comme les plus favorables : — Un bassin bien conformé, des hanches évasées, arrondies, saillantes en dehors et débordant le diamètre de la poitrine. — Onze pouces d'une hanche à l'autre. — Un diamètre sacro-pubien de sept à huit pouces. — L'ouverture sous-pubienne doit être exempte de tout obstacle qui puisse nuire à l'acte amoureux.

La femme semble jouer un rôle plus important que l'homme dans la reproduction de l'espèce : c'est en elle qu'existe l'œuf; c'est dans son sein qu'il est fécondé, qu'il croît, qu'il se développe; elle nourrit le fœtus de son sang, puis de son lait, et dirige ses premiers pas dans la vie : il est donc nécessaire de décrire longuement et d'étudier avec soin le mécanisme de ses organes sexuels dans l'œuvre de la génération.

A l'extérieur, — la *vulve* ou *cteïs*, — ouverture verticale, à la partie supérieure du pubis, bornée de chaque côté par les *grandes lèvres*. Elle commence par une commissure supérieure, et se termine, à un pouce de l'anus, par une commissure inférieure.

Près de la commissure supérieure des grandes lèvres existe un petit corps érectile, semblable au pénis, et terminé, comme lui, par un gland recouvert d'un capuchon. Ce petit corps a reçu le nom de *clitoris*, du mot grec κλείτοριξειν; cet organe est susceptible d'un tel développement qu'il peut simuler un pénis, c'est ce qui a fait croire, dans plusieurs cas, à l'hermaphrodisme.

Petites-lèvres ou *nymphes*. — Les nymphes sont formées par un repli de la muqueuse qui tapisse le cteïs; elles fournissent un capuchon au clitoris et se terminent aux environs du canal cteïdien. — Les nymphes sont rouges, érectiles, et ne dépassent point les grandes lèvres chez les jeunes filles; au contraire, à mesure qu'on avance en âge, surtout chez les femmes qui ont eu des enfants, les nymphes se flétrissent, prennent une teinte plombée, s'allongent et sortent tout à fait. Il est des circonstances où l'on est même obligé d'en pratiquer l'excision, pour arrêter les douleurs de la tuméfaction dont elles deviennent le siège. Leur usage est, selon la plupart des anatomistes, de servir à l'ampliation des parties au moment de l'accouchement.

Les femmes des contrées chaudes offrent des nymphes beaucoup plus développées que les femmes de nos climats; plusieurs peuples ont adopté l'usage de les retrancher. Le fameux tablier des Hottentotes n'est autre chose qu'un monstrueux développement des nymphes, qui sortent des parties sexuelles et pendent jusqu'à la moitié des cuisses.

Canal vulvo-utérin. — Ce canal musculo-membraneux, de cinq à six pouces de longueur, va embrasser le col de la matrice. Son intérieur est tapissé d'une membrane veloutée sécrétant un fluide onctueux, afin de lubréfier les parois et de faciliter la copulation.

Menbrane hymen. — On a beaucoup parlé de cette fameuse membrane, de forme demi-circulaire, qui, chez les vierges, ne laisserait qu'un petit trou pour donner issue au sang des règles : la défloraison serait accompagnée d'une légère hémorrhagie, preuve irrécusable de la virginité.

Les opinions sont partagées sur l'existence de cette membrane : les uns l'admettent, les autres la nient. Beaucoup d'habiles et de fins anatomistes l'ont vainement cherchée sur des milliers de vierges de tous les âges, et la regardent comme fabuleuse. Ils ont trouvé quelquefois, en effet, l'ouverture vaginale bouchée par une membrane tantôt mince, tantôt dure, épaisse et pouvant s'opposer, en totalité ou en partie, à l'introduction du pénis; mais ce sont des cas exceptionnels, de vrais défauts de conformation, contre lesquels l'art est appelé à redresser l'écart de la nature. Ces mêmes anatomistes ont, en outre, constaté qu'à l'entrée du conduit vulvo-utérin, la muqueuse formait un repli assez prononcé, que l'imagination des poètes avait converti en membrane *hymen;* ils recommandent surtout de se défier de ce signe équivoque de la pureté; car l'expérience leur a prouvé que certaines femmes, réellement vierges, mais d'une constitution molle, sujettes aux flueurs blanches, offraient des parties génitales beaucoup plus larges et moins fraîches que certaines autres femmes, faisant, depuis longues années, métier de courtisanes. L'ouvrage de Parent-Duchâtelet contient des exemples curieux en ce genre. Ainsi donc, on doit laisser aux peuples barbares la chemise virginale ensanglantée, et ne point juger de la pureté d'une nouvelle mariée à ce signe très équivoque, et qu'il est si facile de simuler.

Utérus ou *matrice.* — Sac musculeux en forme de poire aplatie, situé dans le bassin entre le gros intestin et la vessie (Pl. VIII, fig. 1 *a*). Cet organe, destiné à loger le fœtus pendant neuf mois, est doué d'une grande élasticité. Chez les vierges, il n'offre que vingt-cinq lignes de longueur, sur seize de largeur, tandis qu'il remplit presque tout le ventre des femmes dont la grossesse est avancée et refoule en tous sens les viscères abdominaux. L'utérus communique au canal vulvien par l'ouverture de son col, nommé *museau de tanche*.

Trompes utérines (Pl. VIII, fig. 1 *b-b*). — Les trompes sont deux conduits coniques, flexueux, longs de quatre à cinq pouces, s'ouvrant dans la matrice par une extrémité, et de l'autre se terminant par une espèce de pavillon découpé en franges, dont l'ouverture a lieu dans le ventre, ce qui donne l'explication naturelle des grossesses extrautérines ou ventrales. Les trompes remplissent un double rôle, celui de s'appliquer sur l'ovaire pendant la copulation, et de lui apporter la molécule fécondante; l'autre, de conduire l'œuf fécondé dans la matrice. Leur tissu est spongieux, érectile, analogue à celui des corps caverneux de la verge : cette contexture est absolument nécessaire à leur fonction.

Ovaires. — Ce sont deux corps, de la grosseur d'une petite noix, placés dans l'abdomen, de chaque côté et à quelques pouces de l'utérus (Pl. VIII, fig. 1 *c-c*). Leur surface lisse, ou à peine bombée chez les vierges, se montre rugueuse et parsemée de cicatrices chez les femmes qui ont procréé ; à leur extrémité externe s'attache une des lasciniures de la trompe. L'intérieur de l'ovaire offre, à l'œil armé du microscope, un parenchyme lobuleux, de consistance molle et spongieuse : entre les lobules sont logés quinze à vingt petits vésicules semblables, pour la grosseur, à des grains de millet : ce sont les œufs humains qui n'attendent que la fécondation.

L'ovaire est, de tous les organes génitaux, celui qui éprouve le plus de changement à l'époque de la puberté ; il prend un tel accroissement, que son poids, alors de dix grains, s'élève jusqu'à deux gros. L'ablation des ovaires, de même que celle des testicules, entraîne nécessairement la stérilité. Dans la relation de son voyage en Asie, M. Roberts rapporte que certains princes de ces contrées, à l'exemple d'Andramitès, roi des Lydiens, font extirper les ovaires aux femmes dont ils veulent se servir en guise d'eunuques. — Ce voyageur a vu à Bombay plusieurs de ces malheureuses si impitoyablement mutilées, et qu'on nomme *hedjoras*. Elles n'ont point de gorge ; leur bassin est aussi étroit que celui de l'homme, et le pubis complètement dépourvu de sa toison naturelle. Ces femmes ont quelque chose de viril dans la démarche et la voix : leurs organes sexuels restent muets, et l'évacuation mensuelle est à jamais supprimée. L'excision du clitoris, pour éteindre les désirs, n'a point un résultat aussi complet que l'extraction des ovaires : cette dernière opération constitue l'*eunuchisme* chez les femmes.

SECTION III

DE LA PONTE MENSUELLE CHEZ LA FEMME. — FÉCONDATION DANS LES TROMPES DE LA MATRICE

Une ancienne théorie, renouvellée de nos jours, et qui se rapproche de celle d'Éverard Home, si elle n'en est le développement, tendrait à démontrer que la fécondation de l'œuf s'opère dans la matrice. En voici l'exposé :

Les ovaires des filles, à l'époque de la puberté, se couvrent de vésicules qui, chacune à leur tour, arrivent à l'état de maturité. La vésicule mûre, de la grosseur d'un pois, éclate et laisse sortir un ovule qui s'engage dans la trompe et tombe dans la matrice. — Chaque mois, à l'époque des menstrues, ce phénomène se renouvelle; — c'est ce qu'on a nommé la *ponte*. — Ainsi, la femme rejette positivement tous les mois les œufs inféconds, de même que les ovipares, et la fécondité dépend d'une coïncidence entre la maturité des vésicules et la copulation. — Après la sortie de l'ovule, le petit sac vésiculaire qui le contenait se remplit d'un caillot de sang ; peu à peu la résorption du caillot s'opère, et les parois du sac s'affrontant, ne laissent plus apercevoir qu'une petite cicatrice à l'endroit de la déchirure. — Les choses se passant de cette manière, les cicatrices qu'offrent les ovaires ne donnent plus exclusivement le nombre des grossesses, mais celui des *pontes.* — Une autre découverte, non moins importante, et qui renverse complètement l'ancienne théorie, est celle qui établit que la fécondation ne s'opère point dans l'ovaire, mais bien dans les trompes. Si l'œuf était réellement bien fécondé dans la matrice, comment expliquerait-on les grossesses tubaires, ovariques, extrautérines? Il faudrait admettre que l'œuf, après avoir été fécondé dans la matrice, pût remonter par les trompes jusqu'à l'ovaire, et cela semble impossible. Les exemples de grossesses extrautérines sont assez nombreux pour que ce mode anormal de gestation soit mis hors de doute. Santorini, Rioland, Graaf, Duverney-Haigton, Nuck, Millot et beaucoup d'autres, en rapportent des exemples. Ce dernier a rencontré un fœtus de neuf mois dans une des trompes de la matrice, dont le tissu avait acquis une dilatation énorme. Ce fait prouve qu'il a nécessairement fallu que l'œuf fécondé dans la trompe ait rencontré un obstacle quelconque, et qu'il s'y soit développé jusqu'à la mort de la mère, suite ordinaire des désordres d'une semblable grossesse. Avancer que l'œuf primitivement fécondé dans la matrice est remonté dans la trompe n'est pas admissible. Donc, le système de la fécondation dans l'utérus est à rejeter, comme tous ceux qui ont été échafaudés sur une hypothèse. La seule et vraie théorie de la fécondation est celle que nous allons décrire dans la section qui suit. Elle est basée sur une série d'expériences physiologiques récentes, dont les résultats n'ont jamais offert aucune variation.

SECTION IV

DE LA FÉCONDATION. — COMMENT ELLE S'OPÈRE : PHÉNOMÈNES DONT ELLE S'ACCOMPAGNE

L'instinct sexuel a rapproché l'homme de la femme. Cette union des sexes, qui doit perpétuer l'espèce, se nomme *copulation.*

Omne vivum ex ovo ; tout être vivant provient d'un œuf. La femme produit l'œuf; l'homme lui donne la vie. La liqueur prolifique est lancée dans l'utérus, les trompes de cet organe se dilatent, s'ouvrent et livrent passage aux animalcules spermatiques; ces animalcules montent dans les trompes, et, arrivés à leur tiers supérieur, se fixent à leurs parois. Lorsqu'un œuf, arrivé à maturité, se détache de l'ovaire, ce qui a lieu à chaque menstruation, et s'engage dans la trompe, alors l'animalcule qui l'attend au passage s'y accroche et s'y féconde. L'œuf, ainsi fécondé, descend par l'oviducte et tombe dans l'intérieur de la matrice, où il se greffe et prend racine. De ce moment commence la vie d'un être nouveau. Cet être doit parcourir, pendant neuf mois, une série d'évolutions et de transformations, toutes nécessaires à son complet développement. Si, par une cause ou influence quelconque, une de ces évolutions est retardée ou arrêtée, l'enfant peut être frappé de mort dans le sein de sa mère, ou apporter en naissant une difformité, une monstruosité (1).

A la théorie des zoospermes on avait essayé de substituer celle de la *molécule vitale odorante.* Le fluide spermatique exhale une odeur, *sui generis*, analogue à celle de la fleur de châtaignier; cette odeur, qui lui est tout à fait spéciale et qui ne se rencontre dans aucun autre fluide du corps humain, doit remplir un rôle. D'un autre côté, si le microscope fait apercevoir, dans une goutte de sperme, des filaments qui s'agitent en tous sens, on aperçoit également, avec son aide, le *pollen* des fleurs s'agiter, tourbillonner, et être, par conséquent, doué d'un mouvement semblable à celui des animalcules spermatiques. De plus, les observations de fécondation sous le contact sexuel, militeraient en faveur de la théorie de l'*odeur fécondante*, ou *spermatine.*

On sait que les odeurs sont des molécules invisibles, impalpables, qui se dégagent de certains corps et viennent affecter de telle ou telle manière notre odorat. On sait aussi que ces molécules ont la propriété de pénétrer par les issues les plus minimes, de se mélanger aux fluides, d'imprégner presque tous les corps, ou de s'attacher à tout ce qu'elles touchent. Or, la molécule odorante, ou *spermatine*, remplirait le même rôle que l'animalcule; une fois arrivée à l'utérus, cette molécule s'insinue dans les trompes, monte

(1) Les divers accidents qui peuvent survenir pendant la grossesse, sont décrits dans l'*Hygiène du Mariage*, avec les moyens de les prévenir.

facilement à l'ovaire, et, passant sur la vésicule mûre, l'imprègne et la féconde. Aussitôt après la fécondation, la vésicule ovarienne se gonfle, éclate vers le cinquième ou sixième jour, et laisse échapper un œuf qui s'engage dans la trompe correspondante, nommée oviducte, la traverse et tombe dans la matrice, sur laquelle il se greffe, absolument de la même manière, qu'il a été dit précédemment à l'égard de l'animalcule spermatique.

Cette facilité, très concevable, avec laquelle la molécule odorante monterait à l'ovaire pour y féconder les vésicules en maturité, expliquerait certaines grossesses réputées impossibles.

Nous venons de voir comment s'opère la fécondation dans l'ovaire, et de quelle manière l'œuf traverse l'oviducte, afin d'arriver dans la matrice préparée pour le recevoir. Nous allons maintenant le suivre dans ses évolutions successives, et prouver que l'être humain part du pied de l'échelle zoologique, et remonte les divers échelons avant d'arriver à la forme qui caractérise son espèce.

SECTION V

DES DIVERSES ÉVOLUTIONS DE L'ŒUF HUMAIN PENDANT SA VIE INTRA-UTÉRINE

Au premier et au second jour de la fécondation, l'œuf semble flotter dans les mucilages de la matrice ;

ce n'est que vers la fin du second jour qu'il a pris fortement racine aux parois de cet organe.

3e jour. — Au milieu du fluide transparent et légèrement rosé que contient l'ovule, on aperçoit un petit point jaunâtre, le *corpus luteum*, rudiment de l'être futur.

4e jour. — Le liquide contenu dans l'ovule s'épaissit, prend un aspect gélatineux; le jaune devient plus foncé; on distingue les membranes ou enveloppes de l'œuf. Cette première ébauche de l'être commence donc par l'infusoire.

5e jour. — Le filament humain a pris la forme d'un ver roulé en trois quarts de cercle. (Planche IX, fig. 1.)

6e jour. — Un renflement se remarque à l'une des extrémités du ver, qui se transforme en têtard.

7e jour. — La tête grossit, mais le reste du corps conserve toujours la figure d'un reptile batracien.

Du 8e au 9e jour, on découvre deux boutons charnus de chaque côté de la queue; ce sont les rudiments des extrémités inférieures ou jambes.

10e jour. — Les bourgeons s'allongent et semblent se confondre en un.

11e jour.— La poitrine et le ventre se dessinent.

12e jour. — La colonne vertébrale devient visible, s'articule; la forme se rapproche de celle de l'ornithorynque, qui est le passage de l'oiseau au mammifère.

13e jour. — L'être monte à l'échelon des quadrumanes; sa poitrine se développe, son ventre se bombe et s'élargit; il offre quelque ressemblance avec le singe.

Du 14e au 15e jour, l'être subit sa dernière transformation relative à l'espèce. Ses membres supérieurs et inférieurs ne sont encore qu'incomplets; la queue persiste, mais on reconnaît en lui la forme humaine, et le nom d'*embryon* lui est donné.

Suivons encore les phases du développement embryonnaire.

De la 3e à la 4e semaine, l'embryon devient plus consistant, ses différentes parties s'organisent. (Planche IX, fig. 2.)

De la 5e à la 6e semaine, les traits se dessinent; la tête égale en volume presque tout le reste du corps; à l'extrémité de la colonne vertébrale, la queue persiste; on distingue le cordon ombilical; la tête se développe, et en même temps les tubercules qui s'allongent pour fournir les membres. La longueur de l'embryon est alors de six lignes, son poids de dix-neuf grains. (Planche IX, fig. 3.)

De la 7e à la 8e semaine, il acquiert une longueur de quinze lignes; les membres poussent du tronc. Les yeux, la bouche, les narines se dessinent; on ne reconnaît pas encore le sexe; tous les degrés d'accroissement se prononcent de plus en plus.

De la 9e à la 10e semaine, la queue diminue; une fente se creuse, sur la région pubienne, avec les apparences du sexe féminin; on voit de cette fente sortir un tubercule qui, plus tard, sera le clitoris ou la verge. (Planche IX, fig 4.)

Du 3e au 4e mois, les formes se prononcent de plus en plus; l'embryon, à cette époque de la vie intra-utérine, prend le nom de fœtus. Sa longueur est de sept pouces. (Planche IX, fig 5.)

Au 5e mois, on commence à distinguer le sexe; on aperçoit la peau qui doit contenir les testicules, si c'est un garçon; le clitoris diminue, quand c'est une fille. La longueur du fœtus est alors de huit à onze pouces. (Planche IX, fig. 6.)

Le lecteur aura remarqué, sans doute, que, jusqu'au quatrième mois, l'être humain a présenté la forme femelle, ce qui a fait penser à certains physiologistes que, pour arriver à la forme mâle, l'être devait franchir un degré de plus.

A six mois, la peau des testicules rougit, se fronce chez le mâle; la vulve devient plus saillante, et les lèvres sont écartées par le clitoris chez la femelle. — La longueur du fœtus est de onze à quatorze pouces. (Planche IX, fig. 7.)

A sept mois, sa longueur varie de treize à seize pouces. (Planche IX, fig. 8.)

A huit mois, de seize à dix-huit pouces. Les paupières s'ouvrent, la peau du crâne se couvre des premiers cheveux. (Planche IX, fig. 9.)

Au neuvième mois, le dernier de la grossesse, le fœtus offre une longueur de dix-huit à vingt pouces, et un poids de six à sept livres. (Planche IX, fig. 10.) C'est ordinairement vers la fin de la trente-neuvième semaine, ou du deux cent soixante-quinzième au deux cent quatre-vingt-dixième jour, que l'accouchement naturel a lieu, dans l'espèce humaine. La parturition simple est la plus générale; les parturitions doubles, triples, etc., de deux ou de plusieurs jumeaux, sont des cas exceptionnels. (*Voyez* les détails donnés plus loin, à l'article Fécondité.)

CHAPITRE XXIII

SECTION PREMIÈRE

DES CAUSES QUI DÉTERMINENT LE SEXE DE L'EMBRYON

Plusieurs auteurs ont écrit sur cette question difficile, sans la résoudre. Quelques-uns d'entre eux ont émis des opinions qu'on regarde aujourd'hui comme des puérilités. Les uns ont adopté le système de la préexistence des œufs mâles et des œufs femelles : l'ovaire gauche contenant les mâles, l'ovaire droit les femelles. — Les autres ne considéraient l'ovaire que comme un réceptacle, et faisaient dépendre le sexe de l'action des testicules ; le testicule gauche produisait les garçons, le droit les filles. Ces auteurs ignoraient, sans doute, que des hommes à qui il manquait un testicule, et des femmes privées d'un ovaire, ont procréé des enfants des deux sexes indistinctement. Donc, leur théorie tombe d'elle-même. Le médecin

Millot a prétendu qu'il s'agissait tout simplement d'embrasser sa femme penchée sur le côté gauche pour avoir des garçons, et sur le côté droit pour obtenir des filles. Sur cette donnée enfantine, il a bâti un ouvrage intitulé : *L'art de procréer les sexes à volonté*. Ces diverses hypothèses n'ont rien de sérieux, et l'oubli le plus complet leur a fait justice. Il était réservé à la physiologie moderne d'éclairer une question restée jusqu'ici dans les ténèbres.

De nombreuses expériences faites par d'éminents physiologistes tendent à démontrer que la détermination du sexe est tout à fait sous la dépendance de la constitution et du degré d'énergie vitale de l'un des deux procréateurs; c'est-à-dire que, s'il y a prédominance d'activité génitale du mari sur sa femme, l'être engendré sera du sexe masculin; si c'est au contraire du côté de la femme que la prédominance existe, le fruit de la conception sera du sexe féminin. Cette théorie, quoique plus conforme aux lois génésiaques et aux faits que les précédentes, ne démontre pas encore strictement de quelle manière l'œuf et le sperme, qui n'ont point de sexe, peuvent en donner un à l'embryon. Celui des deux procréateurs, dit-on, qui possède la prédominance, donne son sexe à l'enfant; mais pourquoi et comment? C'est là qu'est la difficulté; nous allons tenter de l'aplanir.

Nos propres expériences et l'analyse chimique de la liqueur spermatique, nous ont conduit à cette découverte : que la fécondation mâle dépendait de la qualité du sperme et de son degré d'*azotation;* que la fécondation femelle avait lieu toutes les fois que le degré d'*azotation* se trouvait à un degré plus inférieur. D'où il résulte, strictement, que la sexualité de l'être engendré a sa cause efficiente dans les propriétés chimiques du sperme.

Partant de cette donnée, il est désormais facile aux époux d'obtenir le sexe qu'ils désirent, en suivant, pendant quinze jours, le régime alimentaire et la règle de conduite indiqués dans l'*Hygiène du Mariage*.

Et, maintenant, pour répondre aux diverses objections qui pourraient s'élever contre notre théorie, nous terminerons par les considérations suivantes :

Il est d'observation constante que les mariages contractés à un âge trop tendre, restent stériles pendant les premières années, ou ne donnent que des fruits faibles et particulièrement des filles. — Chez les époux usés par des excès, ou d'une constitution molle, flasque, le même phénomène a lieu. — Les personnes trop avancées en âge n'engendrent également que des filles, ou des êtres débiles qui arrivent rarement à l'âge de puberté. Dans ces différents cas, il est donc à présumer que la liqueur prolifique étant ou trop pauvre ou mal élaborée, ne contient pas les principes nécessaires pour pousser l'œuf à l'évolution mâle. Le résultat opposé a lieu chez les individus robustes, sages et menant une vie régulière; ils engendrent presque toujours des enfants mâles.

Il exiterait donc trois modes de fécondation, en rapport avec les degrés de vitalité de la semence. — La fécondation mâle comprendrait le premier mode, comme étant le plus énergique; — la fécondation femelle appartiendrait au second mode; — le troisième mode ou le plus imparfait, ne produirait que des embryons, des fœtus expulsés avant le terme, ou reconnus non viables.

Mais on fera l'objection que s'il en était ainsi, les hommes vigoureux ne procréeraient que des garçons, tandis que les hommes faibles se verraient condamnés à n'engendrer que des filles ou des avortons?

Cette objection n'est point aussi forte qu'on pourrait d'abord le croire; elle tombera d'elle-même, si l'on veut tenir compte des mille et mille circonstances qui peuvent influer sur la qualité et la quantité de la liqueur prolifique.

Premier exemple. — Un homme très robuste, très vigoureux, qui aujourd'hui aurait pu procréer un garçon, après-demain n'engendrera qu'une fille, parce que sa semence aura perdu de sa qualité, soit par des excès physiques ou intellectuels, soit par un dérangement sourd dans ses fonctions organiques.

Deuxième exemple. — La fécondation ayant eu lieu au deuxième mode, la prédominance de la mère s'établit; le fruit sera femelle; et, selon que la femme sera sage, saine et robuste, la fille héritera de ses qualités; au contraire, l'enfant sera d'autant plus chétif que la mère aura plus abusé et que sa constitution sera plus délicate.

Troisième exemple. — Le troisième mode de fécondation ne produit que des êtres plus ou moins débiles, et encore faut-il que la femme soit douée d'une assez bonne constitution ; car, lorsque cette condition manque, le fruit n'est ordinairement qu'un avorton, un être imparfait qui n'arrive point à terme.

Enfin, si l'homme et la femme sont tous les deux fatigués, épuisés, dans un état qu'on pourrait nommer agénésiaque, la fécondation n'aura point lieu, c'est-à-dire que la copulation s'opérera sans aucun résultat.

D'après tout ce qui précède, on peut conclure que la sexualité, la bonne ou mauvaise conformation de l'embryon, sa beauté, sa force ou sa faiblesse, dépendent de la différence dans les qualités de la semence, d'où résultent nécessairement les différents modes de fécondation.

En outre, il existe des nuances intermédiaires à ces modes, nuances difficiles à saisir, et qui sont probablement la source des différentes idiosyncrasies qu'on remarque dans les familles nombreuses.

A cette théorie fondamentale se joint une circonstance importante qui en est le corollaire ; je veux parler des divers degrés d'absorption des molécules fécondantes par les organes génitaux de la femme ; cette dernière démonstration expliquera pourquoi les individus bien conformés et d'un tempérament robuste restent quelquefois stériles ou ne procréent que des êtres chétifs.

La femelle joue ici le rôle principal ; ses organes sont doués de facultés contractiles et absorbantes plus ou moins grandes, qui coïncident avec les différents modes de fécondation dont nous venons de parler.

Au moment de l'acte sexuel, l'utérus doit entrer en action et aspirer la liqueur spermatique ; puis les trompes doivent se dilater pour laisser monter aux ovaires la molécule fécondante, ou zoosperme :

1° Ces deux mouvements étant convenablement exécutés, la fécondation a lieu.

2° Dans le cas où l'aspiration de l'utérus et la dilatation des trompes ne s'opère qu'imparfaitement, la fécondation est incomplète, l'œuf n'ayant point reçu le degré de vitalité nécessaire, donnera un embryon chétif, quelquefois difforme, qui, le plus souvent n'arrivera point à terme.

3° Si la matrice, dépourvue d'énergie, de force contractile, laisse tomber la semence aussitôt qu'elle l'a reçue ; ou si, péchant par un excès contraire, son col reste contracté et fermé pendant l'intromission de la semence, ou enfin si les trompes se refusent à livrer passage à la molécule fécondante, l'embrassement restera stérile.

En résumant tout ce qui précède, on arrive à cette conséquence :

Si la sexualité de l'être futur dépend du mode de fécondation, autrement dit des qualités de la semence virile, la bonne conformation du fœtus, sa vitalité, sa force et sa beauté dépendent aussi de la bonne conformation et du libre exercice des fonctions organiques de la mère.

SECTION II

DE LA SUPERFÉTATION

Superfétation veut dire fécondation d'un œuf, lorsque la matrice contient déjà un embryon, un fœtus en voie d'accroissement. Il est essentiel de ne pas confondre ce rare phénomène de la génération avec les grossesses multiples dans lesquelles plusieurs œufs, fécondés en même temps, sont descendus dans la mamatrice et ont donné lieu à des jumeaux en nombre variable, ainsi qu'il sera démontré plus loin, à l'article Fécondité.

Les physiologistes sont divisés sur cette question. Les uns admettent la superfétation comme fait extranormal; les autres la rejettent comme étant impossible. — La négation complète de ces derniers se base sur ce raisonnement : L'ouverture intérieure des trompes, disent-ils, est entièrement bouchée par l'enduit gélatineux qui transsude des parois de la matrice, peu de temps après la chute de l'œuf. Or, l'occlusion des trompes doit nécessairement intercepter toute communication de la matrice avec les ovaires, et s'opposer à une nouvelle fécondation. Selon eux, les fœtus expulsés à quelques jours de distance les uns des autres, sont les fruits de plusieurs fécondations très rapprochées, avant que l'enduit muqueux n'eût bouché le trompes, et ces cas doivent être classés dans les naissances tardives. La conséquence est parfaitement logique; mais les physiologistes qui soutiennent le fait de la superfétation, ont aussi raison. — Ainsi, une femme en pleine voie de grossesse ventrale, ayant, par conséquent, les trompes et la matrice libres, pourra être fécondée et avoir une grossesse naturelle qui, dans cette circonstance, sera une superfétation. Une femme à matrice bilobée (Pl. VIII, fig. 2-3), c'est-à-dire offrant deux capacités distinctes, peut être fécondée, aujourd'hui d'un côté, et trois mois après de l'autre : cette dernière grossesse sera encore une superfétation. Donc, l'opinion de ceux qui nient ce genre de grossesse ne détruit point celle de ceux qui l'admettent.

Parmi les exemples de fécondation double très rapprochée, celui que rapporte Buffon est remarquable :

« Une femme de Charleston, dans la Caroline méridionale, accoucha de deux enfants dans l'espace de quelques heures; il se trouva que l'un était blanc et l'autre mulâtre. Ce témoignage évident de l'infidélité de cette femme envers son mari, la força d'avouer qu'un nègre qui la servait était entré dans sa chambre, un jour que son mari venait de la quitter, et que ce nègre l'ayant menacée de mort, elle avait été contrainte de le satisfaire. »

— Une négresse de la Guadeloupe accoucha d'un mulâtre, et le lendemain d'un négrillon. — Elle avoua que, le même jour, elle avait eu commerce avec un noir et un blanc.

— Une jument saillie par un cheval, et quelques jours après par un âne, mit bas un poulain, puis un mulet.

— Plusieurs chiennes, couvertes par des mâtins et des lévriers, ont mis bas des petits appartenant à ces deux races.

Maintenant, nous allons citer des exemples de superfétation vraie ou proprement dite.

Valmont de Bomare cite, dans son *Histoire naturelle*, le fait suivant :

« Une jeune négresse de la Virginie enfanta d'abord un négrillon, et quelques jours après un mulâtre. Deux ans plus tard, la même négresse accoucha de trois enfants dans l'espace de quinze jours ; deux de ces enfants se trouvaient mulâtres, le troisième était un beau négrillon au teint d'ébène. — L'autopsie de cette négresse fut faite, après sa mort, par un chirurgien des colonies, qui rencontra une matrice bilobée, ainsi qu'il l'avait diagnostiqué pendant la vie de cette femme. »

— Cassan rapporte l'observation d'une femme qui accoucha, le 15 mars d'une fille, et le 12 mai suivant, d'un garçon. Cette superfétation, avec sexe différent, lui fit présumer que la matrice était bilobée. Quelques années plus tard, il eut occasion de vérifier le fait par l'autopsie cadavérique.

— On trouve, dans le *Magasin des Sciences médicales*, qu'une grossesse extrautérine eut lieu chez une femme et dura trois ans. Pendant ce laps de temps, elle fut fécondée une seconde fois, et donna le jour à un enfant bien constitué. Après ses couches, des accidents graves survinrent, et l'existence d'un fœtus dans la cavité abdominale fut reconnue. Un chirurgien habile tenta l'opération de la gastrotomie, et parvint à extraire un fœtus à moitié putréfié. Cette femme guérit et eut plusieurs enfants dans la suite.

Le *Journal général de Médecine* contient plusieurs exemples de superfétations réelles chez des femmes à matrices simples et bilobées.

Marie-Anne Bigaud, âgée de trente-sept ans, accoucha, le 30 avril 1748, d'un garçon vivant reconnu à terme; le 16 septembre de la même année, elle donna le jour à un autre enfant également vivant et reconnu à terme. Cette femme eut plusieurs autres grossesses simples dont les enfants vécurent. Le professeur Eisenmann, qui eut occasion d'observer Anne Bigaud, assure qu'elle était à demi-terme du second enfant lorsqu'elle accoucha du premier.

Gravel a publié plusieurs observations curieuses de matrices bilobées, entraînant presque toujours des superfétations plus ou moins éloignées.

Le professeur Cruveilhier a, dernièrement, fait insérer, dans le *Répertoire d'Anatomie et de Physiologie*, une observation des plus intéressantes sur un cas de superfétation.

Enfin, le nombre des auteurs qui admettent la superfétation est si grand, leur autorité si compétente, qu'il n'est plus possible de nier.

SECTION III

NAISSANCES PRÉCOCES ET TARDIVES

D'après la loi civile, les naissances précoces d'enfants viables sont fixées à six mois, les naissances tardives à dix mois. Les physiologistes voient des exceptions à cette règle générale ; c'est surtout la question des naissances tardives qui a été vivement agitée par eux.

— Schneider cite des grossesses de onze et douze mois.

— Le fameux médecin légiste Zacchias en cite de douze et treize mois.

— Félix Platérus donne l'histoire d'un enfant resté quinze mois dans le ventre de sa mère.

Un médecin d'Aix écrivait, en 1764, à un professeur de la faculté de Paris :

« Il est des bizarreries de la nature que la science n'a encore pu expliquer. Ce qu'il y a de certain, c'est que ma femme porte ses garçons pendant neuf mois complets, et ses filles jusqu'au dixième mois, et même au delà. Cette observation a toujours été constante et la même dans sept grossesses, savoir : de trois garçons et de quatre filles, n'ayant eu d'ailleurs, dans ces différentes grossesses, que les incommodités ordinaires. »

Une femme de Dôle, en Franche-Comté, éprouva, au neuvième mois de sa grossesse, tous les symptômes d'un accouchement prochain : rupture des membranes, sortie des eaux, etc. Les symptômes ayant disparu sans que la parturition s'effectuât, cette femme reprit ses travaux habituels et garda vingt-huit ans le fœtus dans son sein ; ce ne fut que vers cette époque, étant âgée de cinquante ans, que parurent de nouveaux symptômes d'enfantement, à la suite desquels elle succomba.

Millin a trouvé, dans la matrice d'une vieille femme, un fœtus entièrement ossifié.

On montrait, il y a peu d'années, en Angleterre, un fœtus ossifié contenu dans la matrice presque cartilagineuse d'une femme de soixante ans, morte après avoir offert tous les symptômes de l'enfantement.

Dans ces deux cas, on a évalué le séjour du fœtus dans la matrice au moins à quinze ans.

Beaucoup de médecins se refusent à croire à de pareils faits ; d'autres, au contraire, les regardent comme possibles.

SECTION IV

PRÉCOCITÉ

Il y aurait de savantes et curieuses recherches à faire sur les causes de la précocité, dans l'ordre physique et moral. Jusqu'ici on s'est borné à reconnaître que cette anticipation d'accroissement sur l'époque naturelle était due à une excitation continue sur les organes; on a vu des sujets sur lesquels le développement du corps marchait avec une effrayante rapidité; car la précocité est toujours un mal, dans l'organisation humaine, elle use avant l'âge et hâte l'heure du trépas.

L'histoire conserve les noms de ces êtres improprement appelés privilégiés, et les contemporains aiment à s'entretenir des circonstances les plus remarquables qui ont signalé leur vie. Nous en citerons quelques-uns seulement :

Jean-Philippe Baratier, né en 1721, était d'une constitution très délicate, mais d'une intelligence qui étonnait tout le monde. A quatre ans, il parlait le latin, le français et l'allemand. A huit ans, les langues grecque et hébraïque lui étaient si familières, qu'il traduisait, à livre ouvert, la Bible écrite en ces deux langues. A douze ans, il devint un excellent géomètre; deux ans plus tard, il versifiait, chantait et jouait du luth d'une manière admirable; on se l'arrachait dans les sociétés; il faisait les délices de tout le monde. A dix-sept ans, la tombe s'ouvrit et se ferma pour toujours sur le jeune Baratier.

Montcal, né en 1719, à Candiac, près de Nîmes, montra une précocité d'intelligence tout à fait extraordinaire. A quinze mois, avant de pouvoir parler, il connaissait l'alphabet, c'est-à-dire qu'il montrait du doigt les lettres qu'on lui demandait. Au milieu de sa quatrième année, il traduisit *Cornelius Nepos* d'un bout à l'autre; et avant d'avoir atteint cinq ans, il remporta tous les premiers prix de la classe où il étudiait. A sept ans, il connaissait l'arithmétique, la géométrie et l'histoire ancienne. Une année après, on le citait comme un bon mathématicien et un archéologue distingué. A treize ans, il fut couronné par l'Académie de Nîmes et décoré du titre de savant. Mais, hélas! à peine entrait-il dans sa quatorzième année, qu'une maladie d'épuisement dévora sa constitution chétive, et il mourut l'année d'ensuite presque dans un état d'imbécillité.

François de Beauchâteau, né en 1645, savait lire, écrire et calculer à l'âge de cinq ans. Il montrait une merveilleuse aptitude pour les arts libéraux; ses goûts le portaient vers le dessin, la peinture, la musique, la poésie, qu'il cultivait avec fruit. A dix ans, il se fit un nom en poésie, et ses vers furent insérés dans le *Mercure galant*. Sa réputation remplit bientôt la capitale; Anne d'Autriche, mère de Louis XIV, et Mazarin, voulurent voir ce petit *phénomène vivant*, et furent émerveillés de son esprit et de ses talents. Le jeune Beauchâteau fit, pendant quelque temps, les délices de la cour, et mourut à treize ans, d'une maladie rachitique.

Mais le plus célèbre de tous, celui qui n'a point encore trouvé de rival, fut le fameux Pic de la Mirandole. Sans parler de ce que sa jeunesse offrit d'extraordinaire, de prodigieux, nous dirons avec ses biographes, qu'il savait vingt-deux langues à l'âge de dix-huit ans, et qu'il lui suffisait d'entendre la première lecture d'un livre quelconque, pour le répéter d'un bout à l'autre. A vingt-trois ans, il possédait presque toutes les connaissances humaines ; il argumentait avec élégance, et battait tous ses adversaires. Ce fut vers le commencement de sa vingt-quatrième année que Pic de la Mirandole se rendit à Rome pour s'exercer sur un plus grand théâtre. Dès son arrivée, il fit afficher qu'il était prêt à soutenir des thèses sur toutes les propositions scientifiques et théologiques, sans en excepter aucune. Cette confiance un peu présomptueuse dans ses forces lui suscita des ennemis, qui essayèrent de le perdre en l'accusant de magie ; mais sa famille était puissante, et le pape Innocent VIII se borna à réfuter treize de ses propositions, dont le nombre s'élevait à quatorze cents. Alors, le jeune Pic quitta Rome, rebuté par le froid accueil qu'il avait reçu. Il se mit à composer plusieurs ouvrages de philosophie et de théologie qui firent grand bruit à cette époque, et qui, aujourd'hui, dorment ensevelis sous le fatras inintelligible d'une scolastique vaine et stérile. Sa passion pour l'étude devint si forte, qu'abandonnant tout à fait le monde, il s'enferma dans un de ses châteaux, comme dans une solitude, et y mourut à l'âge de vingt-neuf ans, selon les uns ; à trente et un ans selon d'autres.

Voilà pour la précocité intellectuelle, presque toujours d'un mauvais augure, car la vie se consume rapidement à ce foyer qui jette une si vive lumière ; de là ce proverbe : *Il ne vivra pas, il a trop d'esprit.*

Maintenant, donnons quelques exemples de la précocité matérielle ou physique.

Macdelshof rapporte que, dans ses voyages, il vit aux Indes une petite fille qui avait les mamelles formées à l'âge de deux ans ; ses parents la marièrent à trois ans ; à cinq ans elle devint mère ; et mourut à neuf ans.

M. Joubert, chancelier de l'Université de Montpellier, a connu une jeune fille de Gascogne, dont le corps avait acquis tout le développement à l'âge de six ans, et qui, à neuf, accoucha d'un enfant masculin bien conformé.

Haller parle d'un enfant qui marchait à six mois, et d'un autre qui avait atteint la taille de quatre pieds avant sa première année accomplie.

Borelli donne l'histoire d'un enfant de trois ans qui pesait quatre-vingt-deux livres ; celle d'une petite fille pubère et bien menstruée à l'âge de quatre ans ; et celle d'un autre garçon, aussi de quatre ans, d'une force physique à renverser un homme et qui portait barbe au menton avec tous les signes de la virilité.

De Lenkossek a donné l'observation d'une petite fille chez laquelle la menstruation commença à neuf mois. A l'âge de deux ans, elle se trouvait en pleine puberté, mais ne manifestait aucun penchant pour l'autre sexe.

D'Outrepont cite une fille qui offrait quatre dents, quinze jours après sa naissance ; à neuf mois, ses règles parurent ; à dix-huit mois, ses cheveux étaient noirs et très longs ; ses seins avaient la grosseur d'une orange.

Carus cite le fait remarquable d'une fille qui commença à être réglée à deux ans et accoucha vers la fin de sa septième année.

Schœfer rapporte le fait d'une paysanne nubile à six ans, qui pesait cent cinquante livres ; ses organes sexuels et ses mamelles étaient proportionnés à sa force.

Le Beau a publié l'observation d'une fille, née à la Nouvelle-Orléans avec tous les signes de la puberté. Les seins étaient parfaitement développés ; le pubis couvert de poils et bombé ; les organes sexuels extérieurs ressemblaient à ceux d'une fille de quinze ans. Elle put se marier à six ans.

— Dans le journal médico-chirurgical de Johnson, 29e volume, on trouve un exemple de menstruation survenue à un an, chez une petite fille parfaitement bien conformée. Les parties génitales de cette enfant étaient semblables à celle d'une femme faite ; les lèvres épaisses et proéminentes ; le pubis couvert d'une épaisse toison ; les glandes mammaires très fortes, et les mamelons entourés d'une auréole brunâtre.

Sigaud-Lafond a vu un enfant de quatre ans, né dans le diocèse d'Alais, se développer subitement en force, en taille et en grosseur. A cinq ans, il atteignit quatre pieds trois pouces de hauteur ; sa voix prit le timbre d'une forte basse-taille. La barbe poussa sur la lèvre et au menton ; le pubis se couvrit de poils, et à six ans il offrit tous les signes d'une puberté complète.

Le même auteur ajoute que le nommé Jacques Sima commença, dès l'âge de trois ans, à avoir de la barbe ; ses organes génitaux acquirent un développement subit, et à quatre ans l'appétit vénérien le rendit redoutable aux jeunes filles.

Pelletier de la Sarthe cite un enfant nommé Jacques Viola, né aux environs d'Alais (Gard), qui, à cinq ans, offrait quatre pieds trois pouces de hauteur; à six ans, cinq pieds ; fort et gros en proportion, pubère et velu comme un homme l'est à trente ans. Cet enfant mourut à neuf ans, ruiné par une maladie d'épuisement.

Noël Fichet, né le 10 mars 1729, en Normandie, était pubère à trois ans ; à la fin de sa quatrième année, il avait atteint la taille de quatre pieds huit pouces.

L'exemple le plus extraordinaire de précocité est celui que M. Comarmont, médecin à Lyon, fit insérer dans le *Dictionnaire des Sciences médicales*. L'enfant, du sexe féminin, dont il est question, présentait, à l'âge de trois mois, un gonflement des seins qui donna de vives inquiétudes à sa mère. Cependant la santé restait bonne, la petite fille n'accusa aucune indisposition. Quelques mois après, les inquiétudes de la mère se réveillèrent, en voyant les parties génitales et les aisselles de son enfant se couvrir de poils épais. Bientôt les règles coulèrent comme chez une femme, et reparurent régulièrement chaque mois ; la gorge continua à se développer, devint ronde et ferme ; les traits de la figure, doux, réguliers, semblaient ceux d'une grande personne ; on aurait pu la marier à vingt-sept mois. A cinq ans, elle semblait en avoir vécu cinquante, et mourut vers la fin de sa septième année, offrant tous les signes de la décrépitude.

SECTION V

FÉCONDITÉ

Ce mot, pris dans son acception la plus étendue, indique une des grandes lois de la matière organisée; c'est la faculté qu'ont les plantes et les animaux de se reproduire par l'action réciproque des sexes.

Nous ne nous arrêterons qu'un instant sur la prodigieuse fécondité dont jouissent les plantes, les infusoires, les poissons, les reptiles, et nous l'indiquerons par des chiffres.

Une tige de maïs porte. . . .	2,000	graines.
Un pied de soleil.	4,000	id.
Un pied de pavot.	32,000	id.
Une tige de tabac.	40,000	id.
Un platane.	100,000	id.
Un orme.	300,000	id.
Un giroflier.	700,000	id.

Mais tout cela n'est rien en comparaison de la fécondité incroyable de certains animaux ; nous ne parlerons ni des sauterelles, ni des moucherons qui, volant en épaisses phalanges dans les cieux de la Tartarie, obscurcissent les rayons du soleil et dévorent, en quelques heures, toute la végétation sur laquelle ils se sont abattus ; nous nous bornerons à citer quelques poissons :

Un hareng produit.	12,000 œufs.
Uue carpe de seize pouces. . . .	340,000 —
Une perche. . . . . , ...	380,000 —
Une femelle d'esturgeon. . . .	7,653,000 —

A mesure que l'animal monte un degré dans la série, cette fécondité disparaît. Déjà, parmi les gros poissons et les reptiles, le nombre des œufs diminue ; chez les oiseaux, ce nombre est limité ; chez les vivipares, la portée ne dépasse jamais de quinze à vingt petits, et chez les grands mammifères, la femelle ne porte ordinairement que quelques petits.

Dans l'espèce humaine, la gestation est, en général, monofœtale, c'est-à-dire que la femme ne porte qu'un seul enfant ; mais il arrive assez souvent qu'elle donne le jour à deux jumeaux ; rarement à trois, plus rarement à quatre. Les nombres au delà sont tellement exceptionnels, qu'on doit considérer ces accouchements comme tout à fait extraordinaires et en dehors de la règle.

M. Lepelletier cite, dans son élégant *Traité de Phy-*

siologie, une dame du Mans, mère de vingt-trois enfants, ayant eu neuf parturitions doubles.

— Une autre dame, qui accoucha de trois enfants, gros, frais et bien portants.

— Une femme des environs de Brûlon (Sarthe), qui eut la douleur de voir mourir les quatre enfants dont elle était accouchée en moins d'une heure.

— La femme d'un vigneron de Saint-Remi (Meuse) mit au jour, le 22 avril 1766, cinq filles vivantes.

Burdach parle d'une femme qui accoucha également de cinq enfants à la fois.

Osiander cite une villageoise qui accoucha trente-huit fois en huit ans. Sa dernière couche fut de trois filles qui, étant devenues grandes, se marièrent et eurent, l'une trente-six enfants, l'autre trente et un, et la troisième vingt-sept.

Une Grecque de Corfou, cinq garçons en une seule parturition.

Un comte d'Ebensberg parut devant l'empereur Henri avec trente-deux fils et huit filles.

Une paysanne russe faisait les enfants par quatre et cinq; à l'âge de trente-trois ans, elle comptait déjà cinquante-sept fils ou filles, tous vivants.

Gilles de Trazegnies, qui accompagna saint Louis en Palestine, était le treizième enfant d'une seule couche, ainsi que semble l'indiquer l'étymologie de son nom, *traze* (treize), *gnies* (enfants). Cette gestation est assurément la plus forte qu'on ait vue.

Un artisan de Moscou engendra, avec deux femmes quatre-vingt-dix-sept enfants.

Les quatre premiers Guises eurent quarante-trois enfants, dont trente garçons.

Osiander cite une femme qui, en onze couches, donna le jour à trente-deux enfants. Cette femme était la première de trois jumeaux, et sa mère avait eu quarante-huit enfants.

Virey a constaté l'existence de plusieurs familles *gémellipares*, c'est-à-dire qui n'engendraient que par deux, trois et quatre enfants à la fois.

Enfin, nous rapporterons, sans oser y croire, qu'un nouveau Gédéon, né en Danemark, réunit ses enfants, au nombre de deux cent quatre-vingt-dix-sept, et, se mettant à la tête de ce bataillon, alla offrir ses services à son roi, qui s'empressa de les accepter.

Le tempérament, le climat, les mœurs, la nourriture exercent une grande influence sur les organes de la génération et sur la fécondité en plus ou en moins.

Les constitutions lymphatico-sanguines sont plus fécondes que les autres.

Les climats modérément froids et humides passent pour favoriser la fécondité ; en Suède, en Danemark, dans une partie de la Russie, les femmes procréent huit à dix enfants pendant leur vie ; plusieurs en font vingt et même trente. On se rappellera ce trait d'histoire : en 1707, le roi, voulant repeupler l'Islande, décimée par une maladie contagieuse, proclama, par ordonnance, que toutes les filles et femmes du royaume qui feraient de quatre à six enfants, ne seraient point déshonorées, mais au contraire obtiendraient des mentions honorables. On dit que les jeunes filles se mirent à travailler avec une si grande ardeur à repeupler leur patrie, qu'il fallut bientôt une nouvelle ordonnance pour arrêter cet excès de patriotisme, car les enfants naissaient de tous côtés, et si nombreux, qu'ils auraient infailliblement couvert tout le pays.

On peut en juger par le fait suivant, reproduit par Derham :

Une femme était mère de seize enfants, dont dix seulement s'engagèrent dans les liens du mariage. Lorsqu'elle mourut, à l'âge de quatre-vingt-treize ans, elle comptait cent quatorze petits-enfants, deux cent vingt-huit arrière-petits-enfants, et neuf cents enfants de ces derniers ; en tout, douze cent cinquante-huit descendants. On est forcé d'avouer que, si une pareille fécondité avait eu lieu dans toutes les contrées du globe, l'espace finirait bientôt par manquer à la famille humaine.

Il est des sujets privilégiés qui conservent la faculté d'engendrer jusqu'à l'âge le plus avancé. Nous voyons Thomas Parr, au dix-septième siècle, faire pénitence publique à la porte d'une église, pour crime d'avoir eu un enfant d'une jeune fille, à l'âge de cent un ans. — Lebaupin, âgé de cent trois ans, eut un enfant de sa femme, âgée de quatre-vingt-trois ans, et, l'année suivante, la rendit une seconde fois mère. — Le docteur Dufournel est salué père d'un quatorzième enfant, à l'âge de cent dix ans. — Le Norvégien Surrington engendre à cent cinquante et un ans.

Cette faculté n'est pas seulement dévolue au sexe masculin. On cite aussi des femmes qui ont engendré à l'âge où la plupart s'éteignent dans la décrépitude. Ainsi, la femme Séez, âgée de quatre-vingt-treize ans, accouche d'un garçon, le 16 avril 1760. — Marguerite Krobskowna devint mère, à Moscou, à l'âge de quatre-vingt-seize ans. — Une marchande peaussière de la même ville fit son dernier enfant à l'âge de cent vingt-deux ans ; il était le trente-septième de la lignée, et elle disait, en riant, qu'elle irait jusqu'au quarantième, si son mari pouvait. — Enfin, tout récemment, à la Havane, une négresse nommée Dolorès Villanuva, accouchait à l'âge de cent vingt-quatre ans, et présentait le phénomène de deux seins énormes gonflés de lait.

CHAPITRE XXIV

VICES ET IMPERFECTIONS DES ORGANES GÉNITAUX CHEZ L'UN ET L'AUTRE SEXE

Ces questions qui touchent de si près à la race et à la famille, ont été traitées d'une manière toute spéciale dans l'*Hygiène du mariage*, ouvrage des plus utiles, auquel nous renvoyons si souvent le lecteur. Ici, nous ne ferons que mentionner les vices et les imperfections dont peuvent êre atteints les organes générateurs, ainsi que les diverses affections qui rendent l'union sexuelle difficile, imparfaite et impossible.

SECTION PREMIÈRE

DE L'IMPUISSANCE GÉNITALE ET DE LA STÉRILITÉ CHEZ L'UN ET L'AUTRE SEXE

Les vices, imperfections et maladies des organes génitaux, chez l'un et l'autre sexe, sont assez nombreux; plusieurs de ces affections rendent la copulation difficile, d'autres la rendent impossible et sans fruit. Nous ne parlerons ici que de l'*impuissance* et de la *stérilité*, résultat ordinaire des vices de conformation et maladies de l'appareil génital, ou des excès vénériens qui ruinent le corps et dégradent le moral.

L'*impuissance* est, littéralement, l'impossibilité d'exercer l'acte générateur. Cette impossibilité a pour cause immédiate l'atonie, la débilité des muscles érecteurs par défaut d'innervation, et la flaccidité des corps caverneux du membre, qui ne reçoivent plus assez de sang pour déterminer l'érection. Aussi, l'impuissance pèse-t-elle plus particulièrement sur l'homme que sur la femme ; la conformation des parties sexuelles de celle-ci lui permet toujours, du moins d'une manière passive, de se livrer, en tout temps, à la copulation. Par une triste compensation, la stérilité ou impossibilité d'avoir des enfants, afflige plus particulièrement la femme.

La *stérilité*, chez l'homme, dépend d'une imperfection des organes qui sécrètent la liqueur prolifique, ou d'une maladie de ces organes, dont le résultat est de les rendre impropres à leur fonction. Chez la femme, le moindre dérangement dans son système génital, la rend inhabile à la procréation.

Il existe donc cette différence entre ces deux infirmités, que l'impuissance entraîne presque toujours avec elle la stérilité, tandis que cette dernière n'empêche pas exclusivement l'acte vénérien ; car l'homme privé de testicules, et par cela forcément stérile, est encore susceptible d'érection, témoins ces jeunes eunuques dont les matrones se servaient pour assouvir leur luxure effrénée.

La distinction étant ainsi établie entre ces deux mots, nous nous servirons indifféremment de l'un et de l'autre pour exprimer la nullité du résultat.

L'impuissance et la stérilité ont été classées en trois catégories :

1° L'impuissance est absolue, perpétuelle, incurable, toutes les fois qu'il y a absence de parties génitales internes ou externes; oblitération, endurcissement squirrheux ou occlusion irrémédiable de ces parties. Lorsque l'un des conjoints se trouve dans cette catégorie, le mariage devrait être dissous, car il restera nécessairement stérile ;

2° Ici se trouvent les imperfections suivantes qui, quelquefois, sont curables. *Chez l'homme :* — Imperforation du gland. — Ouverture du canal urinaire en dessus ou en dessous du membre (épispadias, hypospadias), etc., etc. *Chez la femme :* — Imperforation ou occlusion; étroitesse ou ampleur excessive du canal vulvo-utérin. — Maladies de la matrice, des trompes ou des ovaires; flueurs blanches abondantes baignant sans cesse et relâchant les parties; — pertes utérines; etc. L'art médico-chirurgical peut, dans ces différentes infirmités, apporter un remède ; lorsqu'il échoue, elles restent incurables.

A la troisième catégorie appartient l'impuissance causée par les affections nerveuses ; — la débilitation générale, suite de libertinage et de débauches en tous genres ; — l'excessive vivacité dans les désirs ; — la salacité, l'érotomanie ; — l'anaphrodisie ; — l'indifférence ; — la méditation trop longtemps soutenue ; — la mélancolie, toutes les passions tristes et violentes. Lorsque les sujets sont encore jeunes, la médecine et l'hygiène peuvent rétablir la constitution dans son état normal, et rendre aux organes génitaux non pas leur ancienne vigueur, mais assez pour faire disparaître l'impuissance et la stérilité.

On donne comme caractères physiognomoniques de l'impuissance, chez l'homme : les cheveux d'un blond clair et peu épais ; le visage imberbe, gras, décoloré, les chaires molles et dépourvues de poils ; un timbre de voix aigre ; les yeux ternes, éteints ; les formes arrondies et gorgées de lymphe ; les testicules peu volumineux et presque flétris ; l'apathie morale, etc... On peut juger comme stériles ou peu propres à la procréation, les femmes à parole traînante, aux cheveux blonds et décolorés, aux chaires mollasses, aux mouvements pleins de nonchalance ; aux seins peu développés, car il existe une correspondance remarquable entre la matrice et ces organes. Les femmes au long clitoris, à la peau brune et toisonnée, aux formes sèches, aux ardentes prunelles, qui semblent dévorer l'homme de leurs regards et l'inviter aux combats érotiques, ces femmes-là sont souvent stériles.

Le but du mariage est la famille ; or, la privation de se voir renaître dans ses enfants, est une immense disgrâce, qu'on regardait autrefois comme une punition du ciel. Aujourd'hui, au lieu de faire descendre la stérilité comme une punition d'en haut, on se contente tout simplement de la considérer comme une des nombreuses infirmités qui pèsent sur l'espèce humaine.

Lorsqu'un mariage reste stérile malgré la bonne conformation *apparente* des deux individus, il est très difficile de spécifier lequel des deux, de l'homme ou de la femme, est frappé de disgrâce; cependant, les hommes de l'art ont constaté, mieux que le congrès révoltant des siècles passés, que la stérilité se rencontrait plus généralement chez la femme, par la raison que son appareil génital, offrant une plus grande étendue que celui de l'homme, devait aussi être plus sujet à des dérangements. Ainsi, tous les obstacles qui agissent mécaniquement, de façon à intercepter la communication naturelle des voies externes avec les internes, de l'utérus avec les ovaires, sont des causes directes de stérilité. Viennent ensuite, comme causes indirectes, la constitution délicate et nerveuse, les passions, la salacité, les suppressions de menstrues ou leur trop grande abondance; enfin, une foule d'autres affections, qui toutes retentissent plus ou moins sur les organes génitaux et développent le germe de l'hystérie, cette maladie aux mille nuances, depuis la vapeur la plus légère, jusqu'aux convulsions, aux grincements de dents presque tétaniques. Lorsque la stérilité ne dépend point d'un obstacle mécanique, on ne doit point se désespérer; quelquefois la nature et le temps apportent le remède où l'art a échoué. L'histoire cite une foule de faits qui témoignent que des femmes restées stériles pendant de longues années, ont tout à coup été fécondées et sont devenues mères plusieurs fois de suite. Dans bien des cas, on n'a pu découvrir la cause de cette révolution heureuse et subite ; cependant des observateurs sagaces ont noté cette singulière circonstance, que si certaines maladies conduisent à l'impuissance, il en est d'autres, au contraire, qui ramènent la fécondité, en imprimant une puissante secousse aux organes de la génération. Entre mille observations de ce genre, nous choisissons celle que rapporte le célèbre Zacchias.

Un peintre en décors, marié depuis une vingtaine d'années environ, n'avait jamais quitté sa femme, ils s'acquittaient parfaitement l'un et l'autre des devoirs conjugaux, et cependant aucun fruit n'était venu couronner leur mutuel amour. Poursuivi nuit et jour par le vif désir d'avoir un enfant, le peintre, à l'insu de sa femme, consulta maint et maint charlatan ; la femme, également rongée du même désir, en avait agi de même en secret de son mari. Le jour vint où cette pauvre femme tomba gravement malade. Une violente inflammation du bas-ventre mit sa vie en danger ; enfin, au bout de six semaines, la convalescence arriva, et neuf mois après la convalescence, un joli enfant !... A dater de cette époque, où l'accouchée comptait trente-sept ans, elle fut encore huit fois mère avec le même époux, et tous ses enfants vécurent pour consoler sa vieillesse.

Le même auteur rapporte une autre observation qui nous apprend qu'un homme veuf de trois femmes, sans avoir obtenu d'enfants, se maria avec une quatrième, et, à la suite d'une maladie terrible, fut doué tout à coup de la faculté fécondante et eut plusieurs enfants avec cette dernière femme.

Ces deux exemples nous amènent naturellement à cette conclusion : il serait à désirer que des hommes spéciaux suivissent avec la plus scrupuleuse attention les maladies qui attaquent parfois les personnes réputées stériles ; si, parmi ces personnes, quelques-unes revenaient à la santé avec la faculté de féconder ou d'être fécondées, on aurait, pour ainsi dire, surpris la nature dans ses secrets ; peut-être alors serait-il possible, au moyen d'une thérapeutique appropriée, d'agir sur les sujets en santé, et de développer, dans leurs organes muets, une révolution du genre de celle que nous venons de voir. Pour les époux qui demandent à grands cris une primogéniture, la fécondité serait un bonheur inappréciable, et ils n'auraient point assez d'or ni de joie pour témoigner leur reconnaissance à celui qui leur dispenserait un semblable bienfait.

CHAPITRE XXV

ANAPHRODISIE, INDIFFÉRENCE, FROIDEUR, ABSENCE DE DÉSIRS VÉNÉRIENS

L'état d'inertie dans lequel peuvent se trouver les organes génitaux, et, par suite, l'indifférence du sujet pour tout ce qui concerne l'acte reproducteur, a reçu le nom d'*anaphrodisie*. Cette affection se distingue de l'*impuissance*, en ce que celle-ci n'exclut pas les désirs vénériens, tandis que dans celle-là il y a complète absence de ces désirs. L'anaphrodisie est donc une cause d'impuissance, puisque l'individu qui en est atteint est tout à fait étranger aux stimulants génitaux.

Les sujets affligés de cette ladrerie sont très rares et se rencontrent plutôt chez le sexe féminin que chez les mâles. On a des exemples de femmes si froides, si glacées, qu'elles se prêtaient à l'union sexuelle avec une inertie de cadavre, ce qui, dans plusieurs cas, n'empêcha point la fécondation d'avoir lieu. On cite aussi quelques savants, et des ascétiques, chez lesquels l'étude et la contemplation, très-longtemps prolongées, firent taire tout désir et amenèrent les organes génitaux à une atrophie complète.

C'est dans les tempéraments éminemment lymphatiques, dans les constitutions étiolées, qu'on rencontre les sujets atteints d'anaphrodisie. Leurs tissus sont gorgés de fluides ; leur fibre, molle, lâche, engourdie, se montre insensible aux stimulants les plus énergiques. Ils naissent, végètent et passent sur la terre comme des corps inertes, sans qu'un rayon d'amour ait réchauffé leur pâle existence. Cette indifférence pour les plaisirs sexuels, lorsqu'au printemps tout chante et frémit de volupté, lorsque tous les êtres sont en proie aux invincibles désirs de la reproduction, cette dysesthésie de l'âme et des sens est une monstruosité.

On ne peut combattre cette grave infirmité qu'en changeant la constitution de l'individu, par le régime de l'*entraînement*, que nous exposerons plus loin.

Si l'anaphrodisie se présente chez des individus encore à la fleur de l'âge, soit à la suite d'excès physiques ou intellectuels, soit à la suite de maladies longues, les moyens à lui opposer sont les mêmes que ceux indiqués à l'article *Impuissance par cause d'excès*.

Mais lorsque le sujet penche vers la vieillesse, d'autant plus précoce qu'il a plus abusé, les philtres, les aphrodisiaques les plus puissants sont inutiles et presque toujours funestes aux imprudents qui en font usage. (Voyez l'*Hygiène du Mariage*, pour le traitement et la guérison de l'anaphrodisie.)

L'intempérance et l'abus des voluptés vénériennes sont, sans contredit, les deux sources qui fournissent le plus grand nombre d'êtres impuissants et stériles. La jeunesse inexpérimentée se jette fougueusement au milieu des plaisirs sensuels, et, confiante dans sa force, aspire tous les parfums, se livre à tous les excès ; mais lorsque ces journées de fièvre sont passées, elle se relève languissante, énervée ; honteuse alors de ses débauches et de sa faiblesse, elle appelle l'art à son secours, lui demande le secret de réveiller ses organes qui dorment d'un sommeil d'épuisement ; mais souvent il est trop tard ; les désirs sont restés, tandis que le corps est désormais impuissant à les satisfaire.

Le mariage d'hommes et de femmes ainsi épuisés, de même que celui des vieillards, ou reste infécond, ou bien ne donne que des enfants chétifs, qui, à leur tour, engendrent des êtres maladifs ou contrefaits : ainsi va s'abâtardissant la race. C'est ce qu'on est à même de voir dans les capitales, ces grands centres de civilisation qui cachent tant de misères et de vices.

Les moyens de combattre l'impuissance sont aussi nombreux que les causes qui la déterminent, et sont énumérés dans l'*Hygiène du Mariage*. Voici, en résumé, ce que conseille l'art, guidé par la sagesse et l'expérience : détruire les causes qui entretiennent la maladie ; — éviter tous les excès ; — calmer l'imagination alarmée ; — réparer les forces affaiblies, et ramener, s'il est possible, la constitution à son énergie primitive.

Lorsque le sujet n'a point dépassé les limites de l'âge, et que l'impuissance dont il est affligé provient d'une affection nerveuse, d'une excessive vivacité dans les désirs, d'un sentiment profond de respect ou d'amour, d'une honte, d'une timidité extrêmes, il faut d'abord tempérer cette disposition morale et remplacer l'activité intellectuelle par des distractions, des exercices physiques : le traitement, alors, appartient à la médecine intellectuelle, à la gymnastique et à l'hygiène.

Cette espèce d'impuissance frappe d'assez nombreuses victimes, car rien n'est plus capricieux que nos organes ; ils sont prêts au moment où l'on n'en a pas besoin; l'occasion de s'en servir vient-elle à se présenter, ils se refusent. C'est ce qui arriva au malheureux Catulle, le jour que sa chère Lesbie lui accorda un premier rendez-vous.

Cette profonde inertie de l'organe sexuel, chez les hommes encore jeunes et vigoureux, a de tout temps paru si extraordinaire, qu'on l'attribuait anciennement à des maléfices, à des philtres donnés clandestinement ; enfin, à des *noueurs d'aiguillette*. Les sorciers qui portaient ce nom étaient très redoutés ; car ils ne se bornaient pas à *nouer l'aiguillette* aux hommes de la basse et moyenne classe, ils s'attaquaient aux princes, même aux rois !

Hérodote nous apprend qu'Amasis, roi d'Égypte, se

trouva fort embarrassé auprès de la reine Laodice, qu'il aimait passionnément.

D'après l'historien Sozomène, Honorius, fils du grand Théodose, se vit dans le même embarras vis-à-vis sa femme, la première nuit de son mariage.

La fameuse Brunehaut noua si bien l'aiguillette à son fils, qu'au rapport d'Aimoin, il lui fut impossible de caresser Hermenberge qu'il adorait.

Marie de Padilla joua le même tour à Pierre de Castille.

L'histoire merveilleuse des temps passés nous fournit une foule d'exemples analogues qu'il est inutile de rapporter.

Dans le cas où l'impuissance est causée par l'épuisement, la débilitation générale, suites de libertinage ou de maladies graves, il est nécessaire de restaurer, de fortifier toute l'économie, et de respecter le sommeil du membre génital jusqu'à ce qu'il se réveille de lui-même. On restaure l'économie par de bons analeptiques, par des aliments substantiels et succulents, principalement de ceux tirés du règne animal, les viandes légèrement rôties, les consommés, etc... On vante beaucoup le chocolat dans lequel on a délayé plusieurs jaunes d'œuf, les bains froids de courte durée, les bains locaux aromatiques, les douches, les frictions, le massage, les promenades dans la campagne, enfin tous les exercices qui mettent en action le système musculaire, qui favorisent les sécrétions et développent l'appétit.

Mais, lorsqu'aux excès d'une jeunesse libertine,

viennent encore s'ajouter les lourdes années de l'âge de retour, il est bien difficile, pour ne pas dire impossible, de rendre aux organes génitaux la vitalité nécessaire pour assouvir les désirs érotiques, d'autant plus vifs que la partie se refuse à les satisfaire. Alors on interroge la science, on demande à l'art le secret de rajeunir la nature. La science répond qu'elle ne peut rien contre les outrages du temps. Cependant, il faut des jouissances à ces luxurieux grisonnants; il leur en faut à tout prix. L'art vénal ou imprudent leur offre des aphrodisiaques, des spermatopés dont ils abusent, et qui bientôt restent sans action. Alors ils ont recours à des remèdes violents, à des philtres incendiaires, qui les poussent dans la tombe sans les avoir satisfaits. C'est à cette soif inextinguible de plaisirs qu'est due la pharmacopée des aphrodisiaques, si dangereuse entre des mains imprudentes.

CHAPITRE XXVI

SECTION PREMIÈRE

APHRODISIAQUES. — SPERMATOPÉS (1)

On nomme ainsi toute liqueur, toute substance médicamenteuse ou alimentaire capable de réveiller l'appétit vénérien, soit en portant une stimulation directe sur les organes génitaux, soit en fortifiant l'économie entière.

Parmi les substances alimentaires, il en est auxquelles on attribue la propriété de réveiller les feux amortis et de produire des titillations voluptueuses, la truffe parfumée, la morille, l'oronge, sont de ce nombre; viennent ensuite les artichauts, le céleri, la roquette, la moutarde, la cannelle, le girofle et tous

(1) L'*Hygiène du Mariage* contient un chapitre entier, consacré à la description et préparation des divers aphrodisiaques usités chez les anciens et les modernes. Ce chapitre est à lire, car on ne peut qu'en tirer profit.

les aromates en général. Les viandes noires, certain gibier, le poisson, surtout la torpille, la raie, les squales, sont de bons aphrodisiaques. Les peuples ictyophages passent pour être fort amoureux et leurs femmes très fécondes.

Les homards, les écrevisses, les pétoncles et les huîtres sont reconnus comme stimulants du système génito-urinaire : c'est pour cela qu'il s'en faisait une si grande consommation dans les soupers mystérieux du carnaval de Venise.

Parmi les substances médicinales, la racine du satyrion, le borax, l'ambre gris, le genseng, le chervi, la vanille et surtout le musc, ont été préconisés comme aphrodisiaques.

Weicklard dit avoir réveillé, au moyen de pastilles musquées, les organes flétris d'un octogénaire.

Les frictions sèches et aromatiques sur le haut des cuisses, sur le pubis et les lombes ; les bains locaux légèrement sinapisés ; les douches froides sur la partie, sont des excitants qu'on peut employer sans nul danger.

La flagellation a été vantée, de tout temps, comme un puissant auxiliaire dans le traitement de plusieurs affections nerveuses. Ainsi Titus, disciple d'Asclépiade, voulait qu'on fustigeât rudement les maniaques, pour les ramener à la raison. Cœlius-Aurélianus, Sénèque, Rhasès, Campanella et beaucoup d'autres, préconisaient la flagellation contre l'obstruction des viscères, la fièvre quarte, l'hystérie, etc. Ils assurent, qu'appliquée modérément aux personnes maigres, elle peut leur procurer l'embonpoint. Enfin, son emploi comme aphrodisiaque réunit presque tous les suffrages.

Les instruments employés dans la flagellation sont : — la main, les verges quelquefois trempées dans du vinaigre ou autre liquide irritant, le martinet à bouts de corde ou à lanière de cuir, et les orties. Dans ce dernier cas, elle prend le nom d'urtication.

L'électricité a été appliquée, comme stimulant, aux individus tombés dans l'épuisement des forces génitales. Ce moyen a aussi obtenu quelque succès. — En 1780, un médecin de Londres forma un établissement de lits électriques, à secousses graduées qui, assure-t-on, eurent assez de puissance pour faire sortir de leur torpeur les organes flétris, et rendre la force virile à ceux qui croyaient l'avoir perdue pour toujours.

Il existe deux autres aphrodisiaques, mais si constamment dangereux, si funestes, qu'il y a démence à en faire usage. Si nous en parlons, c'est pour inspirer à leur égard une juste crainte et les faire rejeter comme violents poisons : nous voulons parler du *phosphore* et des *cantharides*. Toutes les personnes, en général, qui ont eu l'imprudence de s'en servir, y ont trouvé la mort à la suite de douleurs atroces, ou en sont restées profondément atteintes.

La triste fin du poète Lucrèce est attribuée à une potion cantharidée que lui donna sa maîtresse Lucilia.

Ambroise Paré raconte qu'une courtisane, ayant

saupoudré de cantharides un mets qu'elle servit à son amant, dans l'intention de le rendre plus amoureux, celui-ci entra dans un si violent priapisme, qu'il éprouva une hémorrhagie par la verge et l'anus, dont il mourut.

De nos jours, la tombe s'est fermée sur plusieurs jeunes gens de talent et d'avenir, qui, dans leur égarement, demandèrent, hélas ! des inspirations à l'orgie, et la vigueur à ces breuvages vénéneux dont l'action corrode les organes.

On pourrait grossir ce martyrologe d'un grand nombre de morts effrayantes ; mais cela nous paraît inutile, si les exemples cités ont inspiré une profonde horreur pour ces potions empoisonnées.

SECTION II

PHILTRES. — HIPPOMANÈS

Le mot philtre, de φιλειν, aimer, désignait toute préparation, tout breuvage qui jouissait de l'incomparable vertu d'allumer l'amour, de stimuler les organes génitaux, et de forcer une personne à en aimer une autre.

Circé, Médée, Armide, se rendirent fameuses dans l'art de préparer les philtres ; les bergers de Sicile et les sorciers du moyen âge jouirent aussi de cette réputation. Aujourd'hui, les vendeurs de philtres sont plus rares; cependant, si l'antiquité ajouta foi à la vertu de ces breuvages, il faut le dire à la honte de notre civilisation, le dix-neuvième siècle n'est pas exempt de superstition; et bon nombre d'individus, surtout dans les campagnes, croient aussi sincèrement aux philtres, aux maléfices, qu'au diable. Bien des charlatans encore exploitent cette crédulité funeste, que les lumières de l'époque auraient dû dissiper.

Les philtres, en général, étaient composés d'aphrodisiaques, de substances âcres et quelquefois vénéneuses. D'autres fois, c'était un amalgame infect, un mélange dégoûtant de matières hétérogènes, dans lequel une imagination en délire croyait puiser la sagesse et l'amour. Le lecteur, par l'énumération suivante, pourra juger des merveilleuses vertus d'un philtre :

L'eau bourbeuse et corrompue par la tortue et le hérisson en rut ; — les excréments et la corne râpée des animaux lascifs ; — le fiel de certains reptiles ; — la laitance du crapaud ; — l'urine du bouc, les fientes du pigeon, etc., etc. Tels étaient les principaux ingrédients de ces philtres, plus ou moins nauséabonds et repoussants, qui jouirent pendant trop longtemps d'une déplorable célébrité. On y ajoutait ordinairement : — les sucs de la mandragore, de l'euphorbe, de la vulvaire, de l'assa-fœtida et d'autres herbes puantes ; — des poudres faites avec la tête d'une vipère et la queue d'un scorpion ; — des plantes corrosives, des escharrotiques, des lampyres ou vers-luisants, des cantharides, et tout ce qu'on connaissait de plus âcre, de plus dévorant.

On peut aisément se figurer le violent effet que devait produire sur l'économie ce mélange de substances corrosives ; aussi, combien de victimes, au lieu d'y puiser *la jeunesse et l'amour*, n'y trouvèrent qu'une effrayante agonie, et puis le lit glacé de la tombe pour éteindre l'incendie allumé dans leurs organes. On pourrait citer le voluptueux Lucullus, qui dut sa fin douloureuse à une de ces potions ; — le poète Lucrèce, déjà cité, qui mourut après avoir bu l'ardente mixtion que lui donna Lucilia, sa maîtresse. On attribue la la folie sanguinaire de Caligula aux philtres que lui préparait Césonie. Si nous voulions fouiller l'histoire moderne, nous trouverions, à des jours plus rapprochés de nous, une longue série d'insensés de tous rangs, qui se sont empoisonnés avec de semblables breuvages.

CHAPITRE XXVII

SECTION PREMIÈRE

NÉVROPATHIES GÉNITALES. — LUBRICITÉ. — SALACITÉ

Le désir immodéré des jouissances vénériennes a son siège, tantôt dans les parties génitales et tantôt dans le cervelet. La trop grande activité de ces organes produit les hideuses maladies qu'on a nommées satyriasis, — érotomanie, — fureurs utérines, — nymphomanie, etc. Dans la jeunesse, c'est ordinairement l'irritation, la phlogose des parties génitales, qui portent à la lubricité ; alors l'acte s'effectue jusqu'à l'épuisement. — Dans l'âge avancé, quand les organes sexuels sont fatigués et pour ainsi dire usés, c'est du cervelet que part la stimulation érotique, et le désir devient d'autant plus violent, que la vitalité manque aux parties pour le satisfaire. Aussi voit-on ces êtres, à moitié impuissants, se livrer à toutes les obscénités les plus dégoûtantes, dans l'espoir de réveiller leurs organes engourdis. Ces êtres, qui, pour la plupart, portent sur leur visage le hideux stigmate du libertinage, sont stériles ou n'engendrent que de chétives créatures ; en outre, ils sont dangereux pour la société ; car la dépravation sexuelle conduit à la dépravation du cœur. Cette étroite correspondance est assez démontrée par les exemples tristement célèbres d'une foule de misérables de haut et de bas étage, qui, à la suite de leurs débauches et de leurs infamies, se souillaient de tous les crimes, ensanglantaient leurs mains, et terminaient leur existence au milieu d'une imbécillité féroce ou sur un échafaud. Les satrapes d'Asie, les grands de Babylone, les Néron, les Tibère, les Caligula, les Héliogabale, les Borgia, monstres à face humaine, altérés de sang et de luxure, nous offrent tout ce que l'imagination en délire peut consommer de plus abominable, de plus atroce ; et l'histoire semble n'avoir légué leurs noms à la postérité que pour les vouer à une éternelle exécration.

La passion vénérienne paraît être plus ardente et de plus longue durée chez les femmes, sans doute parce que leur système génital est beaucoup plus étendu que celui de l'homme et qu'il exerce une immense action sur l'organisation entière. Elle se montre aussi beaucoup plus hideuse, parce qu'il n'est point dans le caractère de la femme, naturellement timide et pudique, de se vautrer avec effronterie dans les déportements.

Une fois que la barrière est franchie, rien ne peut arrêter la femme ; elle court avec fureur se précipiter dans les excès les plus honteux ; on peut ajouter les plus sanglants.

L'histoire n'a également conservé les noms d'une foule de nymphomanes que pour les vouer à l'exécration de leur sexe : Éléphantis, Philénis, Thaïs, qui, à la suite d'une orgie effrénée, fit brûler le fameux temple de Persépolis ; — Cléopâtre, encore plus fameuse par ses excès que par sa beauté ; — Agrippine, si cruelle dans sa lubricité, — Faustine, — Quartilla, qui ne se souvenait pas d'avoir été vierge ; — la fameuse Messaline, dont le délire érotique est passé en proverbe ; — Sœmie, qui inculqua ses goûts de débauche à son fils Héliogabale ; — Catherine de Médicis, — Lucrèce Borgia, — Marguerite de Bourgogne, et tant d'autres qu'il serait trop long de nommer, dont les épouvantables amours feraient rougir la courtisane la plus infâme.

Les fêtes d'Anaïda ou Vénus impudique, les bacchanales, les dyonisiaques, les lupercales, les priapées, où se passaient les scènes les plus ignobles, les plus révoltantes, donnent une idée de la dégradation physique et morale où plonge la débauche. Mais ni Sardes, ni Babylone, ni même Sybaris, ces cloaques infects de dissolution, n'égalèrent les hideuses, les atroces infamies qui se commirent à Rome, surtout au temps des empereurs. La prostitution s'y montrait si effrénée, si menaçante, qu'il s'y consomma des impudicités monstrueuses, exécrables, des saletés inouïes. Et, malgré les déclamations de quelques pessimistes, il faut le dire à l'éloge de la société moderne, les mœurs ont immensément gagné sous ce rapport.

Lisez l'histoire ancienne, vous y verrez, chez les Grecs, Solon établir des lieux de prostitution pour garantir les femmes honnêtes contre les attaques des libertins. — A Babylone, toute femme devait se prostituer au moins une fois dans sa vie. — En Thrace, les jeunes filles étaient libres de se donner à leurs galants. — A Rome, une femme pouvait trafiquer de ses charmes pourvu qu'elle prévînt les édiles, et les patriciennes elles-mêmes ne dédaignaient par d'user de ce privilège.

De tous ces faits, ne doit-on pas conclure que la civilisation moderne est, quant aux mœurs, bien au-dessus de l'ancienne. Et si, de temps à autre, on remarque des périodes de dissolution, c'est que les siècles ont, comme les années de notre vie, des alternatives de bien et de mal ; c'est que les grandes nations ont leur accès de santé et de maladie, de grandeur et de décadence.

SECTION II

NYMPHOMANIE OU PASSION UTÉRINE

On la reconnaît aux symptômes suivants :

Désir ardent et invincible des plaisirs de l'amour, — oubli de tout sentiment de pudeur, — lubricité dégoûtante, — phlogose vaginale amenant un délire périodique, — asservissement des facultés intellectuelles par les fureurs vulvo-utérines.

On a longtemps attribué la nymphomanie à une irritation, à une phlogose du canal vulvo-utérin et du clitoris ; mais l'anatomie pathologique a aujourd'hui démontré que cette funeste maladie résulte, à la fois, de l'excessive activité génitale et de l'irritation du cervelet.

Les causes prédisposantes à la passion utérine, sont le célibat forcé, lorsque les violents désirs sexuels embrasent l'imagination. Les femmes, surtout les filles, qui vivent avec l'idée fixe du coït, et qui ne peuvent satisfaire le désir qui les assiège incessamment, sont menacées de la fureur utérine. C'est donc sur les femmes non mariées et les filles recluses, que sévit particulièrement cette hideuse affection.

Cette maladie a paru si effrayante et si funeste dans ses résultats, qu'à plusieurs époques on l'a considérée comme un châtiment infligé par la colère divine ; — on se contentait alors d'emprisonner et même d'étouffer les malheureuses qui en étaient atteintes. — Aujourd'hui qu'on est plus éclairé, par conséquent moins superstitieux, moins crédule, la médecine a signalé les causes et le siège de cette triste affection, et recommande d'y porter remède avant qu'elle ait dégénéré en fougueux délire.

Le tempérament bilieux-sanguin, nommé aussi tempérament utérin, une puberté précoce, ardente, la trop grande activité du cervelet et des parties génitales, les désirs vénériens trop longtemps comprimés, la vue d'objets lascifs, les conversations érotiques, et, en général, tout ce qui excite l'amour, est regardé comme cause active de la nymphomanie ; tous les médecins s'accordent à proposer le mariage comme un des remèdes les plus efficaces. Les observations qui suivent sembleraient en fournir la preuve.

L'auteur de la *Physiologie des passions* fut appelé à donner ses soins à une jeune demoiselle de haute famille, affligée de nymphomanie. Les parents lui firent la description fidèle de la déplorable affection de leur fille, qui, dans ses accès, méconnaissait toute pudeur, toute retenue, et se livrait à des actes d'une lubricité révoltante. Cette infortunée se trouvait enfermée dans un appartement retiré de l'hôtel, et isolée de tout contact masculin, car la seule vue d'un homme provoquait ses fureurs utérines. M. Alibert étant entré dans l'appartement qui servait de prison à la nymphomane, fut témoin de la justesse du portrait qu'on lui en avait fait ; les gestes et les paroles les plus obscènes l'assaillirent jusqu'au moment où il se retira dans l'appartement voisin. Alors il dit aux parents :

« La maladie a fait de dangereux progrès, mais pas assez pour être incurable. Il faut tenter de suite la guérison. — Selon moi, un seul remède existe : le mariage ; mais le plus tôt possible, car les moments sont précieux ; le mal creuse incessamment de profondes racines. Hâtez-vous, si vous voulez sauver votre fille. »

La nymphomane, qui écoutait, l'oreille clouée à la porte, comprit le remède indiqué par le médecin ; une résolution subite s'empara d'elle, et le même jour, elle s'échappa de la maison paternelle. Les parents firent, pendant plusieurs semaines, d'infructueuses recherches pour la découvrir. Enfin, un soir, M. Alibert, traversant à pied un des carrefours de la capitale, reconnut, malgré son travestissement, la jeune aristocrate qui, sur le trottoir, faisait métier de fille d'amour.

« — Que faites-vous là, malheureuse? lui dit-il d'un ton sévère.

« — Je suis votre ordonnance, docteur; je me guéris, répondit en souriant la nymphomane. »

Effectivement, un mois après, rassasiée de plaisirs vénériens, elle rentra chez ses parents presque guérie, et un prompt mariage compléta la guérison.

Une autre demoiselle, âgée de trente ans, et d'un tempérament bilieux-sanguin, succomba à la violence d'un accès de nymphomanie. Voici l'observation telle que la rapporte le médecin chargé de la soigner :

«..... Cette demoiselle avait aimé pendant sa jeunesse, et, au lieu de légitimer son amour par le mariage, elle crut, la pauvre folle, que c'était une œuvre pie que de faire le sacrifice de son amour et de souffrir ! Celui qu'elle adorait mourut d'amour pour elle. Cette mort l'affligea vivement ; elle en devint triste et morose. Cependant sa dévotion la soutint. A l'âge de trente ans, son caractère prit une teinte plus sombre. Sujette à des attaques d'hystérie, elle ne sortait de chez elle que pour se rendre à l'église, où le curé, homme d'un âge très avancé, lui prodiguait des consolations.

« Un jour elle éprouva un prurit par tout le corps, et une titillation si agréable qu'elle en eut honte, et courut chez le pasteur s'en accuser.

« Le lendemain, une grande révolution s'opéra en elle, au physique et au moral ; ses yeux devinrent plus brillants que de coutume ; on remarqua dans ses gestes quelque chose d'insolite. Quelques jours après, elle se rendit chez le pasteur, et se fit remarquer par des actes indécents et des propos libidineux. Celui-ci, effrayé de ce qu'il voyait, se hâta de la faire reconduire chez ses parents.

« Enfin, cette pauvre demoiselle avait le visage rouge, enflammé, les yeux encore plus étincelants, et la respiration bruyante. Tout à coup elle poussa un cri aigu et se précipita sur son gardien, l'engageant, par les termes les plus énergiques, à satisfaire l'ardeur qui la dévorait.

« Malgré la vive résistance qu'elle opposa, on se rendit maître de sa personne, et une large saignée lui fut immédiatement pratiquée.

« Le pasteur étant venu la voir, voulut essayer de la calmer; mais elle s'élança de son lit plus effrénée qu'une bacchante, et lui demanda, en termes les plus lascifs, d'assouvir la passion qui la rendait folle et la faisait délirer. Le pauvre curé ne répondit que par des paroles d'exorcisation, ne doutant plus qu'elle ne fût la proie de l'esprit malin. On se jeta sur elle, on lui lia pieds et poings, et on la coucha sur son lit, où elle fut prise d'une sueur abondante et fétide.

« Le lendemain matin, il lui survint un désir furieux et terrible de jouissances vénériennes; elle se leva de son lit nue, échevelée, renversa ce qui s'opposait à son passage, et se précipita sur un homme qui descendait l'escalier de la maison.

« On se rendit encore une fois maître de sa personne; une nouvelle saignée, plus abondante que la première, lui fut pratiquée sur-le-champ; mais la fureur utérine ne se calma point, et les effrayants symptômes de cette dégoûtante maladie se multiplièrent avec une effrayante rapidité. La nymphomane s'agitait sur son lit, dévorée par de brûlants désirs; malgré les efforts de quatre personnes vigoureuses qui cherchaient à la contenir, elle prenait les postures les plus lascives, articulait des mots d'une obscénité inouïe. Ses yeux lançaient des lueurs verdâtres; sur ses lèvres d'un rouge ardent, on voyait une écume sanglante, le reste de son visage était livide, plombé. Tout à coup un violent paroxysme s'empara d'elle, ses articulations craquèrent, comme si les os se fussent brisés; ses prunelles tournèrent rapidement dans leur cave orbite; elle poussa un cri féroce, accompagné d'un affreux grincement de dents, et expira au milieu de cette dernière convulsion. »

La réaction violente des organes utérins sur toute l'économie, est terrible chez les femmes à tempérament érotique, forcées au célibat par des préjugés religieux. Du moment où les organes de la reproduction sont appelés à fonctionner, le désir vénérien envahit toute l'organisation, la gouverne, la dérange et la bouleverse, s'il n'est accompli. Lorsque l'exaltation génitale est arrivée à son apogée, la hideuse *fureur utérine* se déclare :

C'est Vénus tout entière, à sa proie attachée.

La femme alors n'est plus qu'une bacchante en délire, dont tous les actes sont empreints de la passion qui la dévore. On a vu des nymphomanes, au milieu d'un paroxysme, tomber sur le sol et être atteintes d'une attaque d'épilepsie.

Plusieurs médecins ont recueilli et publié des observations sur les maladies engendrées par le célibat et par la réclusion dans les cloîtres. Le tableau de ces maladies et leur nombre sont effrayants. — Hoffmann a publié l'histoire d'une religieuse qui fut, pendant longtemps, sujette à des accès de nymphomanie. — Tissot a cité l'exemple, à peu près semblable, d'une jeune fille qui, aveuglée par des préjugés religieux, s'efforçait de résister aux ardeurs de son tempérament érotique. Elle n'eût point tardé à devenir la victime de ses violents désirs, si, revenue à des idées plus conformes à la nature et à la raison, elle ne se fût engagée dans les liens du mariage.

Malgré la destruction des ordres religieux et les changements opérés dans les mœurs, les médecins d'aujourd'hui ont, bien souvent encore, à constater les dangereux effets des idées ascétiques et de l'oisiveté. La réaction religieuse qu'on essaye d'opérer en s'emparant de l'imagination des femmes, n'est plus possible à notre époque; l'état de mariage est aujourd'hui considéré, par la majorité, comme beaucoup plus moral et plus utile au pays que le célibat égoïste et stérile.

SECTION III

SATYRIASIS

Ce nom a été donné à la dégoûtante lubricité dont certains hommes sont atteints, par comparaison avec les satyres de la mythologie, toujours prêts à satisfaire leur luxure.

Le satyriasis est au sexe masculin ce que la nymphomanie est au sexe féminin. Cette affreuse maladie, heureusement très rare, offre les symptômes suivants :

Turgescence des organes génitaux, érection presque continuelle; sommeil agité par des rêves érotiques et interrompu par des pollutions. Les désirs, loin d'être calmés par l'éjaculation spermatique, se réveillent plus fougueux; l'acte copulateur peut être pratiqué à tout moment; les yeux brillent, étincellent, la face est animée, la bouche écumante, les traits convulsés par un rire hideux. Obsédé nuit et jour par des pensées voluptueuses, toujours cherchant à satisfaire son insatiable salacité, le satyriaque se livre, en face des femmes, à des gestes obscènes, à des propos orduriers; celles-ci doivent craindre de se trouver seules avec lui; car, dans un moment de paroxysme, il peut se jeter sur elles et leur faire violence.

Les causes du satyriasis sont les mêmes que celles de la nymphomanie; c'est une névropathie génitale dans toute son intensité. Voyez, dans l'*Hygiène du mariage*, plusieurs observations curieuses sur cette maladie et le traitement qu'on lui oppose.

On répète souvent qu'il est des organisations auxquelles la chasteté ne coûte rien ; c'est possible; mais ce sont de rares exceptions, qui ont leur source dans une imperfection physique; car la nature, qui ne produit rien d'inutile, n'a point donné à l'homme, pas plus qu'à la femme, des organes pour ne pas s'en servir; elle punit, par d'affreuses maladies, les insensés qui tentent de se soustraire à ses lois. C'est pourquoi le satyriasis se rencontre généralement chez les individus condamnés au célibat, et n'atteint que fort rarement ceux qui usent du mariage. Lorsque la prédominance génitale existe chez un individu, si une ardente imagination et le célibat forcé ajoutent à la force de son tempérament, les irradiations cérébrales deviennent bientôt très alarmantes, et déterminent un désordre général, du délire, des fureurs et quelquefois l'aliénation mentale.

On cite l'exemple d'un soldat que son tempérament érotique rendit furieux, et qu'on pendit à Montpellier pour crime de viol. Cet homme fut saisi d'une fureur satyriaque à la vue d'une fille qu'il rencontra dans la campagne. Poussé par la violence génitale, il se jette sur elle et, sans s'inquiéter des paysans qui l'entouraient et qui le frappaient à coups de bâton, sans songer aux cris de la foule qui le rouait de coups et cherchait à lui arracher sa victime, ce soldat, l'œil en feu, les traits convulsés, fou furieux, satisfit sa hideuse passion.

Le professeur Bordeu a donné l'observation de trois jeunes satyriaques, chez qui la prédominance génitale, déclarée dès le bas âge, s'annonçait par un excessif développement de ces organes et une puberté très précoce. Ces petits satyres, agés de onze à treize ans, courts, trapus, stupides et presque idiots, vivaient sous l'influence active, incessante, de l'instinct génital et n'avaient d'autre pensée que celle de satisfaire les ardeurs qu'ils éprouvaient.

L'un de ces satyriaques mourut d'une perte séminale, avant d'arriver à sa seizième année. — Les deux autres, atteints de folie érotique avec transports de fureur, furent liés, garrottés et enfermés dans une maison d'aliénés.

CHAPITRE XXVIII

SECTION PREMIÈRE

NÉVROPATHIES CÉRÉBRALES

Jusqu'ici, nous n'avons parlé que de la dégradation physique ; il est une autre dégradation beaucoup plus affreuse, c'est la dégradation mentale ou FOLIE. De tous les malheurs qui frappent l'homme, celui-ci est, sans contredit, le plus terrible. L'homme ne s'élève au-dessus des animaux que par sa supériorité intellectuelle ; or, s'il perd ce précieux privilège qui distingue son espèce, il descend au niveau de la brute, quelquefois plus bas encore ; car, alors, il n'a pas même l'instinct qui dirige celle-ci ; tel est le triste état dans lequel est plongé l'homme atteint d'aliénation mentale.

Les causes de l'aliénation ou dérangement des facultés intellectuelles, ont leur source dans une altération spéciale de l'organe encéphalique ; cette altération, de la nature des névroses, affecte particulièrement les parties du cerveau qui président aux opérations de l'intelligence.

On reconnaît à la folie quatre degrés : l'idiotisme, la démence, la monomanie et la manie.

L'*idiotisme*, du grec (ἰδίοτης), ignorant ; est le défaut, la privation de l'intelligence, coïncidant toujours avec un vice ou un défaut de développement du cerveau. Cette dégradation mentale offre trois degrés : 1° l'*imbécillité* ou pauvreté d'esprit ; 2° l'*idiotisme* proprement dit, dans lequel le raisonnement est nul et les déterminations purement instinctives : 3° l'*automatisme*, qui est l'absence complète de l'intelligence et de l'instinct. Les sujets affligés de cette grave imperfection, sont de véritables automates, ainsi que l'indique le mot ; étrangers à toute espèce de sensations, ils vivent de la vie végétative, sans même avoir l'instinct de conservation, car la plupart mourraient de faim, si on ne prenait soin de leur donner à manger comme à des enfants du premier âge.

La *démence*, du latin (*de* hors, *mens* raison) privation de la raison. Cette affection débute par l'affaiblissement graduel des facultés intellectuelles ; à cet affaiblissement succède bientôt l'anéantissement des facultés ; mais l'instinct animal est conservé. La démence peut aussi succéder à la monomanie. On signale encore une autre espèce de démence où l'instinct et l'intelligence sont effacés ; cette forme se rapporte à l'automatisme. Les sujets qui en sont atteints sont incapables d'attention, de comparaison et de jugement ; ce sont de véritables machines.

La *monomanie* (du grec μόνος un, μανία *folie*), c'est un délire partiel roulant sur une idée. La perversion porte sur les affections, les sentiments et les passions plutôt que sur l'intelligence. La monomanie peut exister pendant longtemps, sans altération bien sensible des opérations de l'esprit ; mais lorsqu'elle prend le type continu et qu'elle ne laisse plus d'intervalles à la raison, alors l'intelligence finit par être altérée à son tour. Nous verrons, plus loin, que les monomaniaques agissent sous l'influence d'une conviction intime, quoique délirante ; leurs actions ont un motif, un but ; elles sont généralement préméditées. Il existe des monomaniaques chez lesquels les facultés intellectuelles semblent intactes et qui, néanmoins, cèdent à une force irrésistible et consomment des actes réprouvés d'eux-mêmes. Cette forme de la folie, parfois très dangereuse, a soulevé des questions médico-légales de la plus haute gravité.

La *manie* (μανία *folie*). C'est la folie proprement dite dans son degré le plus élevé. Le caractère distinctif de cette affection est un délire général, avec agitation extrême, penchant à la colère, souvent à la fureur. Quelquefois le délire intellectuel devient intermittent et laisse percer des éclairs de raison ; mais ces éclairs sont de courte durée, et le sujet retombe dans l'état d'où il était sorti pour quelques instants. Lorsque la manie dépend de l'exagération momentanée des fonctions cérébrales, l'art ou plutôt la nature peut la dissiper ; au contraire, lorsque cette exagération est devenue habituelle, elle dérange les fonctions cérébrales et la folie est incurable ; l'homme n'est plus qu'une machine dont les mouvements désordonnés annoncent que le ressort régulateur s'est brisé.

Pendant le paroxyme de la manie, l'individu montre une agitation extrême ; il crie, vocifère, menace, roule des yeux effrayants et se livrerait à tous les actes de la fureur, si des précautions n'avaient été prises d'avance. On l'enferme sous des barreaux de fer, comme une bête féroce ; là, il grince des dents, pousse des cris affreux, essaye d'arracher les barreaux de sa loge, les mord, gesticule, multiplie ses efforts, jusqu'à ce qu'il tombe épuisé de fatigue. Ces accès de fureur se renouvellent à des intervalles plus ou moins rapprochés, jusqu'au jour où ce malheureux trouve le terme de son existence au milieu d'un dernier paroxysme.

Les monomaniaques sont des êtres fort curieux, fantasques et des plus bizarres ; il est souvent difficile de garder son sérieux devant l'imperturbable sang-froid qu'ils mettent dans leurs discours. Leur conversation roule sans cesse sur l'idée qui les préoccupe ; on a beau les dépister, ils y reviennent sans cesse. Le monomane s'impatiente et vous rappelle à l'ordre, lorsque vous ne prêtez pas attention à ce qu'il dit ; si vous faites l'imprudence de le contredire, il se fâche, s'irrite, et son irritation irait jusqu'à l'injure si vous continuiez à le contrarier. Il faut, avec lui, de la bonne volonté, de la patience ; il faut penser et dire comme lui ; alors vous êtes bons amis.

Dans la nombreuse famille des monomanies on distingue plusieurs vésanies, telles que l'hypocondrie, l'hystérie, les hallucinations, les conceptions délirantes, qui sévissent particulièrement sur la classe riche et oisive, ainsi que sur les hommes de lettres épuisés de veilles et de travaux. — Les visionnaires, les ascétiques, les démonomaniaques, les inspirés, se rencontrent parmi les individus enthousiastes, à cerveau faible, et chez lesquels l'imagination prédomine au détriment de la raison. Ces vésanies font de rapides progrès et marchent à une fin toujours funeste, si les sujets qui en sont atteints ne prennent la forte résolution de briser avec leur situation présente ; s'ils n'ont la ferme volonté de chasser leurs idées fixes et d'imprimer à leur moral une direction nouvelle.

Notre ouvrage étant écrit dans le double but d'instruire et d'amuser nos lecteurs, nous rapporterons ici quelques observations tirées des auteurs qui ont spécialement étudié ces sortes de maladies.

SECTION II

MONOMANIE HOMICIDE

Le professeur Mende a donné l'observation d'une nourrice qui, après de grands chagrins et les fatigues d'un allaitement prolongé, fut saisie de coliques nerveuses, compliquées d'anxiété et d'un *mouvement particulier dans l'estomac.*

Enfermée dans une chambre, avec les deux enfants de madame S. dont elle était la nourrice, voilà que, tout à coup, à la vue d'un couteau laissé sur la table, une horrible pensée s'empare de son esprit : celle de couper le cou à ses deux nourissons. Elle éprouve, plus violemment, dans l'estomac, le mouvement qu'elle avait déjà ressenti ; en même temps un sourd gargouillement se fait dans son ventre et des bouffées de chaleur lui montent au cerveau ; elle croit entendre une voix qui lui ordonne de tuer les deux enfants.

Épouvantée de cette horrible tentation, cette femme sort précipitamment de la chambre, et court vers la cuisinière, lui demandant, avec instance, de la remplacer quelques instants auprès des enfants. Celle-ci refuse, objectant qu'elle est occupée. La nourrice retourne près des enfants, et cherche dans le chant, dans le sommeil, un refuge contre l'idée qui l'obsède. Mais, à peine endormie, elle se réveille en sursaut, avec la même obsession, devenue irrésistible. Fort heureusement qu'en cet instant, la porte s'ouvre : la mère des enfants et la sœur de la nourrice, couchée dans la même chambre qu'elle, entrent et lui rendent un peu de calme ; elle se rendort d'un sommeil agité. L'horrible idée du meurtre la ressaisit et la maîtrise au point qu'elle réveille sa sœur et se plaint à elle d'être tourmentée par d'effroyables pensées. Elle passe la nuit, se parlant à elle-même, dans une espèce de délire, au milieu duquel on distingue ces mots :

Grand Dieu ! quelles pensées horribles... C'est affreux ! c'est épouvantable !... je préfère cent fois mourir... En se réveillant, elle s'informe, avec anxiété, si les enfants sont auprès de leur mère ; elle les nomme d'une voix tendre, jusqu'à ce qu'après avoir pris un peu de camomille, elle s'endorme vers les six heures du matin. Le délire homicide l'assaille de nouveau à son réveil, et ne cède qu'à l'usage d'une potion prescrite, vers les cinq heures du soir, pour disparaître enfin, définitivement, dans un dernier accès suivi de l'aveu complet de cette épouvantable impulsion au crime.

Que penser de cet effrayant délire qui s'empare d'un individu jusque-là tranquille, inoffensif, qui le pousse au meurtre, à l'assassinat ?... qui lui fait égorger, de sang-froid, ce qu'il a de plus cher, de plus sacré au monde, son père, sa mère, sa femme ou ses enfants ?... Hélas ! la science, qui a tout fait pour l'humanité, ne peut que vous donner cette réponse : c'est la *monomanie homicide*.

Mais, pourquoi cette mono manie, quelle en est la cause, et par quel moyen l'art pourrait-il la combattre, surtout en détruire le germe chez l'individu ?

A ces questions, les réponses sont incertaines et se bornent à celles-ci : — la camisole de force, — la séquestration. On ne connaît pas d'autres moyens préservatifs. Tout ce que l'art médical a expérimenté jusqu'à ce jour, est resté stérile. Cependant, qu'il nous soit permis d'avancer qu'il existerait un moyen, lequel ? le voici :

Il est maintenant avéré que les monomamies sont

transmissibles par voie d'hérédité physique. Papavoine, ce malheureux qui se délectait à égorger des enfants ; — Pierre Rivière, ce meurtrier de ses mère, frère et sœur ; — l'assassin du professeur Delpech et mille autres qu'il serait trop long de nommer, étaient issus de parents monomaniaques. Or, les moyens de combattre l'*hérédité morbide* que nous avons exposés au chapitre III de cet ouvrage, trouvent ici leur application ; nous avons la ferme conviction que la société retirerait d'immenses avantages du croisement dans les mariages et de l'éducation physiologique dont nous avons tracé le cadre. On peut également consulter notre *Hygiène du mariage*, où ces questions sont largement développées.

SECTION III

MONOMANIE DU SUICIDE

Ce genre de folie est non seulement héréditaire, mais il menace, parfois, de revêtir la forme contagieuse épidémique. On a vu des familles entières se tuer, et leur exemple être suivi par d'autres familles qui cherchaient vainement à lutter contre cette fascination maladive de la mort. Les statistiques sur la manie du suicide sont tellement grossies de faits semblables, qu'il n'est plus possible de douter de l'hérédité de ce genre de manie. Nous prendrons le fait suivant entre mille.

Dans la famille des Burke, le bisaïeul s'empoisonna volontairement en 1730. — Son fils, aïeul de la famille future, se coupa la gorge en 1763. — Le fils et une des filles de ce dernier, se jettent à l'eau en 1781, laissant, chacun, une progéniture très nombreuse : les deux familles réunies se composaient de vingt-neuf individus des deux sexes. En moins de huit années, dix-sept membres de ces deux familles ont terminé leur existence par le suicide. Ici s'arrête la statistique, mais il est très probable que d'autres suicides ont eu lieu parmi les enfants de ces derniers.

O espèce humaine ! que de mystères dans ta nature !... Si le développement de ton cerveau te place au sommet de l'échelle des êtres vivants, il te donne aussi le triste privilège d'être atteint d'une foule de maladies affreuses, dégradantes, auxquelles restent étrangers les autres animaux.

SECTION IV

HYPOCONDRIE SANS LÉSION PRÉALABLE DE L'INTELLIGENCE

Cette forme d'hypocondrie est le triste partage des heureux qui se prélassent dans l'opulence et l'oisiveté ; les classes laborieuses en sont exemptes. C'est un fait reconnu par tous les médecins et qui devrait faire réfléchir la richesse indolente, apathique.

On connaît cette réponse, d'une originalité brutale, faite par un riche, qui, sortant de chez un restaurateur où il avait dépensé 100 francs pour son dîner, répondit à un petit mendiant qui lui tendait la main, avec ces mots : *J'ai faim !*... « — Polisson ! tu es bien heureux d'avoir faim ; je payerais cher ton appétit, si tu pouvais me le vendre. » Cette réponse dépeint parfaitement l'homme égoïste, qui n'a d'autre souci que ceux que lui donne son ventre.

Le fait suivant, rapporté par François Leuret, dans ses *Fragments sur la folie*, pourra être utile aux riches luxueux et oisifs qui le liront :

« M. B. est riche, très riche ; sa principale occupation a toujours été de se rendre la vie douce et tranquille. D'abord, pour se soustraire aux embarras de la famille, aux obligations qu'impose l'éducation des enfants, il ne s'est point marié. Ensuite, pour ne pas avoir les soucis de l'administration de sa fortune, pour éluder l'impôt et ne courir aucune chance de perte, il a placé son argent sur l'État. Libre de toutes ses actions, il aurait pu voyager avec toutes les commodités dont s'entoure la richesse ; mais, pendant le voyage, on n'est pas toujours sûr de trouver bonne table et bon lit. L'esprit de M. B. est très cultivé, son jugement parfait ; on le dit même d'un excellent cœur. Néanmoins, il rapporte tout à lui, et aurait fait, au petit mendiant, la même réponse citée plus haut. Il ne fréquente et ne reçoit que quelques personnes ; encore reste-t-il des mois entiers sans recevoir, ni sortir de son appartement. Lorsqu'il sort, c'est toujours en voiture ; s'il descend de voiture, pour se promener quelques minutes, il se fait toujours accompagner d'un robuste valet, crainte d'accident.

« La société impose des devoirs, ne fussent-ils que de simple politesse. Notre hypocondriaque a brisé avec la société et vit seul. Un homme qui a l'esprit cultivé cherche dans les journaux et dans les livres d'utiles distractions. M. B. ne lit point, parce que la lecture le fatiguerait. Que faire, alors ?.... Dormir, s'ennuyer, boire, manger, dormir encore, c'est ce qu'il fait ; il n'a pas d'autre occupation. Il faut que la chair soit délicate, le pain frais, le vin de première qualité, les crèmes à la glace, le champagne frappé, le café bien chaud et ses ordres exécutés à la seconde, fût-on au milieu de la nuit. Se déshabiller était une peine ; il ne se déshabille plus et se couche avec ses vêtements. Se promener le fatiguait ; il reste assis, le coude appuyé sur une table qu'il a fait rembourrer, et les pieds posés sur un tabouret. Enfin, donner des ordres de vive voix lui faisait mal à la gorge ; il ne parle plus et ordonne par signes. — Aller au cabinet lui causait des lassitudes ; il a remplacé son fauteuil par une chaise percée, sur laquelle il reste assis jusqu'au moment de se coucher.

« Si un homme de cet acabit, passé à l'état de polype, eût vécu à Sparte, les verges d'un censeur lui eussent rappelé que tout citoyen est solidaire envers la société ; mais, dans notre civilisation moderne, on est libre de faire ce qu'on veut. Cette liberté, qui pousse l'homme au plus bas égoïsme, est-elle un bien ?

« On ne transgresse jamais impunément les lois physiologiques ; la plate indolence de notre homme le jeta bientôt dans les tristesses de l'hypocondrie, et la nature vengea ainsi la société des injures que lui faisait cet égoïste.

« M. B. arriva, en peu de temps, à ce degré d'hypocondrie qui constitue la monomanie. Les sensations, les sentiments et les goûts se pervertirent ; l'intelligence qui, jusqu'alors, avait été en assez bon état, commença tout à coup à s'obscurcir.

« — La langue, disait-il, n'a pas de termes pour exprimer ce que je souffre. Une personne qui aurait une maladie analogue à la mienne comprendrait un peu ces souffrances, mais seulement un peu, parce que jamais maladie n'a été aussi affreuse que celle dont je suis victime. Il y a un mur d'airain entre le monde et moi ; je ne suis plus qu'un squelette ; mes sens sont anéantis ; je ne puis distinguer les odeurs et la saveur des mets que je mange ; c'est affreux !... J'ai un palais de carton, un nez de porcelaine, des yeux d'émail ; mon poumon respire comme un soufflet : mes jambes, de coton, ne peuvent plus me soutenir, je suis comme un vase qui se remplit goutte à goutte, et dont chaque goutte est un torrent de maux... Je dois mourir d'une horrible mort et après une affreuse agonie... Des ulcères et la gangrène couvrent mon corps ; qu'on me laisse donc en paix, on a bien pitié d'un criminel ! »

« Tel était le langage qu'il tenait à son médecin, avec des variantes dans le même genre. Peu satisfait des ordonnances du docteur, il l'abandonna pour consulter des somnambules, des charlatans et de vieilles commères. On lui conseilla de se coiffer d'un bonnet de taffetas ciré et de se mettre à l'homéopathie, à l'usage du charbon, de l'huile de morue ; de prendre un bain égyptien et d'user de la brosse électrique. Il fit tout cela, et son état ne fit qu'empirer.

« Un jour, il se plaignait très longuement de ne pouvoir étendre la jambe qu'avec beaucoup de difficulté ; et, pour montrer à quelle extrémité il en était réduit, il soulevait son membre avec de grands efforts.

« — Eh ! que voudriez-vous de plus ? lui dis-je.

« — Parbleu ! faire cela, répondit-il brusquement.

« Et il exécuta avec promptitude et liberté le mouvement qu'il désirait faire.

« Je ne pus m'empêcher de rire, et lui-même, s'apercevant aussitôt de son inadvertance, en rit aussi de bon cœur. Cette plaisante aventure fit trêve à ses plaintes.

« Un autre jour, comme il était près de son lit et sur le point de se coucher, il me dit, d'un air très affligé, que décidément il tombait dans l'étisie. Son excessif embonpoint, et surtout l'énormité de son ventre, contrastait si singulièrement avec l'idée de cette nouvelle maladie, que je ne pus m'empêcher de partir d'un éclat de rire. Je lui expliquai mes motifs, et, soit persuasion, soit imitation, il se mit à rire avec moi, de telle sorte que nous rîmes ensemble de bon cœur.

« S'il était possible de faire naître souvent de semblables occasions de gaieté, la guérison de l'hypocondrie marcherait vite ; mais ce moyen ne réussit pas toujours ; il est même dangereux de le tenter inopportunément. »

SECTION V

HYSTÉRIE

La définition physiologique de cette maladie est celle-ci : névropathie de l'utérus, revenant par accès, caractérisée, le plus souvent, par la sensation d'une boule qui, partant de la matrice, remonte dans les diverses régions de l'abdomen, gagne la poitrine, envahit la huitième paire des nerfs, et, arrivée au cou, y détermine un sentiment de strangulation des plus pénibles. Lorsque l'accès est complet, le nerf trisplanchnique communique son impression aux nerfs moteurs et détermine des convulsions.

Relativement au siège de cette maladie, les médecins sont divisés en deux camps : les uns placent le siège de la cause occasionnelle de l'hystérie au cerveau, les autres la fixent dans l'utérus. Nous adoptons cette dernière opinion, comme plus conforme à la vérité des faits. Elle est fondée sur l'évidence des troubles utérins, et sur le développement de cette affection, spéciale à la femme, tandis que l'autre opinion a pour base les troubles cérébraux qui, dans bien des cas, n'existent que sympathiquement aux désordres utérins. Néanmoins, il peut se faire que la cause parte d'abord du cerveau et se fixe ensuite sur la matrice ; de ce moment, c'est encore la matrice qui est le siège principal de la lésion. Les observations que nous allons citer en confirmeront la preuve.

Ainsi, que l'hystérie soit simple ou complexe, c'est toujours la matrice et ses dépendances qui en sont le siège. Les névroses cérébrales, telles que l'épilepsie, la catelepsie, etc., peuvent la compliquer ; mais cette complication prouve simplement, qu'il existe une étroite sympathie entre le cerveau et la matrice. Dans l'un et l'autre cas, nous le répétons, c'est toujours le système sexuel qui est en jeu.

La place de cette affection aurait dû se trouver au chapitre précédent, à la suite des névropathies génitales. En la plaçant ici, nous la considérons comme pouvant avoir une double *étiologie*, c'est-à-dire une cause cérébrale et une génitale.

La vie ascétique, paresseuse, la contemplation, les affections contrariées, de même que les égarements d'une imagination érotique, sont des causes productrices de l'hystérie. Les scènes extravagantes et scandaleuses des convulsionnaires, les voluptés mentales des visionnaires, des illuminées, et des autres sectes semblables, se relient à l'affection hystérique. En effet, si à la vie toute nerveuse de certaines femmes veuves ou filles, on fait intervenir l'activité sexuelle, il sera très facile de se rendre compte des situations bizarres, des actions étranges de ces femmes tendres, passionnées, enthousiastes, qu'on qualifiait autrefois de l'épithète de *vaporeuses.* (Voyez les *Mystères du Sommeil et du Magnétisme*, où se trouve, en détail, l'histoire déplorable des convulsionnaires, illuminées et obsédées, dont l'exemple contagionna des populations entières.)

Nous terminerons cet article par deux observations de femmes hystériques, l'une que nous avons recueillie nous-même; l'autre, rapportée par Daignan, médecin du roi, et entourée de circonstances singulières.

HYSTÉRIE PAR SUITE DE CONTINENCE.

Une sœur de charité, âgée de vingt-huit ans, d'un tempérament sanguino-bilieux, attachée à l'hospice de Beauvais, s'éprit d'un violent amour pour un jeune militaire, malade audit hospice. Chaque fois qu'elle voyait ce jeune homme, elle rougissait, pâlissait, brûlait, frissonnait alternativement, puis se trouvait mal, tombait et se roulait sur le sol, en proie à des attaques d'hystérie. Tout le monde ignorait la cause de ces attaques; le militaire la devina. Ayant entendu dire au médecin de l'hospice que le seul remède à la maladie de cette pauvre sœur, était un mari, il chercha, de ce moment, l'occasion de la guérir. Mais le jeune militaire sortit de l'hospice pour rejoindre son régiment.

Alors les attaques recommencèrent avec une telle violence, qu'il fallait quatre personnes pour maintenir la malade et l'empêcher de se briser la tête contre les murs.

Un mois après sa sortie de l'hospice, le militaire rôdait près du jardin où se promenaient les malades ; il aperçut la sœur, lui fit quelques signes qui furent parfaitement compris, et, à l'oraison du soir, il manquait une sœur. Pendant plusieurs jours on fit d'inutiles recherches ; la fugitive avait su prendre ses précautions. On apprit, plus tard, que la sœur de charité était mariée, bien portante, et cantinière au 4e régiment de lanciers.

HYSTÉRIE. — SUITE D'INCLINATION CONTRARIÉE ET DE PASSION HONTEUSE.

Les meilleurs médecins de la ville de Marseille avaient été appelés pour donner leurs soins à une jeune fille de vingt-quatre ans, que l'on regardait comme atteinte d'une maladie diabolique; les voisins superstitieux la croyaient ensorcelée, et se signaient en passant devant sa maison. Cette fille avait non seulement des attaques d'hystérie, mais elle offrait, en outre, des phénomènes si extraordinaires, que, jusqu'à l'arrivée du docteur Daignan, tous les autres médecins y avaient perdu leur latin; elle accouchait, chaque semaine, d'un caillou!...

Le docteur Daignan, après avoir promis aux parents

de la guérir, envoya chercher le médecin-accoucheur qui avait déjà assisté la malade. Le canal vaginal fut sondé; l'on y trouva, en effet, des fragments de caillou et une certaine quantité de sable, dont l'extraction fut faite séance tenante. Le sable était parfaitement semblable à celui du rivage non loin duquel se trouvait l'habitation de la malade.

Comme cette fille était très féconde, M. Daignan suivait scrupuleusement les progressions de la grossesse et la faisait accoucher tous les huit jours sous ses yeux. « J'eus la patience, raconte ce médecin, d'assister pendant deux mois à ce singulier accouchement, et je ne vis jamais d'autre différence dans les cailloux que la forme des fragments qui, loin d'avoir été arrondis pour éviter la déchirure des parties, étaient fort irréguliers et si tranchants, que je ne trouvai de merveilleux dans cette affaire que l'adresse du chirurgien à extraire les fragments, et celle de cette fille à les enfoncer dans cette partie sans se blesser, mais non sans douleur. Pourquoi usait-elle de ce moyen dangereux? Je finis par le savoir. Les attouchements solitaires auxquels elle s'était livrée depuis longtemps ne produisant plus l'orgasme vénérien, elle essaya du caillou. Voilà tout le merveilleux de la chose. »

« Je n'aurais pas osé raconter ce fait, continue le docteur Daignan, si je n'avais eu plusieurs médecins pour témoins oculaires, et si le récit ne pouvait en être certifié par toute une ville. Dans le cas qu'on se refuserait à croire et qu'on regarderait ce fait comme impossible, j'ai conservé un des fragments de caillou, que je puis montrer aux incrédules. Il faut dire, en terminant, que cette fille n'aurait jamais eu l'idée d'un semblable stratagème, si ses parents, au lieu de contrarier ses inclinations pour un jeune homme, l'eussent mariée. Le mariage, dans les cas semblables, est l'unique et souverain remède. »

Nous partageons l'opinion des physiologistes et des philosophes qui considèrent le système utérin de la femme comme exerçant une influence très marquée sur son caractère physique et moral. Les affections nerveuses, les retours si fréquents d'indispositions, d'inquiétudes sans motif, de bizarreries, de caprices, d'exaltation, d'affaissement, d'énergie, de faiblesses, etc., etc., tous ces phénomènes dépendent bien souvent de l'influence utérine. La matrice a son éveil, son repos, ses intermittences, d'où résultent une foule de mutations dans l'organisation féminine, depuis l'indolence apathique jusqu'aux transports convulsifs. Diderot a parfaitement exprimé ces réactions dans les lignes suivantes : « La femme porte au dedans d'elle-même un organe susceptible de spasmes terribles, disposant d'elle et suscitant dans son imagination des fantômes de toute espèce. C'est dans le délire hystérique qu'elle revient sur le passé, qu'elle s'élance dans l'avenir et que tous les temps lui sont présents ; c'est de l'organe propre à son sexe que partent toutes ses idées extraordinaires. La femme hystérique dans sa jeunesse, se fait dévote dans l'âge avancé ; la femme à qui il reste quelque énergie dans l'âge avancé était hystérique dans sa jeunesse; sa tête parle encore le langage des sens lorsqu'ils sont muets. Rien de plus contigu que l'extase, la vision, la prophétie, la révélation, la poésie fougueuse et l'hystérie. Lorsque la Prussienne *Carsh* lève son œil vers le ciel enflammé d'éclairs, elle voit Dieu dans les nuages ; elle le voit qui secoue d'un pan de sa robe noire des foudres qui vont tomber sur la tête de l'impie. Cependant, la recluse, dans sa cellule, se sent enlever dans les airs; son âme se répand dans le sein de la divinité; son essence se mêle à l'essence divine; elle se pâme, se meurt... sa poitrine s'élève et s'abaisse avec rapidité ; ses compagnes, attroupées autour d'elle, coupent les lacets de ses vêtements. La nuit vient ; elle entend des chœurs célestes; sa voix s'unit à leurs concerts; ensuite elle redescend sur terre, où elle parle des joies ineffables qu'elle a goûtées. On l'écoute ; elle est convaincue ; quelquefois elle persuade, elle contagionne les autres. La femme dominée par l'hystérie éprouve je ne sais quoi d'infernal ou de céleste ; souvent elle m'a fait frissonner. »

Telle est l'influence utérine chez les femmes dont la sensibilité a été exaltée par les milieux où elles vivent; et cette influence dure jusqu'à l'époque de l'âge de retour. Alors, devenue impropre à la perpétuation de son espèce, elle subit la dernière révolution organique et rentre désormais dans la vie individuelle.

SECTION VI

DES TROUBLES DANS L'INNERVATION

Parmi les désordres de l'intelligence, soit périodiques, soit rémittents, on cite les hallucinations, les extases, les visions, le somnambulisme et autres vésanies provenant des troubles dans l'innervation.

HALLUCINATIONS.

L'hallucination est une perception illusoire ; c'est le délire d'un ou de plusieurs sens. Les individus nerveux, hypocondriaques, hystériques et mélancoliques; ceux qui se livrent à des méditations profondes et longtemps soutenues, ou à des passions tristes, sont plus sujets que tous les autres aux hallucinations. Les folles terreurs imprimées par des idées superstitieuses, les contes de revenants dont on berce l'enfance, les congestions cérébrales, etc., sont aussi des causes prochaines de ce désordre intellectuel. Dans notre ouvrage des *Mystères du Sommeil*, nous avons rapporté une série d'hallucinations relatives à chaque sens, avec une dissertation physiologique sur leurs causes prédisposantes et occasionnelles. Ici, nous n'en fournirons que deux exemples.

HALLUCINATION DE L'ODORAT ET DU GOUT.

Deux amis, avocats de nom et gourmets de profession, dînaient très souvent ensemble chez un des meilleurs restaurateurs du chef-lieu. L'un et l'autre offraient des hallucinations tout à fait opposées. Le premier trouvait toujours les mets trop salés ; le second, trop fades ; — celui-ci jurait contre le cuisinier de ce qu'il avait la main trop lourde ; celui-là tempêtait de ce qu'il l'avait trop légère. — Cette viande est passée, disait le premier. — Pour moi, elle est trop fraîche, répondait le second. — Ce vin est aigre. — Tu te trompes, il est douceâtre. — Ce pain sent le rat. — Tais-toi donc ! c'est le pied de mitron que tu veux dire, etc., etc. Enfin, on eût cru que ces deux hommes prenaient plaisir à se contredire, à se chamailler, et, malgré leur vieille amitié, peu s'en fallait qu'ils ne se prissent aux cheveux. Dix minutes après s'être mis à table, l'hallucination se dissipait, leur goût devenait naturel et se mettait à l'unisson. Alors ils commençaient à manger et à boire avec cette volupté sensuelle qui, en peu de temps, pousse l'homme à la *pachydermie*.

HALLUCINATION. — APPARITION. — SUITE DE CONGESTION CÉRÉBRALE.

Le docteur Hibbert, qui a traité avec autant d'esprit que de prudence les phénomènes fantasmagoriques qui se développent dans certaines affections nerveuses, cite l'observation suivante :

Un personnage de haut rang consulta le docteur Grégory et lui fit cette confidence :

« Je dîne chaque jour à cinq heures, fort tranquillement, et surtout avec un très bon appétit; mais, lorsque six heures sonnent, la porte de ma salle à manger, que je ferme soigneusement à clef, s'ouvre tout à coup, et une vieille sorcière, hideuse, menaçante, vient droit à moi, m'adresse quelques paroles, le plus souvent inintelligibles, et, si j'ai le malheur de ne pas répondre juste à ses questions, elle me frappe de sa béquille. Alors, je tombe de mon siège, et je reste pendant un temps plus ou moins long privé de connaissance. La même apparition se renouvelle et m'obsède chaque jour; telle est ma singulière maladie. »

Le docteur Grégory lui demanda si l'apparition avait lieu en présence d'un tiers. Le malade lui avoua qu'il n'osait inviter personne, craignant qu'on le traitât de visionnaire.

« — Eh bien! si vous me le permettez, nous dînerons ensemble, et nous verrons si cette méchante vieille osera troubler notre tête-à-tête. La proposition fut acceptée avec empressement.

Le lendemain, on se mit à table; le dîner se passa gaiement; le docteur Grégory était d'une amabilité charmante, afin de détourner l'imagination du malade de l'idée qui le poursuivait. Le temps se passait sans que rien fît prévoir l'apparition; mais six heures sonnaient à peine que l'halluciné s'écria : « — Voici la sorcière !... » Et il tomba évanoui.

Le docteur Grégory, convaincu que cette hallucination périodique dépendait d'une congestion cérébrale avec tendance à l'apoplexie, ordonna qu'on pratiquât une large saignée au malade, et depuis ce jour la sorcière ne reparut plus.

VISIONS. — VISIONNAIRES.

Les croyances absurdes, les idées superstitieuses inculquées dès le bas âge, influent, d'une manière absolue, sur les idées qui doivent ultérieurement se développer dans le cours de la vie. Lorsque le cerveau est devenu le siège d'une surexcitation continue, le fluide nerveux s'y accumule et donne lieu à des phénomènes cérébraux qui annoncent un commencement d'altération. Cette surexcitation a généralement pour résultat l'exaltation de l'une des facultés intellectuelles, l'*imagination*, par exemple, au détriment des autres et particulièrement du jugement, de la *raison*. Les visionnaires qui, à strictement parler, ne sont que des hallucinés, se rencontrent toujours parmi les individus chez lesquels l'imagination domine les autres facultés. Cet empire de l'imagination, chez les visionnaires, prend évidemment sa source dans le mysticisme et l'amour du merveilleux. Une idée fixe, la contention d'esprit, la crainte, l'espérance, une attente prolongée, une vive frayeur, peuvent aussi amener des visions. — Il y a des visionnaires de haut et bas étage, depuis Socrate jusqu'à l'obscur paysan Martin. — Le nombre des visionnaires augmente en raison de l'ignorance et décroît en raison des lumières des temps. Ainsi, le moyen âge, cette malheureuse époque de ténèbres et de fanatisme, fut fertile en visionnaires, en hallucinés de toute espèce; nos temps modernes qu'éclaire le flambeau de la raison, sont, au contraire, très pauvres en visionnaires; s'il en paraît un par hasard, il ne tarde pas à être conduit à Bicêtre ou à Charenton. On croyait au *surnaturel* autrefois, aujourd'hui on n'y veut plus croire; malgré les efforts ridicules des fauteurs du merveilleux, malgré les tables devineresses, les esprits frappeurs et les manifestations fluidiques, la société actuelle, douée de bon sens, reste incrédule, et la science, dont le domaine s'élargit incessamment, donne presque toujours la raison physique de ces phénomènes annoncés comme surnaturels.

C'était particulièrement chez les religieux cloîtrés, les anachorètes, menant une vie contemplative et paresseuse, que se développait la surexcitation cérébrale qui, arrivée à un certain degré, amenait les visions, l'extase, les hallucinations; ces visions étaient douces, délectables, sombres et terribles, selon l'état physique et moral de l'individu. Une circonstance à remarquer, c'est que les visions se rapportent toujours à des êtres immatériels, qu'il nous serait tout à fait impossible de comprendre, si notre imagination ne les matérialisait. Ainsi on a donné une forme aux esprits de l'autre monde; on les habille, on les pare et on les montre ainsi à l'enfance, de telle sorte que ces idées grandissent avec les enfants, qui, à force d'en être bercés, finissent par croire vraie une pure chimère de l'imagination.

De tout temps il exista des visionnaires, mais ils étaient beaucoup plus nombreux jadis qu'aujourd'hui. — Socrate s'entretenait avec un démon familier. — Platon prétendait converser avec les dieux. — Moïse voyait un buisson ardent. — La veille de la bataille de Philippes, Brutus voit un spectre qui lui annonce sa fin prochaine. — Constantin aperçoit le *labarum* dans le ciel. — Mahomet a plusieurs entrevues avec l'ange Gabriel. — Luther se prend aux cheveux avec le diable et lui jette son encrier à la tête, etc., etc.

Nous ne citons que quelques noms historiques, car s'il fallait énumérer tous les visionnaires qui courent par le monde ou qui sont enfermés dans les maisons de santé, nous n'en finirions pas. D'après la doctrine phrénologique, le désordre cérébral qui occasionne les visions, est dû au développement excessif de l'organe de la *merveillosité*. L'exagération de cette faculté est une des causes qui conduit le plus souvent à la folie; c'est pourquoi tous les aliénés visionnaires offrent un large développement de la région frontale qui correspond à la merveillosité. L'histoire de Luther en fournit un exemple frappant.

Ce fameux réformateur avait les organes du merveilleux et de la dispute développés à un haut degré; son genre de vie devait nécessairement le rendre visionnaire, halluciné. En effet, à force d'ergoter, de faire intervenir Dieu et diable dans ses disputes théologiques, il finit par manger et coucher avec le diable, ainsi qu'il nous l'apprend lui-même en ces termes :

« Le diable sait poser ses arguments d'une manière pressante ; sa voix est grave et forte ; il dispute avec beaucoup de vivacité ; en un instant la question est posée et résolue. Nous ne pouvons jamais être que des théologiens spéculatifs, si nous n'avons pas le diable pendu au cou ; pour moi, je connais le diable aussi bien qu'on peut le connaître, *intus et in cute;* car j'ai mangé avec lui plus d'un boisseau de sel : il se promène dans ma chambre, se pend à mon cou, et couche avec moi, plus souvent et *propius*, que ma Catherine. »

SECTION VII

SOMNAMBULISME

Le mot somnambulisme sert à distinguer ce genre de sommeil pendant lequel l'individu parle, marche, agit, comme s'il était en pleine veille. Plusieurs physiologistes considèrent cet état comme une névrose cérébrale, agissant d'une manière spéciale sur le cerveau sans altérer les fonctions de cet organe. Cependant nous ferons observer que si l'état de somnambulisme devient habituel et surexcite le sujet, il peut bien être le précurseur de l'aliénation mentale ; car de même que les hallucinations, visions et autres vésanies, le somnambulisme à type connu, est une irruption de la vie somniale dans la vie de veille et touche de près à la manie.

On distingue deux sortes de somnambulisme : le *naturel* et le somnambulisme *provoqué* ou *magnétique*. Nous ne dirons ici que fort peu de chose sur cette question, et renverrons le lecteur à notre ouvrage des *Mystères du sommeil*, où se trouvent rapportés les faits les plus intéressants sur le somnambulisme et le magnétisme.

Le somnambule agit sans hésitation et avec beaucoup d'adresse ; quelquefois il se trompe, mais rarement. En général, les somnambules perçoivent avec clarté, opèrent avec précision et se comportent en tout avec une étonnante agilité. La jeunesse est plus prédisposée au somnambulisme que les autres âges de la vie ; et c'est particulièrement parmi les sujets délicats et nerveux qu'on rencontre les meilleurs somnambules. Une foule d'histoires plus ou moins merveilleuses, sont journellement racontées sur les actions prodigieuses des somnambules ; nous rapporterons les deux faits suivants comme authentiques et des plus remarquables :

Un pharmacien de Pavie, savant chimiste, se levait chaque nuit, pendant son sommeil, pour aller travailler dans son laboratoire ; il allumait les fourneaux dirigeait son alambic et opérait comme s'il eût été éveillé. Il maniait les substances les plus dangereuses, sans qu'il lui arrivât le moindre accident. Lorsque le temps lui avait fait défaut pour préparer pendant le jour les ordonnances que lui adressaient les médecins il allait les prendre dans le tiroir où elles étaient renfermées, les ouvrait, les plaçait les unes à côté des autres sur une table, et procédait à leur préparation avec tout le soin, toutes les précautions désirables. C'était vraiment extraordinaire que de lui voir prendre le trébuchet, choisir les grammes, décigrammes et centigrammes, peser avec la précision pharmaceutique les doses les plus minimes des substances dont les ordonnances étaient composées, les triturer, les mélanger, y goûter; puis les mettre dans des fioles ou en paquet, selon la nature du remède, coller l'étiquette, enfin, les ranger en ordre sur un rayon de sa pharmacie, prêtes à être livrées lorsqu'on viendrait les demander. Ses travaux terminés, il éteignait les fourneaux, remettait en place les objets dérangés, et regagnait son lit, où il demeurait tranquille jusqu'au moment du réveil.

Le professeur Soave fait remarquer que le somnambule avait constamment les yeux fermés; il avoue que si la mémoire des lieux et l'idée fixe d'achever ses travaux pouvaient suffire à le diriger dans son laboratoire, la lecture et la préparation des ordonnances, dont il ignorait le contenu, restent inexplicables.

Le docteur Esquirol rapporte également le fait d'un pharmacien qui préparait les potions et les remèdes dont il trouvait les formules sur sa table. Pour éprouver si le jugement agissait chez ce somnambule, ou s'il n'y avait que des mouvements automatiques, un médecin plaça sur le comptoir de la pharmacie la formule suivante :

Sublimé corrosif. . . . . 2 gros.
Eau distillée. . . . . 4 onces.
A avaler en une seule fois.

Le pharmacien s'étant levé pendant son sommeil, descendit comme d'habitude dans son laboratoire; il prit la formule, la lut à plusieurs reprises, parut fort étonné et entama ce monologue que l'auteur de la formule, caché dans le laboratoire, écrivit mot pour mot :

« Il est impossible que le docteur ne se soit pas trompé en rédigeant sa formule ; deux grains seraient déjà beaucoup, et il y a ici très lisiblement écrit : — deux gros. Mais deux gros font plus de cent quarante grains... C'est plus qu'il n'en faut pour empoisonner vingt personnes... — Le docteur s'est indubitablement trompé... Je me refuse à préparer cette potion. »

. . . .
. . . .

CHAPITRE XXIX

PHÉNOMÈNES CÉRÉBRAUX PRODUITS PAR LA CONCENTRATION NERVEUSE. — PERTE DE LA VOLONTÉ. — AUTOMATISME

L'état d'automatisme dans lequel est plongé un individu, par un autre individu qui lui imprime sa volonté et le soumet à une obéissance passive, a été décrit dans les *Mystères du sommeil et du magnétisme*; nous n'en relaterons ici que les principaux phénomènes.

On fait asseoir commodément, dans un fauteuil, le sujet qui doit servir à l'expérience, on lui met dans le creux de la main un disque de métal, une pièce de monnaie ou tout autre objet, en lui recommandant de tenir continuellement les yeux fixés sur cet objet et de ne penser à rien autre chose qu'à l'expérience. Cela fait on le laisse seul au milieu d'un profond silence et tout le monde se retire.

La fixité des yeux sur le disque et l'attention soutenue retiennent au cerveau une plus grande quantité de fluide nerveux que dans l'état normal; cette accumulation du fluide continuant toujours, il y a surexcitation de l'organe encéphalique : les oreilles tintent, la vue se trouble, le disque paraît illuminé et offre successivement diverses formes, diverses couleurs. Le pouls s'accélère, devient filiforme, des fourmillements se font sentir dans les membres ; la tête devient lourde, pesante ; une fatigue générale s'empare du sujet : c'est l'état d'épuisement qui est arrivé comme conséquence inévitable de la surexcitation.

Mais tous les sujets soumis à l'expérience ne subissent point l'influence ; ceux dont l'attention n'a pas été invariablement fixée sur le disque, ou qui ont été distraits par d'autres pensées, n'éprouvent que de l'ennui et de l'impatience. Vingt-cinq à trente minutes suffisent pour plonger les sujets dans l'état anévrosique ou d'épuisement nerveux, et lorsqu'ils ont été plongés une première fois, huit à dix minutes sont ensuite suffisantes.

Lorsque le temps nécessaire à la production de l'affaissement nerveux est écoulé, l'opérateur rentre seul dans la pièce où se trouvent les sujets soumis à l'expérience ; il distingue au premier coup d'œil ceux qui ont subi l'influence. Si le regard reste fixe, étonné, si les traits du visage offrent une certaine immobilité, le sujet est *pris*, c'est-à-dire apte aux expériences. Alors l'opérateur lui appuie fortement son pouce sur la racine du nez, afin de comprimer l'organe de l'individualité qui correspond à ce point du crâne. Cette compression, a, dit-on, pour but d'interrompre la circulation nerveuse et d'enlever au sujet son *moi*, en d'autres termes, le sentiment de son individualité. L'opérateur plonge ensuite son regard dans les yeux du sujet et lui lance avec force le fluide de sa propre volonté. Ce fluide, vigoureusement propulsé, ne trouvant plus d'obstacles dans un cerveau épuisé, pénètre cet organe, se substitue au fluide du sujet et s'établit, pour ainsi dire, en maître dans ce nouveau logis. De ce moment, le sujet ne sera mû et n'agira que par l'impulsion du fluide ou de la volonté étrangère qui a pris domicile dans son cerveau. C'est ce que nous allons démontrer par une série d'expériences.

Ces préliminaires terminés, l'opérateur fait entrer les personnes qui désirent être témoins des expériences. Il s'avance vers l'un des sujets *pris*, lui lance sa volonté, et lui adresse des questions dont il dicte lui-même les réponses :

— Dormez-vous ?

— Non.

— Levez-vous de votre siège. (*Il se lève.*) Dites aux personnes présentes que vous ne dormez point.

— Non, je ne dors point; je suis bien éveillé.

L'opérateur prend le sujet par la main, le conduit vers plusieurs personnes amies, et lui demande s'il les connaît.

— Mais certainement je les connais.

— Nommez-les !

Le sujet appelle aussitôt chaque personne par son nom.

— C'est très-bien; allez vous asseoir. (*Le sujet obéit.*) — Maintenant, je vous défend de vous lever ;

cela vous est impossible, vous ne pouvez vous lever.

Le sujet s'agite, fait d'inutiles efforts et reste cloué sur son siège comme par une force invisible.

— Levez-vous à présent, je vous le permet; voyons, levez-vous, je l'ordonne! (*Le sujet se lève sans effort.*)

— Joignez les mains.

L'opérateur décrit sur les mains jointes du sujet plusieurs circonvolutions, comme s'il les liait avec une corde par plusieurs tours.

— Vous ne pouvez plus séparer vos mains; cela vous est impossible, vous ne les séparerez point; je vous le défends!

Tous les efforts que fait le sujet pour disjoindre ses mains sont superflus; elles restent comme garrottées. On s'aperçoit par la contraction des traits du visage que les efforts qu'il fait sont pénibles et lui occasionnent une dépense inutile de force.

— Vous être libre maintenant, vous pouvez séparer vos mains. — Au même instant les mains se disjoignent.

— Placez une de vos mains dans la mienne..... Très bien! Écoutez ce que je vous dis : Votre main est désormais collée à la mienne, et il vous est impossible de la retirer. Essayez donc, je vous répète que cela est impossible.

Le sujet se consume en vains efforts, sa main est comme clouée sur celle de l'opérateur.

— Et comme preuve de l'attache invincible de votre main à la mienne, je vais marcher et vous serez forcé de me suivre partout.

En effet, l'opérateur marche à droite et à gauche, en avant, en arrière, tourne autour d'une table, et le sujet le suit irrésistiblement.

— Retirez votre main, je vous le permets. — La main est aussitôt retirée sans la moindre peine.

— Asseyez-vous, fermez vos deux mains et rapprochez-les l'une de l'autre. — L'opérateur imprime aux deux poings un mouvement de rotation, et ordonne au sujet de continuer ainsi.

— Tournez ! je le veux ; tournez plus vite ! — Et les poings tournent.

— Encore plus vite, je le veux !

Le mouvement de rotation augmente de rapidité, malgré la résistance du sujet, qui en est visiblement fatigué.

— Assez ! arrêtez-vous... — Les deux poings cessent brusquement de tourner.

Nous ferons observer ici que l'opérateur est souvent forcé de réitérer ses ordres trois ou quatre fois, pour vaincre la résistance du sujet ; il parle sur un ton impératif et fait usage d'un langage énergique, afin d'imprimer violemment sa volonté et de faire mouvoir le sujet comme une machine. Nous ferons encore observer que, pendant l'exécution de tous les ordres qu'on lui donne, le sujet a les yeux grands ouverts ; il parle, il rit, s'impatiente et cherche à opposer de la résistance à la volonté qui le domine, qui le fait agir.

— Voici un morceau de bois, prenez-le dans vos mains ; sentez-vous ? il est glacé ; il est glacé, vous dis-je.

— C'est vrai, il refroidit ma main.

— Mais vous vous trompez ; c'est, au contraire, un ardent charbon qui va vous brûler. Prenez garde, il va vous brûler, il vous brûle.

Le sujet rejette aussitôt le morceau de bois avec frayeur, en s'écriant : — Vous m'avez fait brûler !

On peut varier à l'infini ces exercices, donner de l'eau pour du vin, du sel pour du sucre, des fruits pour du pain, etc., etc., etc.

— Je ne doute pas que vous sachiez votre nom ?

— Vous auriez tort d'en douter.

— Nommez-vous donc. (*Le sujet articule son nom.*)

— Maintenant vous ne savez plus votre nom, je vous défends de le dire ; non, vous ne le savez plus, vous ne pouvez le dire !

On aperçoit les lèvres du sujet remuer, trembler mais il est impuissant à prononcer son nom.

— Êtes-vous homme ou femme ? voyons, répondez.

— Quelle singulière question vous m'adressez ? Vous savez bien que je suis femme.

— Vous vous trompez ; vous n'êtes plus femme, dit l'opérateur d'une voix brève, en faisant quelques passes autour du corps ; vous n'êtes plus femme, vous êtes homme à présent : à preuve, c'est que votre barbe est trop longue, laissez-moi vous la faire.

Le sujet se prête aux mouvements simulés du rasoir.

— Mais qu'aperçois-je ? Vos doigts sont armés d'ongles crochus, et vos mâchoires de crocs acérés ; vous voilà transformée en loup ; m'entendez-vous ? transformée en loup-garou !

Les traits du sujet indiquent la terreur, ses yeux annoncent l'égarement ; il éprouve une pénible anxiété.

— Vous êtes loup-garou, vous dis-je : voyons, jetez-vous sur cet enfant et dévorez-le !... Pourquoi cette hésitation ? Je le veux, je vous l'ordonne : élancez-vous et dévorez cet enfant.

Le sujet se jette sur un mannequin préalablement préparé pour cette expérience, et le déchire à belles dents.

— Que signifie ce manche à balai entre vos jambes ? Vous revenez du sabbat ; j'en suis sûr. Je vous dis que vous revenez du sabbat ; il est inutile de le nier : je le vois, vous revenez du sabbat. Racontez-nous ce qui s'y est passé ; je vous ordonne de nous raconter ce que vous y avez vu.

Pour peu que le sujet ait lu ou entendu raconter les scènes monstrueuses des sorciers au sabbat, il se met à vous débiter les choses les plus étranges, les plus absurdes qui puissent se loger dans la cervelle humaine.

Arrêtons-nous là pour ne point fatiguer le lecteur, et disons-lui qu'on peut varier à volonté ces expériences ; le sujet, n'ayant plus la conscience de son individualité, croit être tout ce qu'on lui dit qu'il est, et fait tout ce qu'on lui ordonne de faire ; il obéit aveuglément à tous les ordres qu'on lui donne impérativement ; il y aurait même danger pour sa vie, si on lui affirmait avec énergie qu'il est mort, ou, du moins, il pourrait en résulter de graves désordres dans les fonctions vitales.

On ne doit jamais laisser le sujet plus de douze à quinze minutes dans cet état; au delà de ce temps, la fonction nerveuse pourrait être compromise. — On retire les sujets de leur état anévrosique en leur présentant sous le nez un morceau de charbon de bois, et en leur disant : — Sentez cette bonne odeur de rose, d'œillet, de violette, etc. Le sujet fait de longues inspirations, et reconnaît au charbon l'odeur qu'on lui désigne. Ensuite on le fait asseoir dans un fauteuil où il se repose quelques instants. Si on le retirait brusquement de l'état anévrosique, il en résulterait une crise nerveuse plus ou moins alarmante. J'ai moi-même été témoin d'une crise de cette nature, arrivée à une jeune demoiselle qui éprouva des suffocations et des frémissements convulsifs assez violents. La crise se termina par des frissons et des larmes qu'elle versa en abondance.

L'état physiologique des sujets sortant de l'anévrosie est celui-ci : mal de tête plus ou moins prononcé, surtout à la racine du nez ; la boîte osseuse du crâne semble être vide ; pouls petit et rapide ; visage pâle, regards fixes; tous les traits dénotent l'abattement ; les membres sont courbaturés ; faiblesse et fatigue générales; enfin tous les symptômes de l'épuisement nerveux après une violente surexcitation.

D'après ces signes caractéristiques, il est facile de conclure que c'est à l'épuisement nerveux cérébral qu'est due la série de phénomènes que nous venons de décrire; il n'y a pas à s'y méprendre. D'abord, surexcitation cérébrale, accumulation du fluide nerveux du cerveau, tension de tout l'organe; ensuite épuisement du fluide nerveux, affaissement moral et enrayement des fonctions intellectuelles ; enfin, privation plus ou moins complète de la volonté et de l'individualité. Dans cet état d'épuisement nerveux cérébral, l'homme n'est plus qu'une machine que fait mouvoir une volonté étrangère.

Ainsi donc, en dernière analyse, d'un côté, ANÉVROSIE, c'est-à-dire épuisement nerveux, privation momentanée de la volonté chez le sujet soumis à l'expérience; d'un autre côté, BOULITODYNAMIE, c'est-à-dire projection de la force nerveuse cérébrale ou volonté de l'opérateur. Cet agent nerveux, lancé par l'opérateur, pénètre, envahit le cerveau du sujet, et, dès lors, le sujet n'agit plus que par la volonté d'autrui, qui s'est complètement substituée à la sienne. Telle est la raison physiologique des merveilleux phénomènes que nous avons décrits et des divers états magnétiques dans lesquels l'homme peut être plongé.

Il serait dangereux de renouveler fréquemment, sur le même sujet, les expériences que nous venons de décrire; car il pourrait en résulter une lésion dans les fonctions de l'innervation, et, par suite, de graves désordres intellectuels.

Dans l'ouvrage intitulé : *Mystères du sommeil et du magnétisme,* le lecteur trouvera l'explication physiologique détaillée de cet état si étrange d'automatisme dont nous venons de donner un aperçu.

CHAPITRE XXX

CONSIDÉRATIONS PHYSIOLOGIQUES SUR LE MARIAGE DES CONDITIONS PHYSIQUES ET MORALES DANS L'UNION

L'amour, ce feu sacré que la nature alluma dans le cœur de tous les êtres, se traduit physiologiquement par l'instinct de procréation. — Le rapprochement des sexes dans un but de propagation, est la conséquence de cet invincible instinct.

Mais l'amour a aussi son côté moral : l'homme aime la femme, et la femme aime l'homme non pas seulement pour les qualités du corps, ils s'aiment aussi l'un et l'autre pour les qualités du cœur et de l'esprit ; cet amour est bien plus durable que l'amour charnel. On s'aime, dans l'état de mariage, parce qu'il y a du bonheur à vivre ensemble, parce qu'à deux on supporte plus aisément les amertumes de la vie. On s'aime, parce que les enfants qui viennent former la nouvelle famille, resserrent de plus en plus les nœuds de l'amour conjugal. N'importe sous quelle face on considère le mariage, il s'offre toujours comme le complément indispensable de toute existence humaine; car, sans lui, la vie physique et la vie morale restent incomplètes.

Chez l'homme civilisé, l'amour devient un sentiment profond, source de plusieurs vertus; il stimule la bienveillance, porte à la compassion, à la générosité, et fait éclater le dévouement. L'amour exalte les facultés, grandit le caractère, nourrit le cœur de poésie, élève l'âme jusqu'à la vie idéale. L'homme, dans sa jeunesse, défie l'être qu'il adore; tout est pur, tout est suave et sublime dans sa passion, il n'en laisse voir le côté brutal qu'au moment de la jouissance physique.

Si l'amour échauffe la vie et développe les sentiments généreux, son absence rend dur, froid, égoïste. L'on doit craindre celui qui n'a jamais aimé, qui n'a jamais éprouvé le désir de se voir renaître dans un fils : son contact est glacé, souvent il est funeste. C'est parmi les célibataires qu'on trouve un plus grand nombre d'envieux, de criminels; ce sont eux encore qui fournissent le plus de suicides.

L'état naturel de l'homme fait est le mariage.

Le mariage est, dans la société, l'union légale de l'homme et de la femme; — la progéniture, la famille en sont le but. — Or, la première des conditions doit être la bonne conformation et la validité des organes générateurs; car si l'un ou l'autre des conjoints fait défaut de ce côté, l'union reste stérile, et le but naturel du mariage est manqué.

A quel âge de la vie le mariage devrait-il avoir lieu?

Les législateurs et les philosophes se sont toujours occupés de cette importante question. Les uns, comme Lycurgue et Aristote, ont reculé l'époque du mariage, pour les hommes jusqu'à trente-sept ans, et dix-neuf ans pour les filles ; les autres, tels que Socrate, Platon, Empédocle, ont fixé avec raison cette époque à trente ans pour les hommes, de dix-huit à vingt ans pour les femmes.

Dans l'Inde, en Chine et sous les cieux brûlants de l'Afrique, l'union sexuelle a lieu de huit à douze ans pour les filles, de douze à quatorze pour les garçons. — Mahomet épousa Cadisja âgée de cinq ans, et l'admit dans sa couche lorsqu'elle eut atteint sa huitième année. — Dans les contrées froides, le mariage n'est possible que de la seizième à la vingtième année. Cette différence s'explique par l'influence des mœurs et des climats sur la puberté, qui se déclare plus tôt dans les contrées méridionales, plus tard dans les pays froids. Mais on peut avancer, comme règle générale que les sujets, n'importe sous quelle latitude, ne sont réellement aptes à la procréation que plusieurs années après l'époque où s'est déclarée leur puberté. Cette deuxième époque se nomme *nubilité*, pour la distinguer de celle de la *puberté*, qui toujours la précède. — Le mariage des *éphèbes* ou jeunes pubères reste nul pendant les premières années; c'est ordinairement vers l'âge de dix-huit à vingt ans, dans nos climats, qu'il commence à donner des fruits.

Le mariage, que nous nommerons *physiologique*, c'est-à-dire en tout conforme aux lois et au vœu de la nature, ne doit donc avoir lieu qu'au jour où l'organisme entier a acquis tout son développement : de dix-huit à vingt ans pour la femme, de vingt-trois à vingt-cinq pour l'homme. Nous parlons en thèse générale ; il est des exceptions à cette règle.

A ces âges, le corps est plein de sève et de vigueur, les parties génitales réagissent sur le cerveau, les deux sexes se sentent involontairement poussés l'un vers l'autre. Le sang roule des atomes enflammés, le cœur palpite. Oh ! alors la vie est belle ! L'imagination nous montre l'avenir paré des plus riches couleurs ; c'est le temps de la poésie du cœur, de l'ivresse des sens, des amours... du bonheur... C'est l'époque où l'étreinte voluptueuse est le plus ardemment désirée ; c'est aussi le temps où les jeunes conjoints procréent de beaux et vigoureux enfants, car lorsque la femme dépasse trente-cinq ans et l'homme quarante-cinq, leurs facultés génératrices commencent à diminuer ; c'est pourquoi leur progéniture réunit plus difficilement les conditions de vigueur et de santé. Ce sera donc dans l'intervalle de ces deux époques de la vie, que le mariage devra se contracter pour donner ses plus beaux fruits. Malheureusement pour la race, il n'en est pas toujours ainsi : la société moderne, presque exclusivement mue par l'égoïsme, ne considère dans le mariage que l'intérêt matériel. Le jeune homme abandonne une amante jeune, aimable et jolie, pour s'unir à la femme vieille et infirme qui lui apporte de l'*argent* ; de même que la jeune fille se résigne à réchauffer la couche d'un riche vieillard, dans le stupide orgueil de se couvrir d'or et de diamants. — L'expérience a depuis longtemps prouvé que les fruits provenant d'unions semblables sont chétifs au moral comme au physique. On sait également que, dans une nombreuse famille, les derniers enfants procréés, alors que les père et mère commencent à vieillir, sont moins vigoureux, moins solides que leurs aînés.

En plus de la conformité d'âges relative à chaque sexe, le mariage physiologique exige encore le mélange des tempéraments, c'est-à-dire l'alliance du tempérament bilieux au lymphatico-sanguin, l'union du sanguin au lymphatique, etc. Il est constaté que les enfants provenant d'un croisement semblable de tempéraments, viennent au jour et croissent pleins de force et de santé, tandis que l'alliance de deux tempéraments de même nature ne donne point d'aussi beaux résultats. Le croisement des conditions sociales, c'est-à-dire l'union du citadin avec la campagnarde, ou de sujets de deux pays différents, apporte aussi de grandes améliorations, des avantages incontestables à la constitution des enfants.

Maintenant, comme enseignement pratique des plus utiles, et pour diriger le choix des personnes étrangères à la physiologie et à la physiognomonie, nous allons esquisser à grands traits les quatre tempéraments types et leurs subdivisions :

Le tempérament sanguin ;
Le — bilieux ;
Le — nerveux ;
Le — lymphatique.

1° TEMPÉRAMENT SANGUIN OU ATHLÉTIQUE.

L'homme sanguin est le type de la force physique ; sa charpente est droite, ferme, solide ; son système musculaire richement développé ; larges épaules, tête petite, visage rond, peau lisse et blanche, teint fleuri : cheveux blonds cendrés ou châtains. Son caractère est léger, indiscret, présomptueux ; il aime la bonne chère, la joie et les dissipations. Il se passionne pour les modes, la littérature frivole, les fêtes, les théâtres : il est flatteur, galant, empressé, sémillant auprès du sexe, mais peu stable dans ses penchants ; s'il est rebuté, il quitte la place et vole à de nouvelles conquêtes. Il recherche la variété dans ses plaisirs comme dans ses affections ; aussi est-il inconstant, volage et souvent ingrat... en amour. La jalousie effleure son âme et ne la pénètre pas ; il est, à rigoureusement parler, l'image du papillon qui caresse toutes les fleurs sans se fixer sur aucune. Lors même qu'il est blessé par le choc des passions, sa rancune est peu durable ; il se venge promptement, ou quelques jours suffisent pour lui faire tout oublier. Enfin, il lie très facilement connaissance et aime à s'entourer d'un grand nombre d'amis : on peut compter sur son cœur. — Les femmes sanguines ont de l'embonpoint, les formes riches, les couleurs vives ; elles sont coquettes, aimables, spirituelles. En matière d'amour, on les croit plutôt gaies, joueuses, que passionnées.

2° TEMPÉRAMENT BILIEUX.

L'homme bilieux se reconnaît à la teinte jaunâtre, basanée de la peau, aux formes sèches et rarement accusées. Station solide, démarche mesurée, mouvements brusques, énergiques ; physionomie sombre ou sévère, regard vif, étincelant. Chez le sanguin, le système artériel prédomine ; chez le bilieux, c'est le sang noir ou veineux ; la bile abonde, et ses matériaux, profondément combinés, sont peut-être la cause de ses passions violentes et concentrées. Son caractère est fier, hautain, impatient ; il se montre magnifique par amour-propre ; plein d'ambition, il brigue la louange et les honneurs. Le bilieux se fait remarquer par son génie et la hardiesse de ses conceptions ; par sa persévérance et son opiniâtreté à poursuivre une idée, à atteindre un but. Sa parole est brève, son style rapide et mordant. Il est violent, emporté, fougueux dans ses passions, susceptible de beaux sentiments, de grandeur d'âme, de dévouement, comme aussi de jalousie, de haine, de vengeance et quelquefois de cruauté. C'est parmi les bilieux qu'on rencontre ces âmes énergiques, susceptibles des vertus les plus sublimes et des forfaits les plus affreux. L'histoire nous dépeint comme d'un tempérament bilieux, Achille, Ajax, Pyrrhus, Annibal, Marius, Sylla et ces triumvirs qui abattirent tant de têtes. Les luttes opiniâtres des maisons d'York et de Lancastre ; les guerres civiles et religieuses de tous les temps, et, plus récemment, en France, les sanglantes exécutions de 1793, étaient dirigées par des hommes à tempérament bilieux. C'est enfin parmi les sujets d'une constitution bilieuse ou mélancolique qu'on rencontre ces dangereux fanatiques en religion et en politique. Ainsi qu'on peut en juger par ce tableau, les passions du tempérament bilieux sont aussi durables que vives. L'amour et l'amitié sont éternels dans le cœur du bilieux, mais aussi la haine et le désir de la vengeance y sont inextinguibles.

Les femmes qui appartiennent à ce tempérament sont, en général, des brunes piquantes à l'œil noir et plein de feu ; elles aiment avec passion, s'exaltent, s'enthousiasment facilement, et vont au-devant de tous les sacrifices pour celui qu'elles adorent ; mais, malheur à lui si son amour s'attiédit, s'il devient indifférent ; alors elles se montrent jalouses, haineuses, emportées, et ne reculent point devant la plus atroce vengeance.

3° TEMPÉRAMENT NERVEUX.

Le tempérament nerveux est caractérisé par un grand développement du système nerveux encéphalique, d'où résulte une exquise sensibilité, une exaltation des fonctions sensorielles. Les personnes nerveuses ont le visage maigre et pâle, les yeux brillants, les cheveux noirs, le corps grêle et les veines sous-cutanées très apparentes. Leurs traits expriment la mélancolie et parfois la souffrance.

Les sujets nerveux brillent, en général, par l'intelligence ; beaucoup sont doués d'une ardente imagination qui les emporte et les égare. Leur excessive sensibilité devient souvent la source d'une foule de maux pour quelques rares plaisirs. Tel fut l'immortel Jean-Jacques Rousseau !

On voit assez souvent le tempérament nerveux prendre la nuance mélancolique ; alors le caractère devient sombre, inquiet, méfiant, chagrin et parfois cruel. Tels furent Louis XI et Cromwell. C'est ordinairement par suite de l'âge, des souffrances et des chagrins que s'opère cette triste métamorphose. Lorsque l'idiosyncrasie mélancolique s'est décidément substituée au tempérament nerveux, la vie devient amère et sombre ; et si, par un traitement physique autant que moral, on ne parvient à modifier cette sorte de névropathie cérébrale, le sujet ne tarde pas à tomber dans l'hypocondrie. Désormais, pour lui, plus de repos, plus d'espoir ; toujours triste et souffrant, l'existence lui est à charge et souvent il s'en débarrasse par le suicide.

4° TEMPÉRAMENT LYMPHATIQUE.

Ce tempérament est, en général, celui de la première enfance, de la plupart des femmes, et surtout des femmes des climats septentrionaux. On le reconnaît à la complexion humide, molle et souvent flasque. Le teint des sujets lymphatiques est légèrement rosé ou d'un blanc fade. — Taille épaisse, massive, traits empâtés, cheveux blonds, prunelles grises et ternes, sans expression aucune. — Peau très blanche, soulevée par un tissu cellulaire gorgé de graisse peu consistante. — Démarche lourde et embarrassée; mouvements, gestes accusant la nonchalance et la pesanteur; circulation paresseuse. — Le lymphatique mange lentement, parle et se meut lentement; toutes ses actions sont d'une lenteur fatigante. Sans orgueil ni prétentions, tandis que les ambitieux courent après les honneurs et la gloire, lui, économise, entasse, accumule avec une impassibilité remarquable. On dit que c'est parmi les hommes de ce tempérament que se trouvent les accapareurs et les avares. Le lymphatique souffre avec patience et se résigne facilement dans les revers. Point d'imagination, point d'âme ; il ne s'enthousiasme de rien ; le beau comme le laid lui sont à peu près indifférents ; devant tout ce qui émeut et impressionne vivement les autres, il reste muet, glacé comme l'hiver. — Les femmes de ce tempérament sont douces, langoureuses et apathiques ; sans fiel ni passions, elles se traînent tranquillement dans les sentiers de la vie. Si quelquefois un rayon d'amour vient réchauffer leur âme engourdie, il s'éteint bientôt, et elles retombent dans leur indolence constitutionnelle. Du reste, affables, inoffensives, résignées par nature, c'est parmi elles qu'on rencontre les épouses fidèles et les bonnes mères.

Les quatre tempéraments-types que nous venons de décrire, s'allient les uns aux autres pour former des tempéraments *mixtes* appelés *idiosyncrasies*, par exemple : l'alliance du tempérament sanguin avec le lymphatique forme le tempérament *lymphatico-sanguin;* le mélange du bilieux au nerveux, forme le *bilioso-nerveux*, etc., etc. Les nuances idiosyncrasiques sont très variées et demandent une longue habitude pour bien les saisir et les différencier. La parfaite connaissance de ces nuances idiosyncrasiques est d'une très grande importance dans le traitement des maladies, et il serait à désirer, dans l'intérêt des malades, qu'on en fît une étude plus approfondie.

Si les père et mère transmettent à leur progéniture quelque chose de leur tempérament, de leurs facultés, et cela est hors de doute, on admettra que deux bilieux *purs* procréeront des êtres chez lesquels l'excès propre à leur constitution bilieuse se manifestera à un plus haut degré peut-être : ces êtres auront en *trop*, et le *trop* est funeste. — Tandis que deux lymphatiques *purs*, péchant par le défaut de vitalité, d'énergie, donneront le jour à des enfants encore plus apathiques : ces enfants auront en *moins*, et le *moins* est également funeste. — Au contraire, si l'on marie le sanguin ou le bilieux au lymphatique, si le *trop* et le *moins* se trouvent réunis, il en résultera un parfait équilibre. C'est sur cette base que reposent les améliorations de race de nos animaux domestiques.

Il est, entre les deux sexes, certains rapports intimes encore peu connus, d'où dépendent la fécondité et la stérilité temporaires. Cela provient sans doute du peu d'harmonie qui existe entre les idiosyncrasies des conjoints, ainsi que le prouvent les faits passés à l'époque du congrès. Pour qu'un mariage soit fécond, il faut donc une certaine harmonie physique et morale, une consonance de caractère généralement manifestée par la sympathie d'instincts. Cette harmonieuse consonance se trouve dans la diversité des rapports : ainsi l'homme violents, irascible, a besoin d'une compagne douce, résignée ; — la femme ardente et passionnée doit préférer le commerce d'un homme moins exalté ; car, nous le verrons plus tard, plus les embrassements sont fougueux, moins la fécondation est facile ; peut-être parce que deux tempéraments ou trop chauds ou trop froids se heurtent, se repoussent mutuellement, et que les feux de l'un sont nécessaires pour réchauffer la tiédeur de l'autre.

Maintenant, passons à la description de quelques signes physiognomoniques au moyen desquels on peut reconnaître le caractère des individus, leur vigueur ou leur faiblesse dans l'acte de la génération.

La *bonté*, la *douceur*, la *bienfaisance*, se réfléchissent dans une physionomie douce et tranquille, au front calme, au regard limpide ; dans une voix harmonieuse dont le timbre parle au cœur.

La *méchanceté*, la *cruauté*, se lisent sur un visage dur, contracté, et dans les yeux caves surmontés de deux épais sourcils. Un nez effilé, des lèvres minces, la voix rauque et sauvage, une accentuation brusque, accompagnée de gestes saccadés, sont toujours de mauvais augure.

La *jalousie*, la *haine*, l'*envie*, l'*avarice*, la *brutalité*, se trahissent par l'élévation des épaules et l'enfoncement de la tête sur le cou ; de même que par des pieds carrés, des doigts crochus, des ongles épais semblables aux griffes des carnassiers ; un front nébuleux, ridé verticalement, des yeux profonds et cernés laissant échapper de livides éclairs ; enfin, l'empreinte sur toute la personne de ce quelque chose de sinistre qui effraye et repousse.

On a dit avec vérité que les yeux étaient le miroir de l'âme, où venaient se réfléchir les sentiments et les passions. — Les yeux bien fendus, clairs et pétillants, dénotent l'esprit, la vivacité. — Les yeux gris, blanchâtres et presque éteints, annoncent une âme sans chaleur. — De petits yeux ronds, noirs, luisants, humides, décèlent un tempérament lubrique, ardent, emporté. — Les yeux bleus ou gris ardoisé font connaître une nature tendre et langoureuse, douce et timide.

Le nez long et pointu annonce la finesse et la ruse ; s'il est mobile, il accuse un naturel moqueur. — Un gros nez avec des narines ouvertes, les oreilles rouges, une large bouche à lèvres épaisses et pendantes, sont un indice de luxure.

De grosses joues, un double menton, une face joufflue et rubiconde, accusent une organisation indifférente.

Le cou musculeux et court est un symbole de

vigueur, de même que le coup long et mince est un signe de faiblesse.

Les sujets à épaules carrées, à larges poitrines, ont ordinairement les parties génitales peu développées ; les hercules en forces physiques ne le sont point en amour. — Les sujets à poitrines étroites, à faibles épaules, sont au contraire reconnus à Cythère pour de vrais héros.

Le tempérament chaud se résume dans les traits suivants : chairs fermes, fibres tendues, peau brune, œil et cheveux noirs, regards ardents, corps sec et nerveux. — Les femmes sèches, au sein maigre, au teint pâle, sont plus impressionnables, plus amoureuses que les femmes grasses, au visage épanoui. Celles qui ont du poil sur la lèvre supérieure et sur la poitrine passent pour être très lascives.

Ces considérations physiognomoniques et idiosyncrasiques s'adressent particulièrement aux personnes qui désirent contracter mariage ou le faire contracter à leurs enfants. Quoique les signes tirés du tempérament et de la physionomie ne soient point infaillibles, ils sont cependant d'une vérité assez générale pour qu'on puisse les regarder comme très utiles. Dans bien des cas, ils mettront opposition aux mariages incompatibles, ou du moins y apporteront un précieux retard ; et ce retard donnera le temps de mieux étudier la moralité et le caractère des prétendants. Alors on pourra apprécier ces hypocrites, ces vils Tartufes parés des dehors de la vertu, mais vicieux, pourris jusqu'à la moelle, et ces êtres déhontés qui trafiquent du mariage comme d'une affaire marchande. Une fois découverts, ces misérables seront repoussés, chassés du sein des familles, et les parents, heureux d'avoir soustrait leurs enfants aux griffes des vautours, se féliciteront d'avoir mis en pratique les moyens que nous leur signalons.

CHAPITRE XXXI

DES SEXES

GUIDE HYGIÉNIQUE CONCERNANT LES RAPPORTS CONJUGAUX

Ce chapitre, spécialement consacré aux époux, renferme les préceptes hygiéniques et la règle de conduite qu'ils doivent observer pour procréer des enfants bien constitués.

Si l'acte de la génération est regardé par les jeunes gens comme une sensation de plaisir et de volupté, l'homme mûr devrait le considérer comme un acte de plus haute importance; car, nous le répétons, la bonne ou mauvaise constitution de la progéniture dépend, en grande partie, des conditions morales et physiques dans lesquelles se trouvent les deux époux en consommant l'acte de la reproduction.

L'homme convalescent ou exténué par des fatigues physiques ou morales doit fuir les embrassements de la femme, et attendre pour se rapprocher d'elle qu'un régime convenable ait réparé les désordres de son économie. Des embrassements trop multipliés sont toujours nuisibles aux époux, et si la fécondation est opérée pendant le dernier embrassement, alors que l'homme est épuisé, que la femme est fatiguée, le fruit se ressentira nécessairement de cette faiblesse. Au contraire, deux époux qui se verraient après quinze jours d'un régime réparateur, auraient toutes les chances de procréer un être sain et vigoureux.

On doit user avec modération des plaisirs vénériens, ne jamais en abuser; car leur abus énerve et retentit d'une manière fâcheuse sur la progéniture.

La copulation, pour avoir un bon résultat, demande le recueillement, la complaisance et le secret. La crainte, le bruit, la brutalité nuisent et sont des obstacles à la bonne fécondation.

Une ardeur excessive en amour, des transports délirants, fougueux, accompagnés de contractions musculaires et de spasme, retardent l'absorption utérine, souvent l'arrêtent complètemeet. — L'état opposé est également contraire aux fonctions génératrices; plusieurs physiologistes ont attribué la mauvaise conformation, la débilité de l'enfant, à la froideur, à la nonchalance avec laquelle certains époux accomplissent le devoir conjugal, tandis qu'ils sont pleins d'ardeur avec des maîtresses. Quel est le père qui ne désire avoir des enfants sains et bien portants? Alors, qu'il emploie donc toutes les facultés de son être à accomplir convenablement l'acte important de la reproduction, cet acte qui lui donne un second soi-même.

Il faut se garder d'engager la lutte amoureuse après un repas copieux, parce que la violente contraction que produit l'éjaculation séminale, peut suspendre le travail de la digestion, provoquer des obstructions, des suffocations, quelquefois l'apoplexie !...

Les mets de haut goût et les boissons alcooliques altèrent l'énergie de l'organe copulateur.

Un régime débilitant et l'usage prolongé des boissons acides abattent également les forces génitales.

La continence longtemps gardée est presque autant à craindre que les abus vénériens, parce que ces deux extrêmes détériorent les organes de la génération.

Quoique la femme puisse, sans beaucoup d'inconvénients, se livrer à la copulation plus souvent que l'homme, elle doit être sobre de ce plaisir, parce que qu'il est avéré que celles qui en abusent sont atteintes, plus tard, d'une foule de maladies des différents organes dont se compose leur appareil génital.

Le bain chaud est recommandé aux femmes à constitution sèche, bilieuse, à imagination ardente, qui ne procréent que des êtres chétifs, et souvent restent stériles ; après que le bain aura détendu, assoupli leurs parties, l'absorption sera plus facile et partant la fécondation. — Pour les individus à constitution éminemment lymphatique, l'usage modéré des stimulants est indiqué ; ils devront se soumettre au régime dont il sera parlé dans le chapitre suivant. L'exécution de ces sages préceptes doit nécessairement influer sur la progéniture.

Tous les jours ne sont point également propres à la

procréation, et il n'est point indifférent aux époux de se rapprocher de leurs femmes à telle ou telle époque du mois; car il résulte des recherches de plusieurs physiologistes que la conception est d'autant moins facile que la femme est plus éloignée de l'époque de ses règles; au contraire, la fécondation est presque certaine lorsque l'embrassement a lieu avant ou après leur écoulement. Partant de ce principe qui repose sur la *ponte mensuelle* de la femme, les époux qui désirent procréer doivent se conjoindre quatre jours avant l'apparition des règles ou quatre jours après. Au contraire ceux qui ne veulent pas que leurs embrassements soient féconds, peuvent se rapprocher les autres jours du mois. Les époux qui désirent accroître ou restreindre leur famille pourront tirer parti de ces indications.

Recommandation essentielle. — La femme enceinte doit éviter toute espèce de fatigue, toute impression vive et désagréable, enfin les excès en tous genres. A l'époque de la grossesse, les organes génitaux étant le siège d'une plus grande vitalité, le centre d'une sensibilité excessive, le moindre dérangement dans l'économie, la plus petite contraction utérine, peut retarder, entraver le développement du fœtus, ou lui imprimer une modification vicieuse. Les femmes sujettes à une grossesse laborieuse, à des dérangements de santé, devraient, à l'exemple de la mère des Gracques, s'éloigner de leur mari aussitôt qu'elles se sentent enceintes, et ne s'en rapprocher que deux mois après les relevailles; bien certainement alors, les difformités congéniales seraient moins fréquentes, l'accouchement serait accompagné et suivi de moins d'accidents; la mère et l'enfant s'en trouveraient beaucoup mieux.

CHAPITRE XXXII

INFLUENCE DE L'IMAGINATION DE LA FEMME ENCEINTE SUR LE FŒTUS

Cette influence a, de tous temps, été exagérée par ses partisans. Les uns attribuent à l'imagination de la la mère un immense pouvoir sur son fruit; les autres le nient complètement. Ces deux opinions nous paraissent trop exclusives, et nous nous rangeons du côté de ceux qui pensent que les idées, les passions de la mère peuvent, dans certains cas, modifier la forme et la vie de l'embryon, par cette raison, devenue proverbiale, que le moral influe sur le physique.

L'influence de l'imagination implique deux hypothèses : l'une, que l'idée peut se matérialiser, se *corporiser ;* l'autre, que le phénomène peut se manifester sans continuité de vaisseaux et de nerfs ; c'est ce que l'expérience prouve tous les jours. En effet, ne voyons-nous pas l'idée, la pensée accroître instantanément les sécrétions, modifier le mouvement circulatoire ?

Il suffit de penser à un mets de notre goût, à une friandise, pour que la sécrétion salivaire s'accroisse au point de nous inonder la bouche ; il suffit d'une joie, d'une frayeur, pour faire rougir ou pâlir, pour précipiter ou ralentir les battements de cœur. Or, dans les premiers temps de la grossesse, il est très probable que les impressions, les secousses morales ressenties par la mère, retentissent sur l'embryon, encore à l'état gélatineux, et en modifient l'activité plastique. Ainsi, tout en restreignant l'influence de l'imagination, on sera forcé de convenir qu'exceptionnellement certaines perfections ou imperfections physiques du fœtus dérivent de cette source.

Et il faut bien ajouter quelque croyance aux faits que rapportent des hommes éclairés et sérieux, aux observations et aux jugements que nous ont laissés les grands maîtres : Hippocrate, Aristote, Pline, Galien, Stalh, Van Helmont, Hoffman, Boerhaave, Blumenbach, Descartes, Mallebranche, Loke, Voltaire, Perraut, Bradley, etc. Tous ces hommes célèbres par leur intelligence, et dont le nom seul suffit pour inspirer l'admiration et le respect, reconnaissent dans ce cas, l'influence de l'imagination.

Nous dirons donc qu'il existe une harmonie remarquable entre les organes homonymes de la femelle et ceux de son fruit; de telle sorte que la lésion éprouvée par les organes de la mère est ressentie par les organes correspondants du fœtus, qui, comme nous allons le voir, éprouvent quelqufois un changement et une lésion analogues.

Une biche pleine fut blessée d'un coup de feu sur le côté droit de la tête, et mit bas un faon qui offrait une plaie à cette même partie.

Du temps d'Hippocrate, une femme noble mit au jour un enfant nègre et crépu. Accusée d'adultère par son mari, elle allait être condamnée au supplice, lorsque le père de la médecine fit observer que le portrait d'un prince noir se trouvait placé auprès du lit de la dame, et que l'influence d'une imagination profondément frappée avait pu donner lieu à cette procréation anormale.

Héliodore fait mention d'une princesse éthiopienne, noire comme ébène, qui enfanta une fille blanche comme neige ; et cela, parce qu'au moment de la conception et durant sa grossesse, elle avait eu les yeux continuellement fixés sur une belle statue de marbre de Paros, représentant Andromède.

Une femme enceinte effrayée par le moignon hideux que lui tendait un mendiant dans l'espoir d'une aumône, fut poursuivie, durant sa grossesse, par la crainte de mettre au jour un enfant estropié ; cependant elle accoucha d'un enfant bien conformé. A sa seconde grossesse, les mêmes craintes vinrent encore l'assaillir ; cette fois elle accoucha d'un enfant estropié, offrant un moignon semblable à celui du mendiant.

Dans ces divers cas, il est facile de comprendre que l'imagination, autrement dit le cerveau, a porté son influence sur la matrice et que les contractions de cet organe, ayant agi mécaniquement sur l'embryon, il en est résulté des arrêts de développement ou des vices de conformation.

Vers le milieu du dix-septième siècle, une femme ayant enfanté une créature toute velue, la sage-femme qui la délivrait s'enfuit effrayée, croyant avoir reçu un petit ourson dans les mains. Le bruit s'en répandit bientôt dans la ville, et la malheureuse mère allait être condamnée au bûcher pour crime de bestialité, lorsque l'avocat établit et prouva dans sa défense, que sa cliente, au moment de la conception, regardait attentivement une sculpture polychrome représentant saint Jean-Baptiste revêtu de sa peau de mouton. Il ajouta que, depuis cette époque, elle n'avait cessé un seul jour de s'agenouiller devant la statue du saint et de le prier... Fort heureusement l'avocat eut gain de cause; l'accusée fut renvoyée absoute; car dans ces temps de superstition, l'évocation des saints et même du diable avait une immense influence.

Shempt rapporte que, sous le pontificat de Martin IV, une illustre Romaine mit au jour un enfant tout velu.

Nous passerons sous silence les citations de Pline le Naturaliste, relatives à deux dames de son temps. L'une accoucha de quelque chose qui ressemblait à un éléphant, parce qu'elle avait regardé trop attentivement un de ces gros animaux; l'autre expulsa une espèce de serpent, parce qu'un reptile l'avait effrayée pendant sa grossesse.

On peut passer à Julius Obsequens, cet ami du merveilleux, d'avoir cru et rapporté que, vers le milieu du quinzième siècle, deux Italiennes accouchèrent l'une d'un chien, l'autre d'un chat ; mais il est inconcevable que le fameux Bayle, une des fortes têtes de son temps, ait consigné dans ses écrits qu'une jument fit un veau et une femme un gros matou noir. On laissa tranquillement paître le veau ; mais le chat noir fut brûlé vif, par ordre du saint-office, attendu qu'il ne pouvait avoir été engendré que par le diable.

Ces derniers exemples prouvent trois points :

1° Qu'il est des savants crédules ;

2° Que l'imagination de certains écrivains est aussi bizarre que celle des femmes ;

3° Qu'il faut se méfier de certains citateurs et de leurs citations.

Quant aux excroissances en forme de fraise, de cerise, de prune, d'abricot, de figue, de raisin, de groseille, etc., que l'enfant porte à sa naissance, on peut dire que ce sont plutôt les yeux des parents ou des personnes crédules, qui trouvent ces rapprochements ; car il n'y a presque jamais de ressemblance entre ces rugosités cutanées et les différents fruits auxquels on les compare. Il en est de même des taches de vin, de café, de chocolat, etc., qui, loin d'être le produit de l'imagination, se rencontrent presque toujours sur les enfants dont les père et mère sont affectés de maladies de peau. Ces taches ayant leur siège dans la couche profonde du derme, sont en général, ineffaçables. Pour les enlever, il faudrait détruire le tissu sous-cutané et la cicatrice qui en résulterait serait plus désagréable que la tache même.

CHAPITRE XXXIII

MÉTAMORPHOSE OU TRANSFORMATION DE L'ÊTRE HUMAIN PAR L'ALIMENTATION ET L'ÉDUCATION PHYSIQUE. ENTRAINEMENT.

SECTION PREMIÈRE

Nous relatons, dans ce chapitre, ce que nous avons déjà dit dans l'ouvrage intitulé : *Hygiène et perfectionnement de la Beauté dans ses lignes, ses formes et sa couleur* (1) ; car on ne saurait trop répéter les enseignements utiles, afin de les inoculer profondément dans l'esprit des lecteurs.

L'homme et la femme ont procréé ; sur l'enfant qui

(1) Cet ouvrage, un des plus utiles qui ait été écrit sur l'éducation physique, contient tout ce que l'art et la science ont découvert de plus efficace pour assurer aux enfants le développement complet de leurs facultés physiques et morales. Il devrait être lu de tout le monde.

vient de naître doit se porter désormais toute la sollicitude des parents afin de donner, plus tard, à la société, un membre sain de corps et d'esprit. Le plan d'éducation physique à suivre pour obtenir ce beau résultat, se résume dans les lignes suivantes :

Prendre l'être humain à sa naissance ; favoriser la nature dans sa marche normale, la réprimer dans ses tendances vicieuses ; régler, distribuer la nutrition, de manière à perfectionner les instruments de la vie ; suivre les préceptes hygiéniques, fruits d'une sage expérience, afin d'assurer à l'homme le développement complet de ses facultés physiques et morales. Tel est le but vers lequel les parents et les instituteurs devraient diriger tous leurs efforts.

Cette éducation de la vie animale n'est point une utopie, ainsi qu'on pourrait le croire ; c'est une vérité désormais démontrée.

En commençant par le règne végétal, ne voyons-nous pas les fleurs des champs devenir doubles, triples, dans nos jardins? des arbres donner des fruits plus gros, plus savoureux ? des plantes acquérir d'énormes dimensions, au moyen de certains procédés dont s'est enrichie l'horticulture ? M. Puvis a fait constater que des melons arrosés avec du purin, selon sa méthode, étaient arrivés à un poids de trente-cinq à quarante livres, sans qu'ils eussent rien perdu de leur délicatesse et de leur parfum.

Si nous passons au règne animal, nous verrons aussi que le développement de la forme est toujours dû au mode de nutrition et à l'hygiène instinctive.

Bien plus, le savant Duméril a démontré que la sexualité, chez les abeilles, dépendait de l'alimentation et de la quantité d'air. M. Milne-Edwards est parvenu à s'opposer à la métamorphose des têtards en crapauds, en les privant d'air et de lumière, et à leur faire acquérir, sous la même forme des dimensions énormes. Les œufs d'oies, de poules, etc., qu'on fait éclore par des moyens artificiels, produisent des monstruosités de telle ou telle partie, calculées sur l'application de la chaleur pendant la période d'incubation.

A mesure que l'être s'élève dans la série, ces faits acquièrent une plus grande importance.

Les peuples grossiers des temps antiques avaient obtenu, par leur système d'éducation physique, la vigueur, le courage, le mépris de la douleur et même de la mort ! Les anciens Hellènes possédaient, entre tous les peuples, la beauté du corps au plus haut degré ; et cependant, leurs ancêtres, les Égyptiens et les Pélages, étaient loin d'offrir cette *eumorphie* si célèbre dans l'antiquité. Les Grecs, d'après Hérodote, auraient dû cette beauté physique à une loi de Solon, relative à l'âge, au tempérament et au choix des individus, dans l'union des sexes. Plus tard, les peintures, les statues représentant la créature humaine sous les formes les plus élégantes, ne furent point étrangères à l'amélioration de la race ; leur profusion sur les places, dans les édifices publics et dans les maisons particulières, impressionna ce peuple d'artistes et agit vivement sur l'imagination des femmes enceintes.

Les Turcs, qui se font admirer de nos jours par leur physionomie régulière et leur robuste charpente, descendent cependant, en ligne directe, des Tartares, dont la prosopopie ne s'éloigne guère du type chinois. L'amélioration de la race turque provient de son croisement avec les femmes caucasiennes, et surtout avec les femmes grecques, alors que l'esclavage pesait sur leur beau pays.

Certaines peuplades d'Afrique, d'Amérique et de l'Océanie avaient, dans le principe, l'habitude de comprimer le crâne des nouveau-nés, de manière à développer la partie postérieure au détriment de l'antérieure. Quoique cette pratique soit aujourd'hui abandonnée, la conformation de la tête est restée allongée en melon : ce qui tendrait à prouver qu'une forme, factice d'abord, deviendrait naturelle ensuite.

Partout, sur le globe, l'intelligence et la main de l'homme se reconnaissent. A force d'interroger la nature dans ses secrets, il est parvenu à découvrir quelques lois de la matière vivante, et peut, à son gré, arrêter ou précipiter la vie, rendre l'être vigoureux où l'étioler. Nous sommes témoins, chaque jour, des améliorations de races et des modifications de formes qu'on obtient chez les animaux domestiques.

Les résultats obtenus par le célèbre Bakwel, sont trop importants pour que nous n'en disions pas quelques mots. Après quinze ans d'essais et d'expériences raisonnés, cet homme de génie parvint à diriger sur tel ou tel organe les sucs nutritifs et à en priver tel ou tel autre. Ainsi, les bœufs qu'il élevait pour la boucherie présentaient des jambes courtes, une panse étroite, de petits os, la peau mince, tandis que la poitrine et l'intervalle compris entre les deux hanches étaient larges, profonds et énormément charnus; la masse musculaire formait les deux tiers du poids de l'animal. Bakwel, jugeant les cornes inutiles aux bœufs qu'on élève pour tuer, créa une race bovine sans cornes. C'est à cet éleveur, justement célèbre, que l'Angleterre doit ses bœufs énormes, ses gros chevaux de trait, ses coureurs et ses plus beaux moutons.

La méthode de Bakwel est devenue européenne; l'art du régime des bestiaux se perfectionne de jour en jour. On sait quelles conditions organiques doivent présenter les animaux pour être engraissés, dégraissés ou emmusclés, et quels sont les aliments qui conviennent le mieux à ces différents genres de nutrition. Cette méthode a reçu le nom d'*entraînement*, et peut fort bien s'appliquer à l'homme; les Anglais eux-mêmes nous en fournissent une preuve dans leurs boxeurs et leurs jockeys. Les premiers acquièrent un développement presque monstrueux du système musculaire; les seconds sont dégraissés de façon à être réduits à la moitié de leur poids.

Le régime de l'entraînement ne borne pas son action au tissu graisseux et musculaire; il modifie tous les organes, toutes les parties de l'individu : le cœur, le poumon, le sang, etc. Il porte aussi son influence sur toutes les fonctions de l'économie. Nous reviendrons ici sur la question alimentaire, déjà traitée au chapitre XX de cet ouvrage, et nous exposerons, de nouveau, les divers modes d'entraînement usités en Angleterre.

Le régime pour *emmuscler*, c'est-à-dire pour développer les parties charnues, consiste dans l'usage d'aliments qui, sous un petit volume, contiennent des principes essentiellement réparateurs : des viandes rôties, des consommés de viande, etc... Quelques purgatifs sont donnés de temps à autre, dans le double but de nettoyer les muqueuses gastro-intestinales et d'exciter l'appétit. En outre, le sujet est soumis à une gymnastique journalière, d'abord peu fatigante, mais qui s'élève graduellement et d'une manière insensible, jusqu'à permettre les contractions musculaires les plus puissantes.

Le régime pour *dégraisser* doit être excitant et peu substantiel. La nourriture, prise en très petite quantité, se composera de viandes blanches dépourvues de toute graisse et bien condimentées ; de légumes cuits à l'eau, sans beurre ni substances grasses ; des fruits, des boissons acidulés, diurétiques ; les vins blancs, le café noir, etc... A cette alimentation, on joint les sudorifiques et les purgatifs salins, à des intervalles ménagés. La gymnastique longtemps soutenue, est ici indispensable. On recommande l'exercice du cheval et de la voiture, l'escrime, la danse, la natation ; enfin, les promenades prolongées, la course jusqu'à la fatigue. Ce régime, bien suivi, fait rentrer le plus gros ventre, efface l'obésité. Le docteur anglais Wald parle d'une jeune dame obèse, que deux mois de ce régime dégraissèrent de quatre-vingt-dix-sept livres.

Lorsque la maigreur ne dépend point d'une affection organique, la méthode pour *engraisser* consiste à diriger les sucs nutritifs sur le tissu cellulaire. Des expériences récentes ont démontré que les matières grasses des aliments allaient s'interposer, molécule à molécule, dans les aréoles du tissu cellulaire ; or, les viandes grasses, le beurre, l'huile, les farineux et les féculents, préparés avec force graisse, devront exclusivement composer la nourriture des personnes qui désirent engraisser. Pour boisson, la bière, le cidre nouveau, le lait, l'hydromel. Les bains chauds, le repas au sortir du bain, le sommeil au lit aussi longtemps que l'on pourra dormir ; quelques petites saignées faites à propos ; de temps en temps, des purgatifs pour exciter l'estomac et réveiller l'appétit ; enfin, peu d'exercice et beaucoup de repos. Le même docteur anglais cite une autre dame qui, au moyen de ce traitement, d'étique et d'anguleuse qu'elle était, devint ronde comme une boule.

Il reste donc comme fait désormais avéré, que l'alimentation exerce son influence sur toutes les parties de l'économie vivante, et qu'on peut diriger les sucs nutritifs sur tel ou tel système, au détriment de tel ou tel autre.

Relativement aux enfants à la mamelle, des hommes spéciaux ont fait ressortir le danger des bouillies et autres aliments du même genre, pour suppléer à l'insuffisance du lait de la nourrice. Une foule d'enfants succombent à cette nourriture, et ceux qui en échappent, offrent, pendant longtemps, des marques évidentes d'une constitution détériorée. Il a été, en outre, démontré que, dans bien des cas, le rachitisme dépendait de ce mode d'alimentation. La meilleure nourriture à donner à l'enfant, lorsque le lait de la nourrice ne peut plus lui suffire, est une panade faite avec de la mie de pain et de l'eau sucrée. On remplace l'eau sucrée par du bouillon, lorsque l'enfant a besoin d'être abondamment nourri.

Il est des maladies qui affectent un système entier d'organes, tels sont, par exemple, le *rachitisme* qui, en ramollissant les os, fait dévier le squelette de sa direction normale ; — les *scrofules*, qui altèrent les ganglions sympathiques et le fluide qui les pénètre ; — les affections du sang etc., etc. ; ces maladies peuvent très bien se guérir par une alimentation spéciale.

Si, comme on l'a reconnu, le rachitisme dépend d'un défaut d'équilibre entre la formation du phosphate de chaux et celle de la gélatine, dont se composent les os, cette dernière étant sécrétée, plus abondamment que le phosphate ; il deviendra facile d'augmenter la sécrétion de l'un et de modérer celle de l'autre. Du moment qu'on y sera parvenu, le rachitisme disparaîtra. D'où l'on doit conclure que les enfants déviés, contrefaits, incurvés, gibbeux, par cause de rachitisme, devraient être soumis à un régime alimentaire convenable et à des exercices physiques en rapport avec l'affection qui les dégrade. Ce traitement est infiniment plus sûr que les bandages orthopédiques et autres pièces mécaniques dans lesquels on comprime le tronc et les membres déviés.

Il en sera de même pour toutes les maladies qui attaquent les fluides ou les solides et des appareils entiers d'organes ; on les combattra plus victorieusement par une alimentation hygiénique et des exercices appropriés, que par des agents thérapeuthiques.

Quant aux maladies héréditaires, elles sont une des causes les plus actives de la dégradation physique. Nous avons déjà démontré que les parents transmettaient invariablement certaines maladies à leur progéniture : le régime alimentaire combiné aux exercices est encore ici d'un grand secours. Mais le moyen le plus sûr pour combattre et détruire cette funeste hérédité existe dans les croisements par le mariage. Ainsi, l'homme et la femme scrofuleux qui se marient ensemble, procréeront des êtres scrofuleux ; tandis qu'au contraire, si la femme scrofuleuse se marie avec un homme sain, il y aura nécessairement une modification de l'hérédité chez les enfants qui naîtront de ce mariage ; beaucoup d'entre eux seront exempts de la maladie de leur mère, et si ceux à qui est échu ce funeste héritage, effectuent, à l'exemple de leurs parents, un croisement convenable, l'hérédité morbide s'affaiblira encore et finira par s'éteindre à la quatrième génération, si le croisement a été observé.

La question de la santé des enfants et des familles est une question des plus graves ; nous engageons instamment nos lecteurs qui se trouveraient dans un des cas précités, à réfléchir sérieusement aux faits que nous venons de leur exposer. Non seulement ils pourront en tirer un profit personnel, mais encore il est de leur devoir d'en faire bénéficier leurs enfants.

Maintenant qu'on a saisi toute l'importance d'une alimentation en rapport avec les forces digestives, avec les pertes et les réparations ; maintenant qu'on connaît les transformations miraculeuses opérées par le régime et la gymnastique réunis, il ne s'agit plus que d'en faire l'application.

SECTION II

PHASES DE LA VIE HUMAINE, DIVISÉE EN QUINZE SEPTENAIRES, AVEC L'INDICATION DES CHANGEMENTS SUCCESSIFS QUI S'OPÈRENT DANS LE PHYSIQUE ET LE MORAL.

1° Enfance. — Depuis le jour de la naissance jusqu'à 7 ans.

Le nouveau-né ne commence à voir, à rire ou à pleurer qu'après quarante jours ; il n'éprouve d'autres sensations que celles de la douleur et du besoin. — A six mois, il donne des signes de volonté ; — à sept mois les dents commencent à sortir ; — il se soutient à peine à un an, et ce n'est que dans le courant de la seconde année qu'il commence à marcher, à balbutier ; — à trois ans il devient intéressant ; — à quatre il annonce de la mémoire, et à cinq il donne des signes de jugement. — De six à sept ans le corps et l'esprit se développent en raison de la vitalité, des forces de la constitution et de l'état de santé. C'est vers cette époque, premier septenaire de la vie, qu'a lieu la chute des dents de lait ; l'enfant devient sensible à tout.

2° Adolescence. — Depuis le commencement de la huitième année jusqu'à la fin de la quatorzième, c'est l'âge des espérances, puisque l'enfant annonce déjà ce qu'il sera un jour au physique et au moral. C'est aussi l'âge où l'éducation gymnastique est de rigueur, afin de favoriser le développement du corps et le libre exercice des fonctions organiques. Les parents doivent toujours avoir présent à la mémoire cet axiome : *Mens sana in corpore sano*, une âme saine dans un corps sain.

Les espérances que donne l'adolescent se réalisent plus ou moins, selon le système d'éducation corporelle et les accidents ordinaires à cet âge. S'il a le bonheur de traverser le second septenaire, exempt de maladies graves, le corps et l'esprit font de rapides progrès. Mais ces progrès sont relatifs au tempérament du sujet qui commence à se dessiner et à la bonne direction donnée à ses études. — Vers les dernières années de l'adolescence le travail de la seconde dentition s'achève ; les sens s'éveillent et les facultés intellectuelles commencent à se développer.

La vie s'ouvre riante et belle pour l'adolescent, il ne voit de tous côtés que jeux et plaisirs ; il est heureux de vivre ; il est impatient d'apprendre, de savoir et de jouir.

3° Puberté. — De quinze à vingt-un ans. — Age des illusions et des désirs. — Les défauts de cette phase de la vie sont l'amour-propre, la vanité, l'indiscrétion l'amour de l'indépendance. Le cœur du pubescent est ouvert à tous les désirs ; mais la passion qui doit bientôt le remplir, le dévorer, c'est l'amour! Déjà il rougit et soupire à la vue d'une jeune fille; souvent il baisse les yeux, reste muet... Le jour viendra bientôt où, devançant le temps marqué par la nature, il se livrera aux voluptés vénériennes. C'est alors que les parents et les instituteurs doivent redoubler de vigilance, pour prévenir ou déraciner la honteuse passion de l'onanisme, triste fléau de cet âge... Ce vice si funeste à la jeunesse, qui la dégrade physiquement et moralement, qui flétrit son printemps, abrège son existence... Les statistiques ont constaté que la moitié des enfants n'arrivaient pas au troisième septenaire, et que l'onanisme était pour beaucoup dans cette effrayante mortalité. C'est donc un privilège d'arriver à cette phase de l'existence, et d'acquérir les signes distinctifs qui caractérisent l'homme. Heureux donc tous les sujets qui savent profiter de leurs belles années pour éclairer leur esprit et cultiver leur raison.

4° JEUNESSE. — De vingt-deux à vingt-six ans. — Age de plaisirs sensuels. Les passions dominantes sont : amour physique, sensualité, inconstance, enthousiasme, etc.

Dans cette brillante phase de l'existence, où l'organisation entière est généralement arrivée à son complément, l'instinct de reproduction domine toutes ses pensées. Dans sa bouillante ardeur, le jeune homme cherche des maîtresses, puis les abandonne pour conrir après d'autres conquêtes. La pensée du mariage n'a pas encore mûri dans son cœur. C'est le plaisir sensuel qu'il cherche, et fréquemment, hélas! Cette dévorante soif de plaisir lui coûte bien cher. Il a beau posséder, il désire encore; le tumulte des passions l'étourdit; il convoite tout ce qui lui plaît et, sans jamais refléchir, il fait tous ses efforts pour l'obtenir. La raison l'importune; la raison... il la traite de radoteuse, jusqu'au jour où la déception arrive, où le malheur l'accable, où la satiété le refroidit. Alors, il voudrait revenir en arrière, mais souvent il est trop tard; il porte la peine de son inconstance Cette triste peinture ne se rapporte pas à tous les jeunes gens : car il en est dont la jeunesse est studieuse. Chez ceux-là l'esprit s'agrandit, les connaissances s'acquièrent, le jugement se forme et s'affermit. C'est généralement pendant ce septenaire que les facultés intellectuelles s'exercent, afin d'entreprendre, plus tard, d'importants travaux.

5° Age viril. — De vingt-neuf à trente-cinq ans. — C'est le temps des jouissances physiques et morales. Cette phase est caractérisée par l'ambition, par les passions du jeu, des femmes, etc. Le corps est dans toute sa force, le moral dans sa plus grande vigueur. La raison s'est formée, l'esprit a étendu son domaine; l'homme s'avance d'un pied sûr à travers les obstacles et sait éviter les accidents. Le mariage contracté pendant ce septenaire est le plus conforme aux lois physiologiques; la raison, la prudence et la position sociale arrêtée, rendent l'homme digne du titre d'époux et de père de famille. C'est alors qu'il doit consacrer à sa patrie, à sa famille, tout ce que l'étude et l'expérience lui ont acquis de précieux.

L'âge viril devrait durer toujours; car, de toutes les époques de l'existence, c'est celle qui est la plus pleine, la plus appréciée. Hélas ! de même que toutes les choses humaines, cette époque ne dure que quelques années.

6° AGE MOYEN, *ou seconde jeunesse*. — De trente-six à quarante-deux ans. — Age de la consistance. — Dans cette phase, où les fonctions organiques et les facultés intellectuelles sont arrivées à leur apogée, le désir de la fortune, l'ambition de la gloire, des honneurs, occupent tous ses instants. L'homme est alors moins esclave des plaisirs des sens ; mais la passion d'acquérir, de briller, de commander, l'occupe et le tourmente. Il se lance à la poursuite des dignités, des places, des distinctions sociales, et toujours préoccupé des moyens d'atteindre au but, il oublie d'être aimable avec sa femme, il néglige tout ce qui peut le rendre heureux au sein de sa famille. A peine a-t-il obtenu les places, les honneurs et les distinctions après lesquelles il soupirait, qu'il réunit tous ses efforts pour obtenir davantage. C'est ainsi, qu'esclave de son insatiable ambition, il arrive à l'âge suivant.

7° AGE MUR. — De quarante-trois à quarante-neuf ans. — Age du désir de posséder. — Age de la sagesse et de la raison. — L'amour de la propriété, qui avait germé pendant l'époque précédente, prend alors plus d'empire. Arrivé à cette phase, qui est le point culminant de la vie humaine, l'homme a connu tous les plaisirs, tous les succès, comme aussi tous les chagrins, tous les revers. Il s'est généralement fait une position; il a acquis une fortune par son travail, désormais il devrait se reposer. La raison lui dit qu'il faut jouir des biens qu'on possède; elle lui rappelle que les années commencent à peser sur sa tête et que l'âge de retour n'est pas éloigné; elle l'invite aux jouissances tranquilles de la famille, les seules qui n'entraînent aucuns regrets après elles. Alors, il est prudent à lui d'écouter la voix de la raison; il est sage de consacrer son expérience à l'éducation de ses enfants et à leur préparer un avenir heureux. Le bonheur qu'il éprouvera d'avoir rempli dignement sa carrière, en fournissant des citoyens utiles à l'Etat, sera sa plus douce récompense. Si, oubliant les devoirs qui le rendent solidaire de la société, il se conduit autrement, l'amertume et les regrets seront sa punition.

8° Age de déclin. — De cinquante à cinquante-six ans. — Age des réflexions. — La prévoyance, la prudence et le désir du repos caractérisent cette phase de l'existence. L'homme, épuisé par ses travaux, le plus souvent déçu dans ses espérances, revient fatigué du voyage de la vie ; il a besoin de repos ; heureux s'il a pu acquérir et conserver les moyens de vivre tranquille. — Les passions sensuelles n'ont plus qu'un faible empire sur l'âme du quinquagénaire, la raison et la prudence dirigent ses actions : autrefois, il était hardi, entreprenant, téméraire même; aujourd'hui, il est circonspect, méticuleux et n'agit qu'avec une réserve extrême ; il profite des leçons du passé pour se diriger dans l'avenir. — L'imagination s'est refroidie, l'esprit a perdu de sa vivacité, de son coloris. — Les cheveux grisonnent; les rides commencent à se creuser, le corps s'appesantit ; les sens s'émoussent, perdent leur délicatesse ; les organes génitaux ne se réveillent point, comme autrefois ; il faut des excitants énergiques pour les tirer de leur sommeil. Malheur aux individus, arrivés à l'âge de déclin, qui abusent de ces excitants ; car ces excitants occasionnent toujours une grande déperdition de forces et quelquefois de graves accidents (voyez l'*Hygiène du Mariage*). — Le quinquagénaire doit se laisser guider par la nature, et ne consommer l'acte génital que rarement, lorsque la plénitude des vésicules spermatiques lui en font sentir le besoin ; la sagesse lui conseille de repousser ces désirs qui ont leur source dans les pensées érotiques. Il doit se rappeler qu'il touche à la vieillesse, et que, s'il veut prévenir ou diminuer le nombre des infirmités qu'elle traîne à sa suite, il doit être sobre en toutes choses, la prudence le lui conseille et la sagesse le lui ordonne.

9° Première vieillesse. — De cinquante-sept à soixante-trois ans. — Age des infirmités et des regrets. — Les soucis, les inquiétudes, le souvenir du passé, les amertumes du présent, remplissent cette sixième phase, qu'on peut considérer comme l'automne de la vie. — Les forces déclinent, le cœur se refroidit, les cheveux blanchissent, les dents tombent, le corps se courbe, la gaieté se perd et le caractère devient sérieux. Alors, selon le tempérament de l'individu, selon sa position sociale, son état de santé ou de maladie, l'existence s'écoule plus ou moins tranquille, plus ou moins tourmentée. Les beaux jours d'autrefois reviennent à la mémoire ; alors, on était jeune, plein de force et de santé ; maintenant, on est vieux, débile et sujet à mille indispositions ; on avait des jours de fêtes, des heures de plaisir; plus rien à présent de ces belles journées, hormis le regret qui ronge, et qu'on ne peut chasser ; plus rien... hélas !... Ces lointains souvenirs assiègent constamment la pensée du sexagénaire, l'absorbent des heures entières, l'importunent et l'attristent. L'instinct génital s'est pour jamais éteint, et avec lui les désirs, l'amour... L'amour ! à ce mot qui lui rappelle de si doux moments, tout son être a tressailli !... Oh ! l'amour... la jeunesse... murmure-t-il avec un sourire d'impuissance sur les lèvres... la jeunesse... l'amour ! Puis il secoue tristement la tête, et sa poitrine oppressée laisse échapper un long soupir.

Tels sont les importuns souvenirs qui reviennent, sans cesse, occuper sa pensée, réveiller ses regrets. Cette neuvième phase de la vie humaine est la plus pénible, parce que, d'un côté, elle touche à l'âge viril et de l'autre à la vieillesse : l'homme n'est pas encore vieillard, mais il sent que chaque jour lui enlève les priviléges de la virilité. Dans l'âge suivant, il comprendra que son rôle est fini sur la terre, et qu'il subit, de même que tous les êtres, les lois immuables de la nature.

10e Seconde vieillesse. — De soixante-quatre à soixante-quinze ans. — La physionomie générale de cette dixième phase a beaucoup de ressemblance avec la précédente ; la seule différence existe dans l'exagération des infirmités, des peines, des ennuis. Le caractère du vieillard devint plus difficile, son humeur chagrine le rend plus exigeant ; il ordonne et veut être promptement obéi ; il s'irrite, se fâche si l'on tarde à lui obéir. — Le cercle de ses plaisirs, de ses agréments, se rétrécit de plus en plus. Cependant le plaisir de la table lui reste encore, lorsque ses organes digestifs sont en bon état ; le plaisir de la promenade, lorsque ses jambes sont exemptes de fatigue, de douleurs ; le plaisir d'une société d'amis qui sympathisent avec son caractère, et avec lesquels il s'entretient des douceurs du passé et des amertumes du présent, s'il a su se faire et se conserver des amis. — Le septuagénaire est parfois intolérant, envieux ; il censure la jeunesse qui s'amuse, parce qu'il ne saurait partager ses amusements ; il la trouve prodigue, dissipée parce qu'il voudrait la voir économe et calme comme lui ; il a oublié qu'il fut jeune et que ces amusements qui l'importunent étaient les siens ; l'égoïsme perce dans toutes ses actions. — Les facultés intellectuelles baissent, les fonctions du corps se ralentissent, les viscères deviennent paresseux, les membres se raidissent, le corps se courbe, les forces diminuent chaque jour, il marche à la décrépitude. Pour prévenir les dérangements de sa santé, il s'entoure de soins minutieux ; il rapporte tout à lui ; il fait peu attention aux autres, et néanmoins exige d'eux les plus grands égards. Sujet à une foule d'indispositions ou d'infirmités, il veut faire croire qu'il ne tient pas à la vie, et néanmoins il s'y cramponne, quoique sur le bord de la tombe, et redoute de la quitter.

11° Caducité. — De soixante-seize à quatre-vingt-onze ans. — Age de la méfiance, et chez beaucoup d'individus, de la jactance. Les sens sont très affaiblis et quelques-uns abolis. Les yeux du caduque ne voient plus distinctement les objets ; ses oreilles sont dures ; il est nécessaire de parler très fort pour qu'il entende. L'infidélité de ses sens le rendant sujet à une foule d'erreurs, il se méfie de lui-même et encore plus des autres. Chez la plupart des vieillards de cet âge, l'amour-propre se réveille ; ils aiment à vanter leur passé : ils se font plus grands, plus généreux, plus riches, plus intelligents qu'ils ne le furent jamais ; ils ajoutent à leur vie des épisodes qui n'ont point existé ; il se disent plus âgés qu'ils ne le sont en réalité ; et tout cela pour s'attirer de la considération, pour obtenir quelques paroles flatteuses ; car ils aiment la louange et leur amour-propre est flatté du respect qu'on leur accorde.

12° Longévité. — De quatre-vingt-douze à quatre-vingt-dix-huit ans. — Age de l'indifférence. Les deux pôles de la vie, l'enfance et la caducité, se touchent, se confondent ; mais, il existe cette différence, que chez l'une tout s'accroît, se développe ; tandis que chez l'autre tout dépérit et marche à la destruction. Vers les dernières années de cette phase, le vieillard tombe dans l'enfance ; on est obligé de soutenir ses pas chancelants, de veiller à ses besoins, de les satisfaire comme au début de sa vie. Tout les sens sont considérablement affaiblis ; la vue se trouble ; l'ouïe exige une forte percussion pour saisir et distinguer les sons ; la sensibilité s'émousse, le corps se dessèche, se refroidit. La vie intellectuelle est presque réduite à rien ; la vie animale seule s'entretient encore par l'absorption ; de telle sorte que le vieillard, arrivé aux dernières limites de l'existence, ne vit plus, il végète ; et cet état d'inertie de l'organisme entier ne sera interrompu que par la mort.

13° Centenaires. — De quatre-vingt-dix-neuf à cent cinq ans et au delà. — Cette prolongation de la vie, quoique moins rare qu'on ne le pense, est une exception dans l'espèce humaine ; elle exige des conditions physiques et morales que réunissent un très petit nombre d'individus. — Pendant cette phase, la dernière de toutes, l'ouïe, la vue, le toucher, l'odorat et le goût se ferment successivement aux impressions extérieures ; l'individu semble étranger à tout ce qui se passe autour de lui ; il arrive à cette nullité physique et morale qu'on nomme l'*enfance des vieillards*. La vie n'est plus qu'une lumière épuisée, qui ne jette qu'une faible lueur et qui finit, peu à peu, par s'éteindre. L'enfant est né sans le savoir, le centenaire meurt de même ; car, vers ses derniers jours, il n'a plus la conscience de son existence.

Les centenaires arrivent, par des transitions successives et régulières, à cette longévité qui est un privilège de leur organisation; le plus grand nombre s'éteignent après avoir dépassé la centaine de quelques années; le plus petit nombre vivent quelques années de plus; enfin, quelques-uns ont poussé leur carrière jusqu'à un siècle et un quart, un siècle et demi; mais ces exceptions sont infiniment rares et sujettes à caution. Quant aux existences de deux et trois cents ans, il faut les rejeter dans le domaine des fables. Les physiologistes et les hommes sérieux nient l'exactitude, la réalité de ces faits, et pensent, avec raison, qu'on s'est trompé, qu'il y a eu erreur dans la supputations des années.

SECTION III

RAJEUNISSEMENT DU CORPS CHEZ LES VIEILLARDS.

Dans les nombreux recueils de l'antiquité, du moyen âge et de la renaissance qui traitent des secrets de la nature, on trouve une foule d'histoires, plus ou moins incroyables, relatives au rajeunissement de l'homme. Une circonstance très remarquable, c'est que les faits en question sont certifiés par les savants de ces époques. Depuis la fameuse Médée jusqu'à Paracelse; de Raymond Lulle jusqu'à Bacon, l'art de prolonger la jeunesse et la vie a été l'objet de continuels efforts. Ce secret a-t-il été trouvé? On a de la peine à le croire; mais il est incontestable que la nature opère, parfois, des prodiges qu'il est impossible à l'art de reproduire; et ces prodiges, dont la cause nous échappe, passent bien souvent pour des contes. Toutefois, en relatant les faits de rajeunissement que nous a transmis l'histoire, nous nous bornerons au simple rôle de narrateur.

Bacon rapporte que la comtesse Desmont arriva jusqu'à l'âge de 140 ans et vit ses dents se renouveler trois fois, et deux fois sa chevelure. Le chancelier attribuait ce phénomène et cette longévité à l'usage de la *liqueur d'or*, qu'il conseilla au pape Nicolas IV comme un secret infaillible. Ce fait, bien étrange, a été mentionné jusqu'à trois fois par l'illustre Bacon : la première fois dans son *Traité des secrets de l'art et de la nature*, la seconde dans son *Opus majus*, et la troisième dans son ouvrage sur la *Guérison de la vieillesse*. Que penserons-nous de cela, nous autres hommes du dix-neuvième siècle? Admettons-nous le fait, ou le considérons-nous comme une des faiblesses d'un grand homme?

Peter Lotichius raconte qu'un octogénaire s'étant marié à une jeune fille, fut subitement atteint d'une fièvre qui lui causa la perte de ses cheveux et de sa barbe ; pendant sa convalescence, sa peau s'étant desséchée et pelée, on vit, avec surprise, une belle chevelure blonde et une barbe rousse remplacer l'ancienne, blanchie par les années. Son visage reprit la fraîcheur de la jeunesse et sa jeune femme, devenue enceinte, put attester la vigueur de son mari aux commères qui s'étaient moquées d'elle.

Alexander Benedictus et *Bartholin* ont été témoins de plusieurs semblables métamorphoses, et l'illustre Bayle n'a pas craint de fournir deux exemples analogues.

Velasquez de Tarente a écrit la biographie très remarquable de l'abbesse de Mouviedro, qui, à l'âge de cent ans, s'aperçut du retour de ses règles, supprimées depuis quarante ans. Ses rides s'effacèrent, sa bouche se meubla d'un superbe râtelier; ses cheveux blancs et rares furent remplacés par une abondante chevelure d'ébène; en un mot, en moins de six mois, elle se trouva métamorphosée en une belle femme de trente ans. De quoi la bonne abbesse, aussi honteuse d'un tel événement qu'intérieurement ravie, prit le parti de fermer sa porte aux curieux qui l'assiégeaient, et ne se montra désormais qu'à ses amis intimes.

Dans son *Histoires des Indes*, le père *Maffeï*, après avoir narré les circonstances qui accompagnèrent la mort du roi de *Gambaia*, a rapporté le fait suivant :

Un Indien de la tribu des anciens Gaugars fut présenté au général portugais, comme âgé de trois cent trente-cinq ans. Le général n'osant croire à ce récit, ordonna une enquête qui fut, en tout, conforme à l'âge présumé du vieillard. Les Indiens les plus âgés de sa tribu se souvenaient d'avoir entendu dire à leurs grands-parents que cet homme avait, au moins, le double de leur âge et qu'il était, parmi eux, un objet d'admiration. Ce tricentenaire avait conservé la mémoire de tous les événements arrivés durant sa vie, et pouvait être considéré comme une chronique vivante.

Il avait plusieurs fois perdu et vu se renouveler ses dents, sa barbe et ses cheveux. Sa première jeunesse s'était passée dans l'idolâtrie, et les deux dernières centuries dans le mahométisme. Le sultan l'avait privilégié d'une pension, pour aider à sa subsistance ; il suppliait le général portugais de la lui continuer; ce qui lui fut immédiatement accordé.

Ferdinand Lopez de Castagnada, historiographe royal, rapporte, en d'autres termes, le même fait. Cet Indien, dit-il, fut présenté au vice-roi; il se souvenait de tout ce qui s'était passé dans sa contrée depuis trois cents ans ; il assurait que ses dents, ses cheveux et sa barbe s'étaient renouvelés plusieurs fois pendant sa longue carrière. Il mourut âgé de 370 ans!...

Aux temps où l'astrologie et la philosophie hermétique étaient en honneur, on débitait mille fables sur les moyens de prolonger la vie et de rajeunir. Les astrologues prétendaient que la longévité ne pouvait être attribuée qu'à la conjonction des étoiles humides du signe de la Vierge, et autres contes semblables.

Les philosophes hermétiques et les alchimistes, prenant en pitié les astrologues, s'élançaient à la recherche de l'élixir de longue vie et de la pierre philosophale; ils se vantèrent d'avoir acquis la médecine universelle, au moyen de laquelle ils pouvaient prolonger le terme ordinaire de la vie, et ils donnaient pour exemple le philosophe Artéphins, qui vécut au delà de trois siècles par l'usage de l'élixir. Les frères rose-croix prétendaient hautement être possesseurs de ce merveilleux élixir. Mais Pierre Morenius, l'un des plus savants rose-croix, réduisit leurs prétentions à la possession de trois secrets :

1° Le mouvement perpétuel.

2° L'art de transmuter les métaux.

3° La médecine universelle.

On rencontre, dans les écrits de Morenius, une foule de choses fort curieuses à côté de puérilités sans nom. Il est notoire que les philosophes hermétiques attestaient être possesseurs du secret de prolonger la vie. En lisant leurs ouvrages diffus et le plus souvent indigestes, on ne peut juger bien nettement si ce qu'ils dénommaient la *pierre philosophale* est, à la fois, le fameux secret de la transmutation des métaux et celui de la médecine universelle.

Que les rose-croix et les illuminés aient cru de bonne foi à leurs secrets antinaturels, cela est possible ; mais que des hommes aussi grands que les Descartes, les Newton, les Bayle et autres savants du premier mérite, aient donné dans cette erreur, cela est inconcevable, et l'on ne saurait l'admettre qu'en vertu de cet axiome : *les plus grands hommes ont leurs faiblesses*.

On trouve dans l'ouvrage intitulé : *Hermippus redivivus*, une série d'exemples de rajeunissement plus ou moins merveilleux, et que nous passons sous silence, les exemples cités nous paraissant suffisants.

Et maintenant que nos lecteurs sont au courant de ce qu'ont écrit les anciens sur les métamorphoses du rajeunissement, nous allons leur faire connaître l'opinion des physiologistes modernes.

Il est aujourd'hui démontré et reconnu que le corps des vieillards possède le même degré de chaleur interne que celui des jeunes gens, avec cette différence, néanmoins, que cette chaleur a plus de fixité, que la source n'en est pas si abondante, ni la diffusion aussi étendue. Chez le vieillard, la chaleur se concentre à l'intérieur, tandis que chez le jeune homme, elle part de l'intérieur pour rayonner à l'extérieur. Les excitants de la jeunesse sont usés pour le vieillard ; il est devenu paresseux pour les mouvements musculaires et les exercices physiques; ses poumons n'exécutent plus les fonctions d'hématose comme autrefois, et la rénovation du sang n'est plus aussi prompte; la circulation sanguine superficielle est devenue moins active et s'est ralentie. Toutes ces influences réunies concourent à diminuer insensiblement les sources de la chaleur vitale. Dans cet état de choses, pour peu que les corps environnants soutirent du calorique à l'économie de l'homme âgé, le froid le saisit et l'incommode. Voilà pourquoi les vieillards sont frileux ; pourquoi ils sont dans la nécessité de se vêtir plus chaudement; d'avoir recours à la chaleur du foyer et d'user de boisssons toniques.

Il est incontestable que la chaleur qui se développe naturellement dans ses tissus, est plus conservatrice de l'individu qu'une chaleur artificielle. C'est d'après cet axiome, que plusieurs vieillards se sont parfaitement trouvés de la cohabitation avec de jeunes personnes saines et vigoureuses. L'histoire nous apprend que le vieux roi David, et, plus tard, l'empereur

Tibère couchaient avec de jeunes filles pour réchauffer leurs corps usés. L'astronome Ticho-Brahé ne jugea pas ce moyen indigne d'un philosophe ; il l'employa et s'en trouva bien. — L'illustre Boerhaave prescrit à un vieux bourgmestre goutteux, de Saardam, de coucher avec de jeunes filles ; la prescription fut suivie et couronnée de succès. — De nos jours, le docteur Alibert conseilla le même moyen à un riche et vieux marquis, couvert de rhumatismes et à qui la vie n'était plus qu'un fardeau. Un mois de ce régime suffit au vieillard pour reprendre un peu de santé. Mais, il faut le dire, ce que gagne l'un, l'autre le perd : si le vieillard se rajeunit au contact d'une jeune personne, celle-ci se fane bientôt à ce contact glacé.

Le prolixe ouvrage intitulé *Hermippus redivivus*, Hermippus redevenu jeune, dont nous avons déjà parlé, ne contient pas d'autre recette que celle que nous venons de donner ; l'auteur eût pu l'écrire en quelques pages ; il n'aurait point fatigué le lecteur et eût été beaucoup mieux compris.

En résumé, l'hygiène conseille aux vieillards, non point comme moyen de rajeunir, mais pour conserver la force et la santé, de se conformer aux préceptes suivants :

Fréquentation de la jeunesse ; car la gaieté, les jeux, l'activité de la jeunesse rompent la vie froide, sérieuse et monotone du vieillard, et sèment encore quelques fleurs sur l'aride sentier qui le conduit à la tombe ; heureux si, oubliant les infirmités et les soucis de son âge, il peut se réjouir des joies qui l'entourent !

Cohabitation avec de jeunes filles d'un sang riche et d'une belle santé ; car les vivifiantes émanations, qui s'échappent d'une jeune fille, pénètrent le corps desséché du vieillard, réchauffent son sang appauvri, tonifient ses organes. Il semblerait que les glaces de l'âge se fondent au contact de l'haleine d'une femme dans son printemps.

Réunion de toutes les conditions hygiéniques les plus favorables au maintien de l'équilibre des fonctions *biologiques*, d'où résulte la santé : habitation spacieuse, aérée ; — alimentation de bonne qualité et dont la quantité soit en rapport avec les forces digestives de l'estomac ; — les promenades, l'exercice modéré ; — le repos et le sommeil nécessaire à la réparation des fatigues de la veille. Si, à ces conditions physiques, il joint les qualités morales, c'est-à-dire la douce quiétude du cœur et de l'esprit, un caractère gai, ouvert, une humeur facile, qui lui attirent l'affection de ceux qui l'entourent, alors il pourra prolonger ses jours exempt des soins, des infirmités et autres amertumes qui accompagnent ordinairement cette triste et dernière période de la vie humaine.

Le prétendu rajeunissement du corps chez des vieillards de l'un et de l'autre sexe n'est point un retour vers la jeunesse, la chose est impossible ; il consiste tout simplement dans la rénovation de quelques organes atrophiés ou perdus. Les *Annales de médecine* rapportent les observations de quelques individus, de cinquante à soixante ans, à qui les dents et les cheveux ont repoussé. On a vu les seins flétris de femmes quinquagénaires, se gonfler, s'arrondir; et, chez quelques vieillards, les rides s'effacer, les passions juvéniles, depuis longtemps éteintes, se rallumer de nouveau!...

Nous citerons le cas exceptionnel d'un sexagénaire, atteint depuis douze ans d'une maladie nerveuse de l'estomac et des intestins, avec flatuosités, borborygmes incessants et accès d'hypocondrie. Dans l'espoir d'être soulagé, le malade essaya de tous les médecins de la capitale, hélas! sans succès. Les uns lui ordonnaient la casse et le séné; les autres, la gomme et les sangsues; ceux-ci, s'apercevant de l'inutilité du traitement de leurs confrères, tâtonnaient entre l'opium et les pilules d'éther; ceux-là blâmaient cette méthode et prescrivaient force clystères, force carminatifs. Enfin, toute la droguerie fut mise à l'essai, depuis l'inutile poudre de charbon jusqu'à l'écœurante et nauséabonde huile de foie de morue. Le malheureux patient, en moins d'une année, se trouva littéralement saturé de tous les remèdes à la mode qui entravent, le plus souvent, les efforts de la nature, et cela sans résultat. Que dis-je, sans résultat, c'est une erreur; la tombe s'était entr'ouverte afin d'engloutir cette victime de la polypharmacie. Heureusement pour lui, le hasard fit tomber dans ses mains un ouvrage intitulé : HYGIÈNE ALIMENTAIRE *à l'usage des convalescents et des vieillards;* il lut dans ce livre, à la portée de tout le monde, tous les détails de sa maladie et les moyens de la combattre. Alors, il envoya au diable la docte Faculté, ferma sa porte à tous les donneurs de conseils, et suivit scrupuleusement le régime alimentaire et les règles de conduite tracés dans ce précieux ouvrage.

Trois semaines s'étaient à peine écoulées, qu'il sentit un mieux sensible dans son corps amaigri et débilité. Un mois après, il digérait assez bien, ses fonctions exonératrices s'exécutaient convenablement, et, vers la fin du troisième mois d'un régime rigoureusement observé, il se trouva parfaitement rétabli.

Mais un étrange phénomène se passa dans son organisation physique. Il vit tomber soudainement ses cheveux blancs et ses dents molaires ; quoique très affligé de cette chute, il eut le bon esprit de ne pas consulter les charlatans, et se résigna. Six mois après, il éprouva une violente douleur dans les deux mâchoires, ainsi qu'une vive démangeaison au cuir chevelu. Il s'abstint encore des médecins, dont il avait peur, et endura son mal en patience. Un jour, quel fut son étonnement, d'apercevoir, au milieu de ses gencives tuméfiées, comme de petits os blancs ; quelques jours plus tard, ces os avaient grandi ; c'étaient de belles et bonnes dents !... Il n'osait y croire... Son cuir chevelu, frappé de calvitie, se recouvrit d'un duvet qui, en peu de temps, acquit de la force et se transforma en cheveux blonds d'abord, lesquels, en s'épaississant reprirent leur couleur primitive. Aucun traitement médical, aucune drogue, n'étant venus contrarier ce merveilleux travail de la nature, notre sexagénaire put jouir du privilège de ses dents et de ses cheveux de vingt-cinq ans.

Cette curieuse observation n'est pas seulement une preuve de la toute-puissance de la nature, elle prouve encore deux choses : la première, que la *force vitale* est un principe qui échappe à la science, et que ce principe peut opérer des phénomènes extraordinaires, donner des résultats incroyables ; la seconde, que la raison nous dit de préférer, dans les *maladies nerveuses*, un régime éclairé par l'*hygiène et la physiologie*, aux funestes incertitudes de la plupart des médicastres. Puissent les lecteurs affectés de gastralgie ou de gastro-antéralgie, tirer profit de cette observation et suivre la règle de conduite indiquée dans l'*Hygiène alimentaire*.

SECTION IV

DURÉE DE LA VIE DANS LE RÈGNE ANIMAL

La durée de la vie est, le plus généralement, en raison directe du laps de temps que l'animal reste dans l'œuf ou dans le sein de sa mère. — La femelle de l'éléphant portant trois années, il en résulte que ce colosse des animaux est un de ceux qui vivent le plus longtemps. — Le bœuf, le cheval, le chien, etc., dont la portée n'est que de quelques mois, ne vivent guère que quinze, vingt et trente ans au plus. Le mulet, cependant, fait exception à cette règle, et peut prolonger son existence jusqu'à cinquante ans.

La durée de la vie est, en outre, proportionnée à la quantité de force vitale reçue et dépensée. Enfin, elle est en raison directe de la lenteur de l'accroissement et en raison inverse de sa promptitude. Ainsi, le cheval, le taureau, l'âne, sont pubères à trois ans et peuvent se reproduire dans la quatrième année ; aussi ne vivent-ils que vingt-cinq à trente ans. La brebis peut être mère à deux ans, et ne vit que dix années.

La ténacité de la vie est en raison de la simplicité de l'organisation. Les zoophytes, et les vers, dont l'organisation se borne à un tube digestif sont, en quelque sorte, indestructibles.

Les animaux à sang froid possèdent une ténacité vitale supérieure à celle des animaux à sang chaud. On a vu des tortues et des crapauds décapités vivre encore plusieurs semaines.

Dans l'espèce humaine, la durée de la vie est en rapport parfait avec la durée de l'accroissement du corps : l'homme, à l'état physiologique, peut vivre six à sept fois le temps qui s'écoule entre le jour de sa naissance et l'époque de sa puberté. Ainsi, plus la puberté sera précoce, plus la vie devra être courte; au contraire, de longs jours sont réservés à celui dont la puberté aura été tardive, lorsque ce retard, bien entendu, ne dépend point d'un vice d'organisation ou d'une affection maladive.

La vie est une sur le globe ; mais sa durée, dans la série zoologique, est très variable. En partant de l'insecte éphémère, que le même jour voit naître et mourir, pour arriver à la tortue de mer, qui compte, dit-on, cinq à six siècles d'existence, on rencontre une infinité d'intermédiaires.

Les cercaria éphémères ne vivent que quelques heures ;

Les daphnies, quelques jours ;

Les pucerons, un mois au plus ;

L'abeille vit communément une année ;

L'hydre, 2 années.

Les troglodytes ne dépassent point 3 années ;

Les lapins d'Angora, 4.

La belette vit de 5 à 7 ans ;

La marmotte, de 8 à 10 ;

Le chat, de 10 à 15 ;

Le chien, de 15 à 20 ;

Le bœuf, de 20 à 30 ;

Le cheval, de 25 à 40 ;

L'épervier, de 40 à 50 ;

L'âne, le mulet, vivent de 60 à 80 ;

L'aigle, le cygne, la corneille, le chameau, 100 ans.

L'éléphant, les tortues, les crocodiles vivraient 150 et 200 ans ; enfin, certains brochets dépasseraient la période de trois siècles !!!

Le terme naturel de la vie humaine devrait être de quatre-vingts à cent ans ; mais une foule de circonstances physiques et morales en précipitent le cours, surtout au milieu d'une civilisation comme la nôtre, où les passions immodérées sapent le corps et dessèchent l'âme. Dans ce sens, il est permis d'avancer que l'homme des campagnes a plus de chance d'arriver à un âge avancé, que le riche citadin qui s'engraisse dans l'oisiveté ou qui s'use au contact dévorant du luxe et des plaisirs.

L'espèce humaine vit plus longtemps, dans les climats tempérés, que dans les pays chauds et les pays froids; néanmoins, elle peut parvenir à un âge avancé sous toutes les latitudes, lorsqu'elle reste fidèle aux lois de la nature et ne se livre à aucun excès.

Les pays trop secs ou trop humides ne sont point favorables à la longévité : de même que les climats sujets aux brusques variations de température.

L'expérience démontre tous les jours que c'est sur les plateaux et les pays élevés que l'homme atteint l'âge le plus avancé; cependant, il y a exception à cette règle : les montagnes de la Suisse fournissent un nombre moins considérable d'hommes avancés en âge, que les montagnes d'Écosse.

La Norvège, le Danemark, la Suède, l'Angleterre, la France et la Suisse, seraient, d'après les observations, les contrées de l'Europe les plus favorables à la longévité; et, dans ces divers pays, les habitants des campagnes vivent plus longtemps que les habitants des villes. — Une observation très remarquable prouve que la plupart des hommes et des femmes parvenus à un âge très avancé, ont été mariés; on ne cite, parmi les célibataires, qu'un très petit nombre de cas de longévité.

Le tableau de la mortalité, en France, dressé par M. Duvillard, offre les chiffres suivants :

A 10 ans, on peut espérer 40 ans de vie.
20 — — 35 —
30 — — 29 —
40 — — 23 —

A 50 ans, on peut espérer 17 ans de vie.

60	—	—	15	—
70	—	—	7	—
75	—	—	4 1/2	—
80	—	—	3 1/2	—
85	—	—	3	—

A 90 ans, le chiffre des probabilités disparaît, et les hommes qui deviennent centenaires sont regardés comme des exceptions à la règle générale. Cependant, ces exceptions sont encore assez nombreuses aujourd'hui pour donner un déni à ceux qui prétendent qu'aux temps des rois pasteurs la vie avait une plus longue durée. Nous allons prouver, par une série de faits historiques incontestables, que les temps modernes ont aussi leurs patriarches.

SECTION V

LONGÉVITÉ HUMAINE

En 1825, vivait, dans les Etats pontificaux, un nommé Joseph Bindo, âgé de cent dix-neuf ans, aimant à rire, à boire, et d'une gaieté remarquable. Cet homme conservait l'usage de ses facultés intellectuelles et de ses jambes.

La Haie, qui passa une partie de sa vie à parcourir pédestrement l'Inde, la Chine, la Perse et l'Égypte, n'avait atteint l'époque de sa puberté qu'à l'âge de quarante-cinq ans ; à soixante-dix ans, il contracta mariage, eut cinq enfants, et mourut dans sa cent vingt unième année.

Simon Clophas mourut à 120 ans ;

Éléonore Spicer, Américaine, à 121 ans ;

Jean Bayles, à 130 ans ;

Marguerite Potters, en Angleterre, à 138 ans ;

James Laurence, en Écosse, à 140 ans ;

Simon Sack, de Trionia, à 141 ans ;

La comtesse Ecleston, en Islande, à 143 ans ;

Un nommé Effingham, à 144 ans ;

Le colonel Thomas Winslow, à 146 ans ;

François Coasit, à 150 ans.

Thomas Parre, à 152 ans.

Joseph Surrington, à 160 ans ; il laissa un fils âgé de 103 ans et un autre de 109.

En l'année 1772, dans la ville de Dieppe, existait une femme âgée de cent cinquante ans, nommée Anne Cauchie. Son père avait vécu un siècle et demi, et son oncle entrait dans sa cent soixante-treizième année.

Haller cite, dans sa *Physiologie*, le nommé Henri Jenkins, mort le 6 décembre 1670, dans sa cent soixante-neuvième année. Sa rude condition de pêcheur ne lui avait attiré aucune infirmité, et à l'âge de cent ans il traversait encore les rivières à la nage. Il fut appelé comme témoin, pour un fait passé depuis cent quarante ans, et comparut avec ses deux fils, l'un âgé de cent ans et l'autre de cent deux ans.

Louisia Truxo, dans l'Amérique méridionale, atteignait sa cent soixante-quinzième année, lorsqu'elle mourut par accident.

Neanovius, professeur à Dantzick, fait mention d'un vieillard de cent quatre-vingt-quatre ans, et d'un autre de cent quatre-vingt-dix.

Un des cas de longévité les plus rares, est celui que rapporte la *Gazette française* de Saint-Pétersbourg, du 8 juin 1825. Elle donne le nom et quelques détails sur la vie d'un vieillard qui se rappelait très bien la mort de Gustave-Adolphe, roi de Suède, tué à la bataille de Lutzen, en 1632, Il comptait quatre-vingt-six ans à la bataille de Pultava, donnée en 1709. De cette époque à 1825, il existe un laps de temps de 116 ans qui, ajoutés à 86, donnent, pour la durée totale de la vie de ce moderne patriarche, le chiffre de deux cent deux ans.

De même que les autres qualités physiques et morales, la longévité est héréditaire dans certaines familles. Les *Étrennes historiques* de Gessey mentionnent le fait suivant :

Le 31 juillet 1554, le cardinal d'Armagnac, passant dans la rue, vit un vieillard de quatre-vingt-un ans qui pleurait sur le seuil de sa maison. Son Éminence lui ayant demandé la cause de ses larmes, l'octogénaire lui répondit que son père l'avait battu. Étonné de cette réponse, le cardinal demanda aussitôt à voir le père. On lui présenta un vieillard de *cent treize* ans, fort bien conservé. Après quelques questions, le cardinal demanda au centenaire quelle faute avait pu commettre son fils pour mériter une correction ?

— Il a passé devant son grand-père sans le saluer.

Encore plus surprise que la première fois, Son Éminence pria le vieillard de le conduire en présence de l'aïeul. Introduit dans une chambre assez propre, le cardinal d'Armagnac vit un petit vieillard âgé de cent quarante-trois ans; après lui avoir adressé quelques bienveillantes paroles, il lui donna sa bénédiction.

Tels sont les exemples les plus remarquables de longévité à laquelle l'homme puisse atteindre. Mais, ainsi que nous l'avons fait observer, les centenaires sont des sujets exceptionnels. Une foule de circonstances usent la vie, en abrègent la durée, et l'homme, en général, entre, à soixante ans, dans la dernière phase de sa vie, la vieillesse. De cette époque à celle de sa mort, qui arrive ordinairement de soixante-cinq à quatre-vingts ans, les signes de la décadence viennent, chaque année, peser sur son corps fatigué. La vitalité languit, le sang s'appauvrit, la circulation marche plus lentement, les organes s'affaiblissent, deviennent paresseux à exécuter leurs fonctions. Toutes les facultés physiques et morales baissent de plus en plus; quelques-unes s'effacent; la chaleur s'éteint par degré; la tombe s'ouvre... et le vieillard disparaît sans retour d'une terre témoin de ses déceptions, de ses infirmités, et bien souvent, hélas! arrosée de ses pleurs.

CHAPITRE XXXIV

COMBUSTION HUMAINE. — SUITES D'ALCOOLISATION GÉNÉRALE DES TISSUS

Un genre de mort des plus étranges, dont la cause est restée longtemps inconnue et qui donnait souvent lieu à des soupçons d'homicide, est la *combustion spontanée* du corps humain. Ce genre de mort est tout à fait spécial aux individus qui ont fait abus de liqueurs spiritueuses, et dont les tissus sont saturés d'alcool. Les observations physiologiques et médicales s'accordent pour établir le fait de l'absorption alcoolique par les divers organes de l'économie, et particulièrement par le tissu graisseux. La graisse, presque entièrement composée d'hydrogène et de carbone, se trouve, chez les buveurs d'alcool, diffluente et alcoolisée à un haut degré. Le sang contient aussi plus de carbone; la transpiration pulmonaire et cutanée, les gaz du tube digestif et toutes les émanations du corps, sont imprégnées d'une odeur d'alcool. Or, chez de pareils individus, la flamme d'un foyer, d'une bougie, quelquefois une étincelle échappée d'un tison, suffisent pour opérer l'inflammation subite de la partie de la peau qui en est atteinte. Voici les phénomènes qui se passent : du point de l'enveloppe cutanée qui a pris feu, la flamme se communique, s'étend aux parties circonvoisines, avec une rapidité d'autant plus grande que la peau est plus moite ; car cette moiteur se trouvant alcoolisée est, par cela même, très inflammable. La flamme envahit, en peu de temps, toute la surface du corps. Cette flamme, par sa couleur et sa légèreté, ressemble à celle de l'alcool enflammé. Comme c'est ordinairement durant le sommeil ou pendant un état de somnolence que survient l'accident, l'individu est promptement asphyxié. De bleuâtre et de légère qu'elle était à son début, la flamme devient bientôt plus compacte, plus intense, et blanchit ; les glandes sébacées, violemment irritées, sécrètent en abondance leur humeur onctueuse ; la peau éclate, se fend, et la graisse du tissu cellulaire fournit un nouvel aliment à l'incendie qui envahit le corps entier et le consume en quelques heures.

Tels sont les phénomènes physiologiques de la combustion humaine *spontanée*, dans leur développement, leur marche et leur progrès. Une circonstance échappée aux observateurs, et que nous signalons ici comme des plus remarquables, c'est que la combustion a toujours lieu à l'extérieur, et jamais dans l'intérieur des organes : les matières grasses alcoolisées arrivent à la surface du corps et s'enflamment ; d'autres matières, de même nature, se présentent pour remplacer celles qui ont été carbonisées, et ainsi de même jusqu'à combustion et incinération complète.

Et, maintenant que les phénomènes de la combustion humaine sont connus, nous relaterons quelques observations sur ce sujet, afin de mieux éclairer le lecteur. Les cas de combustion sont assez rares; cependant les médecins en ont réuni un certain nombre, et leur statistique en faits de cette nature serait encore plus riche, s'ils avaient pu recueillir tous les cas, restés ignorés, qu'offre cette classe infime des grandes villes, où se rencontrent tant d'ivrognes des deux sexes saturés et brûlés d'eau-de-vie.

On lit, dans le *Journal de médecine*, tome LIX, page 140 : — Marie Jauffret, veuve d'un cordonnier, femme replète, âgée de 50 ans, adonnée depuis longtemps aux liqueurs fortes, termina ses jours par une combustion spontanée. Le rapport du médecin envoyé par l'autorité pour constater le genre de mort, se résume ainsi :

« Des restes de Marie Jauffret je ne trouvai qu'une masse de cendres et quelques os calcinés. Une main et un pied avaient échappé à l'action du feu ainsi que l'occipital. Près des restes du cadavre était une table intacte et sous cette table une chaufferette éteinte. La chaise sur laquelle se trouvait probablement assise Marie Jauffret au moment de l'accident, avait le siège et les pieds à moitié carbonisés. Aucune trace de feu, ni dans la cheminée, ni dans la chambre; tous les meubles existaient dans leur intégrité; de sorte, qu'à l'exception de la chaise, aucune matière combustible ne me parut avoir contribué à une aussi prompte incinération du cadavre, opérée dans l'espace de sept heures. »

Le même journal fournit cette seconde observation : — La dame Boiseau, octogénaire, ne buvant depuis fort longtemps que de l'eau-de-vie, du kirsch et autres liqueurs fortes, se trouvait un soir assise dans son fauteuil; sa domestique, sortie pour une commission, aperçut, à son retour, sa maîtresse tout en feu. Aussitôt elle crie, appelle au secours! Plusieurs personnes arrivent; une d'elles veut éteindre la flamme avec ses mains; mais la flamme s'attache à ses mains, comme si elle les eût trempées dans de l'eau-de-vie. On apporte des seaux d'eau; on en jette abondamment sur le corps incandescent; mais, loin de s'éteindre, les flammes se ravivent de plus belle! Enfin, malgré tous les efforts des assistants, la flamme ne s'éteignit qu'après carbonisation complète des parties grasses. Le squelette noirci, resta entier sur le fauteuil légèrement roussi par le feu. Lorsqu'on voulut toucher au squelette, les deux mains, les pieds et la tête s'en détachèrent.

Nous pourrions donner une série d'observations semblables, consignées dans les recueils de médecine, si nous ne craignions de fatiguer le lecteur; nous pensons que les exemples relatés suffisent, et nous nous hâtons de terminer par le cas suivant, arrivé à Caen, il y a quelques années.

Au mois de juin, le chirurgien Mérille, fut requis

par l'autorité, pour dresser le procès-verbal de l'état cadavérique de la demoiselle Thuars, trouvée morte dans sa chambre, par suite de combustion. Le procès-verbal relate ainsi le fait :

Le cadavre de la femme Thuars avait la tête près des chenets, à dix-huit pouces du contre-feu; le reste du corps était obliquement étendu devant la cheminée; le tout n'était plus qu'une masse de cendres; les os, même les plus gros, avaient perdu leur consistance, à l'exception de l'occipital, d'une portion des pariétaux, de deux vertèbres lombaires et d'une partie du tibia. Les pieds et une main subsistaient encore à moitié brûlés.

Il faisait très froid, ce jour-là; la cheminée n'avait point de feu; aucun meuble de la chambre n'était endommagé; la chaise sur laquelle se trouvait assise la demoiselle Thuars, avant de tomber par terre, n'offrait aucune trace d'incendie. Les meubles et divers ustensiles étaient chargés d'une espèce de suie grasse, exhalant une forte odeur animale; sur le parquet, on voyait une longue traînée de matières grasses infectes, noirâtres et de consistance sirupeuse. — La demoiselle Thuars, au rapport de sa domestique, avait bu, la veille de sa mort, trois bouteilles de vin et une bouteille de rhum. La combustion du cadavre s'était opérée en six heures.

Les trois exemples que nous venons de citer, ainsi que tous ceux de même nature, nous conduisent aux conclusions suivantes :

1° L'absorption et la saturation alcooliques sont

une condition indispensable à la combustion humaine. Lorsque, par une longue absorption de principes alcooliques, le corps en est complètement saturé, la combustion spontanée peut avoir lieu, si le sujet se trouve entouré de circonstances qui la favorisent; si les cas de combustion semblable ne sont pas plus fréquents, c'est que l'absorption et la saturation n'existent pas au degré voulu pour la déterminer. C'est, aussi, parce que les diverses excrétions du corps, éliminant une partie des principes alcooliques absorbés, s'opposent à la saturation ; sans cela, une grande partie des ivrognes et des buveurs d'alcool, seraient menacés de combustion.

2° Le phénomène de la combustion humaine s'offre plus particulièrement chez les femmes grasses que chez les hommes ; probablement parce que leurs tissus, plus spongieux, et leur graisse plus diffluente, se laissent plus facilement imprégner d'alcool. Du reste, l'âge et l'embonpoint rendent leurs mouvements plus difficiles et les disposent à une vie plus sédentaire. La passion des liqueurs fortes, loin de diminuer par l'inaction, se développe avec plus d'intensité ; et, comme dit le proverbe, elles arrosent d'alcool leur oisiveté.

3° Dans presque tous les cas de combustion, les pieds et les mains, ainsi que les portions les plus dures des os, échappent à l'incendie, par la raison que ces parties ne contiennent que fort peu de graisse, comparativement aux autres parties du corps.

4° Le plus souvent l'eau jetée pour éteindre l'incendie ne fait que l'aviver; et cela doit être, puisqu'un phénomène analogue se passe, lorsqu'on jette de l'eau sur de l'huile ou sur de l'alcool enflammés.

5° La flamme alcoolique est très légère, et n'a que fort peu d'action sur les meubles et autres objets en contact avec le corps humain qu'elle consume. Presque toujours, le corps humain en combustion, gît sur le sol, isolé des objets environnants; il brûle donc sans intéresser ces objets. Néanmoins, on a vu cette damme roussir et même carboniser les pieds ou le siège d'une chaise et d'un fauteuil.

6° Dans la combustion des matières animales, les cendres sont grasses, les résidus non incinérés très fétides, et il se forme une suie noire, également fétide, sur les meubles et autres objets de l'appartement ou la combustion a eu lieu.

Ici se termine ce que nous avions à dire sur les combustions humaines; il n'est personne, après cette lecture, qui ne puisse facilement se rendre compte du phénomène, et considérer, comme très naturel, ce qui lui avait d'abord paru impossible.

Si, parmi nos lecteurs, il s'en trouvait qui fussent dominés par la passion des liqueurs fortes, puissent-ils réfléchir sur ce qu'ils viennent de lire, et se corriger d'un vice aussi abrutissant que celui de l'ivrognerie.

FIN

TABLE DES MATIÈRES

FIN DE LA TABLE

F. Aureau. — Imprimerie de Lagny.

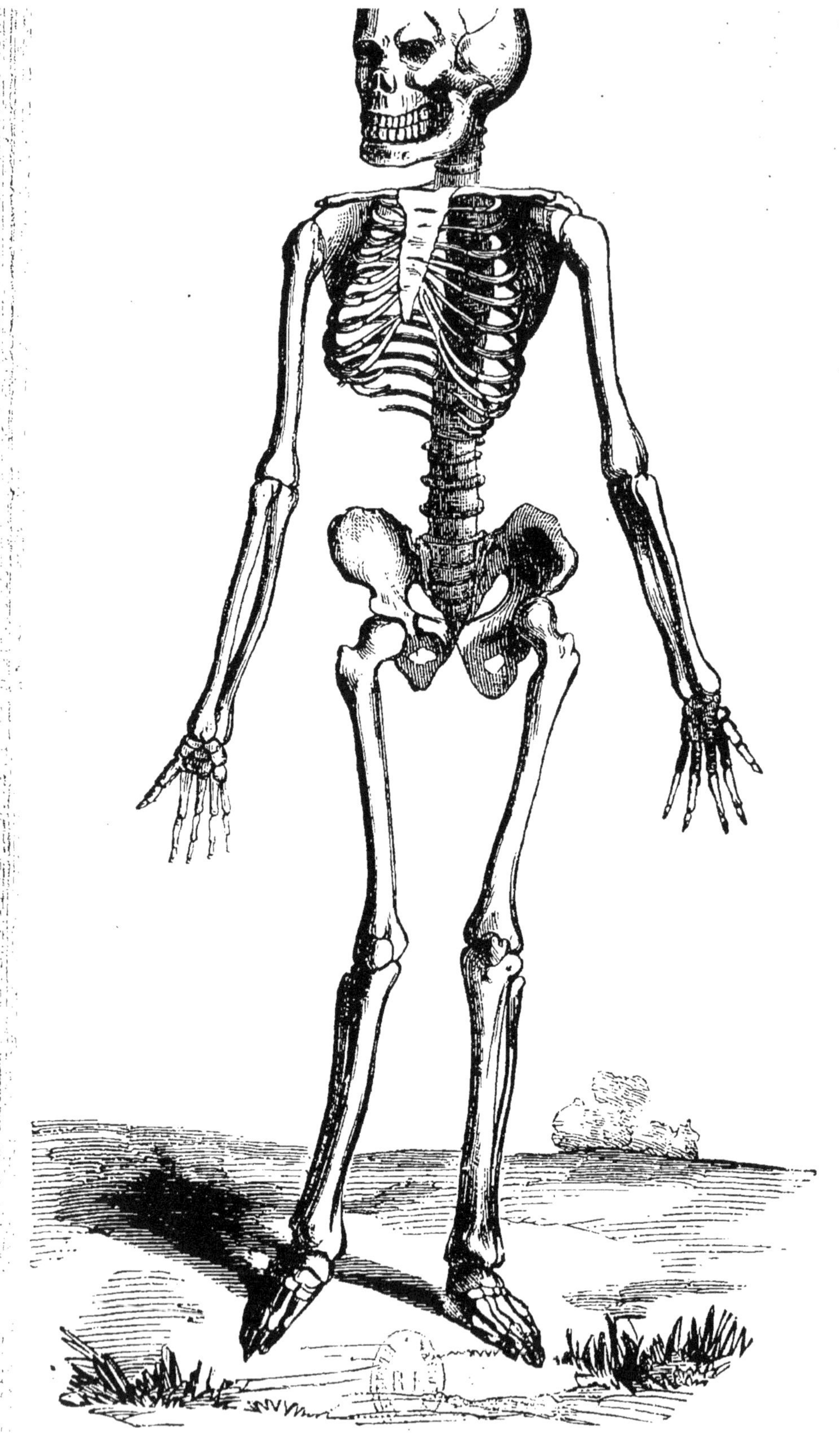

Pl. II.

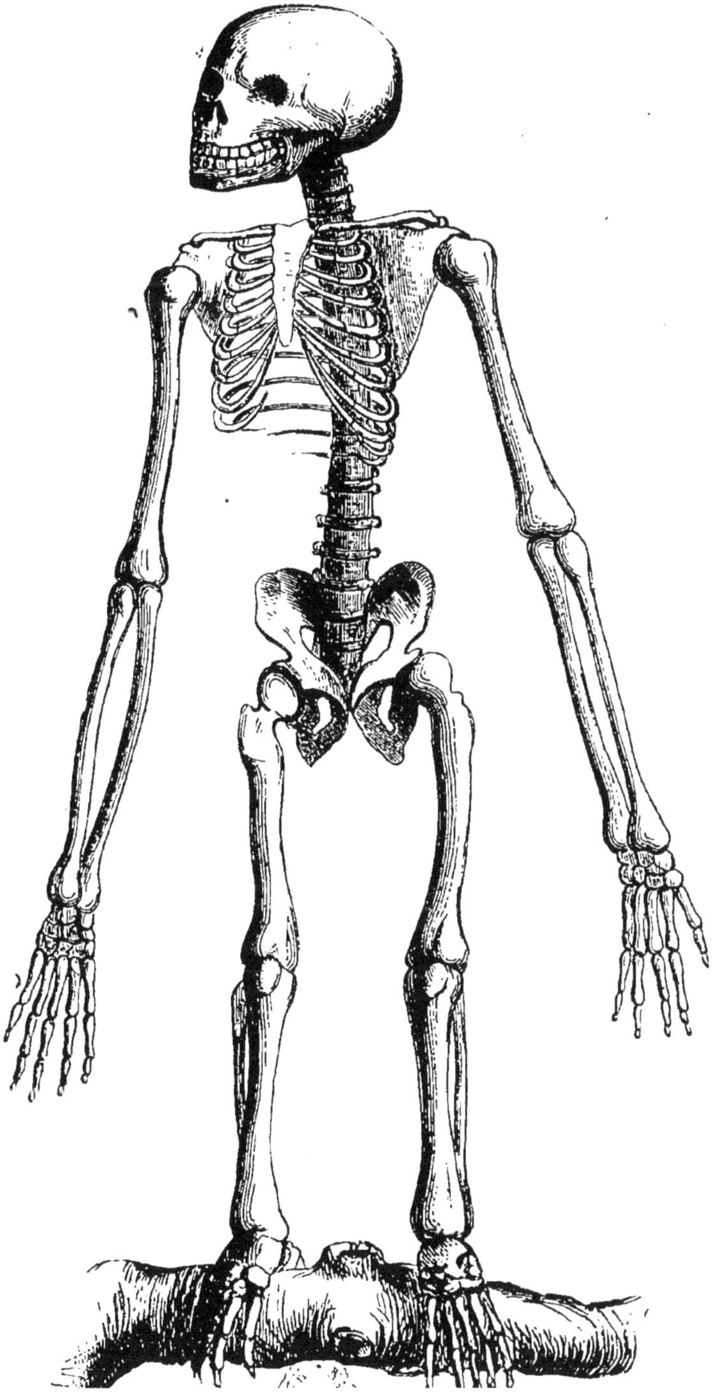

Pl. III

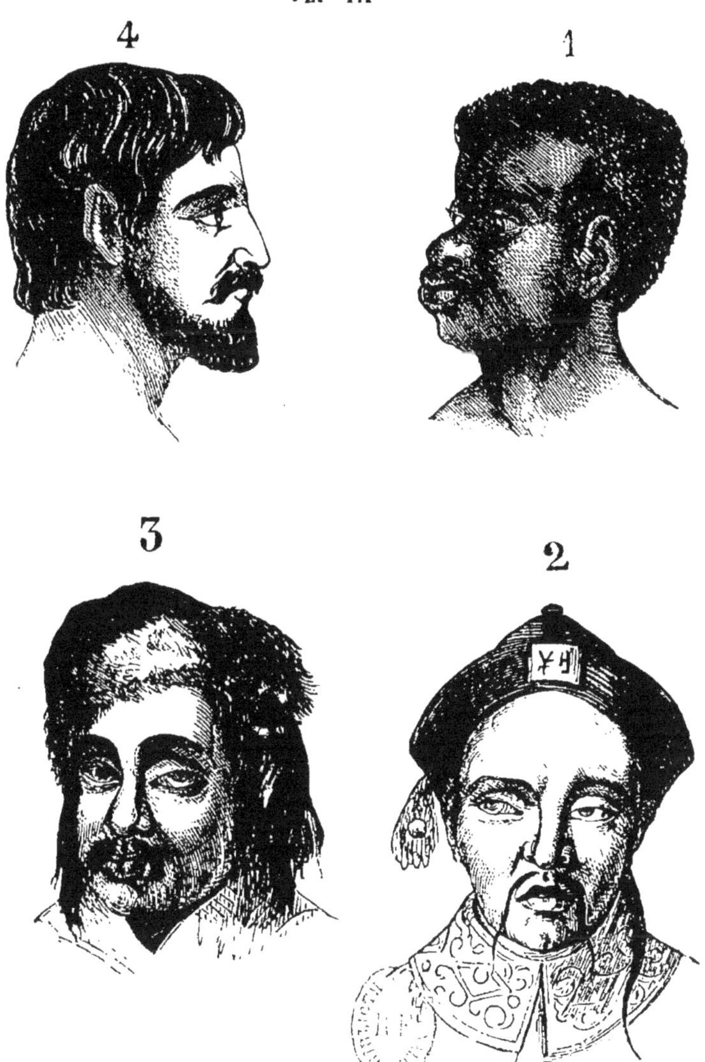

1. Race Nègre.
2. — Mongole
3. — Tartare.
4. — Caucasique.

PL. IV

1. Homme à queue.

2. Monstre humain tenant du lion.

Pl. V.

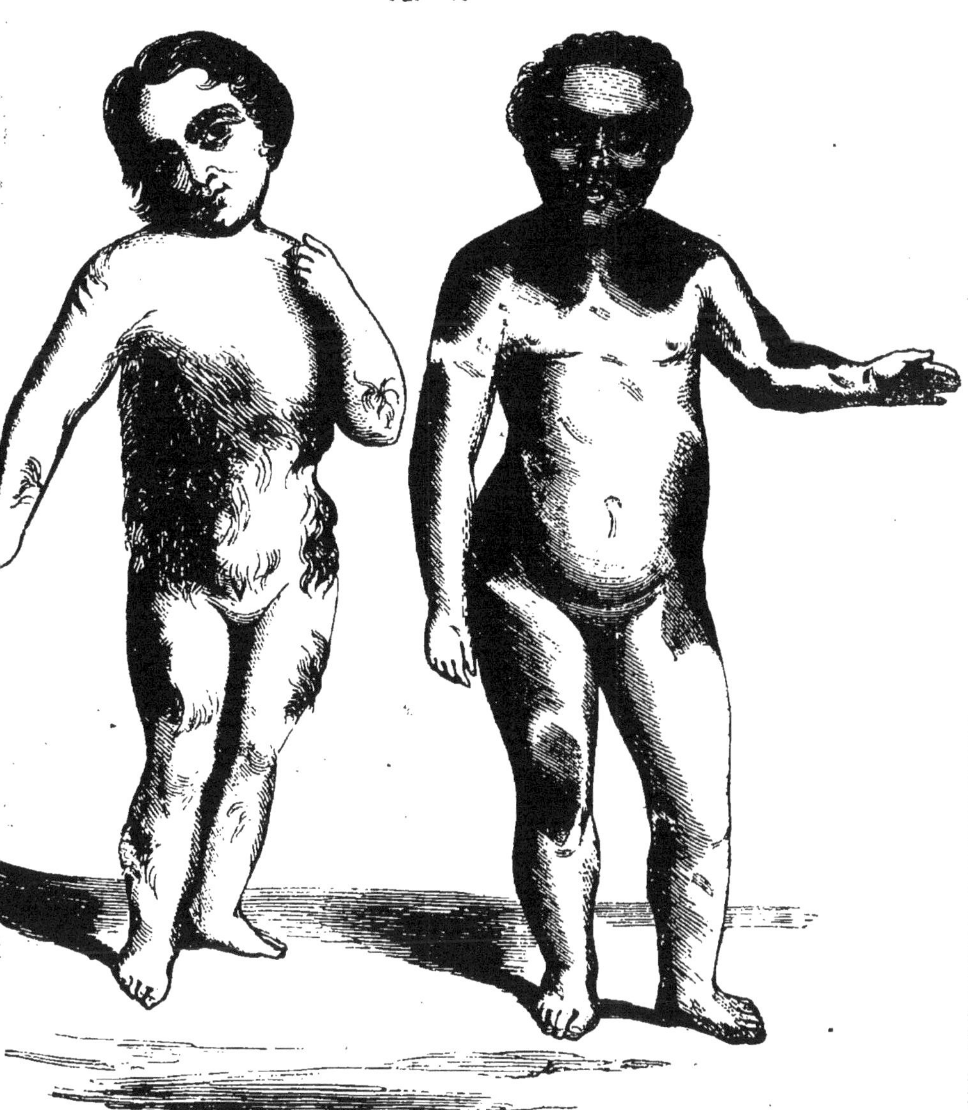

2. Enfant velu

1. Nègre Pie.

PL. VI.

2. Esther et Judith. 1. Les frères Siamois.

2. Homme Obèse. 1. Homme Squelette.

Pl. VIII.

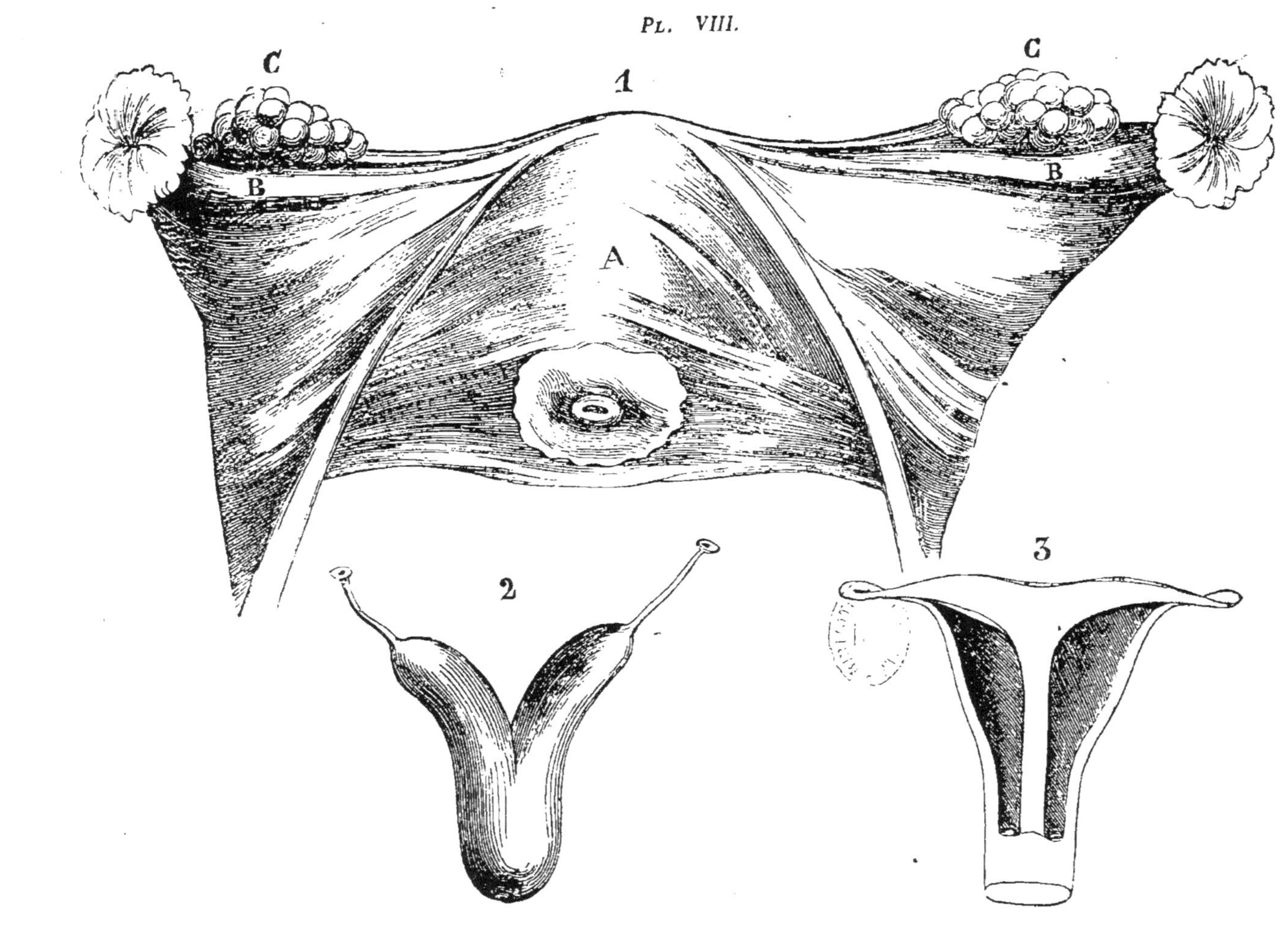

PL. IX.

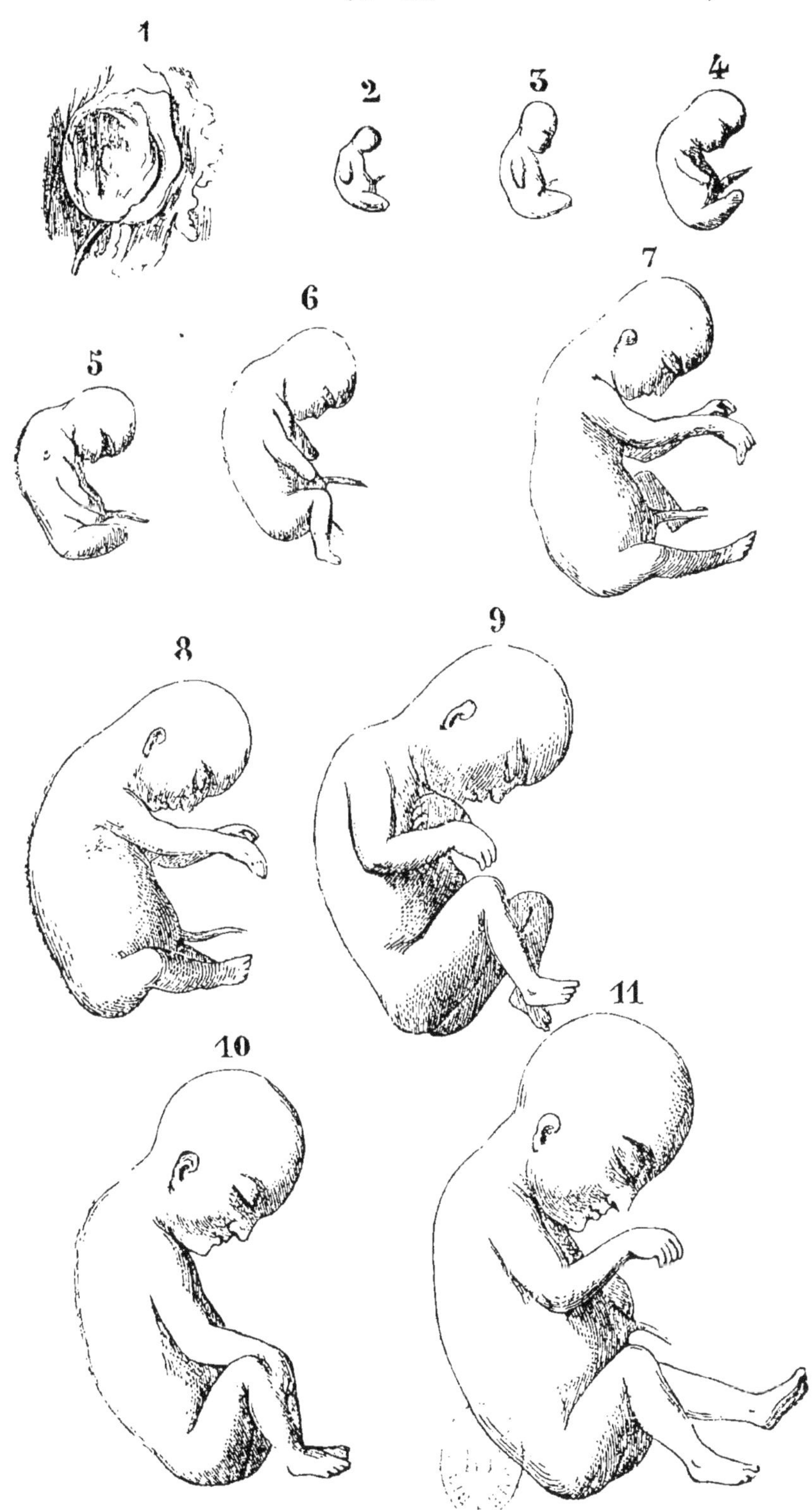

Nouveau-né.

Pl. X

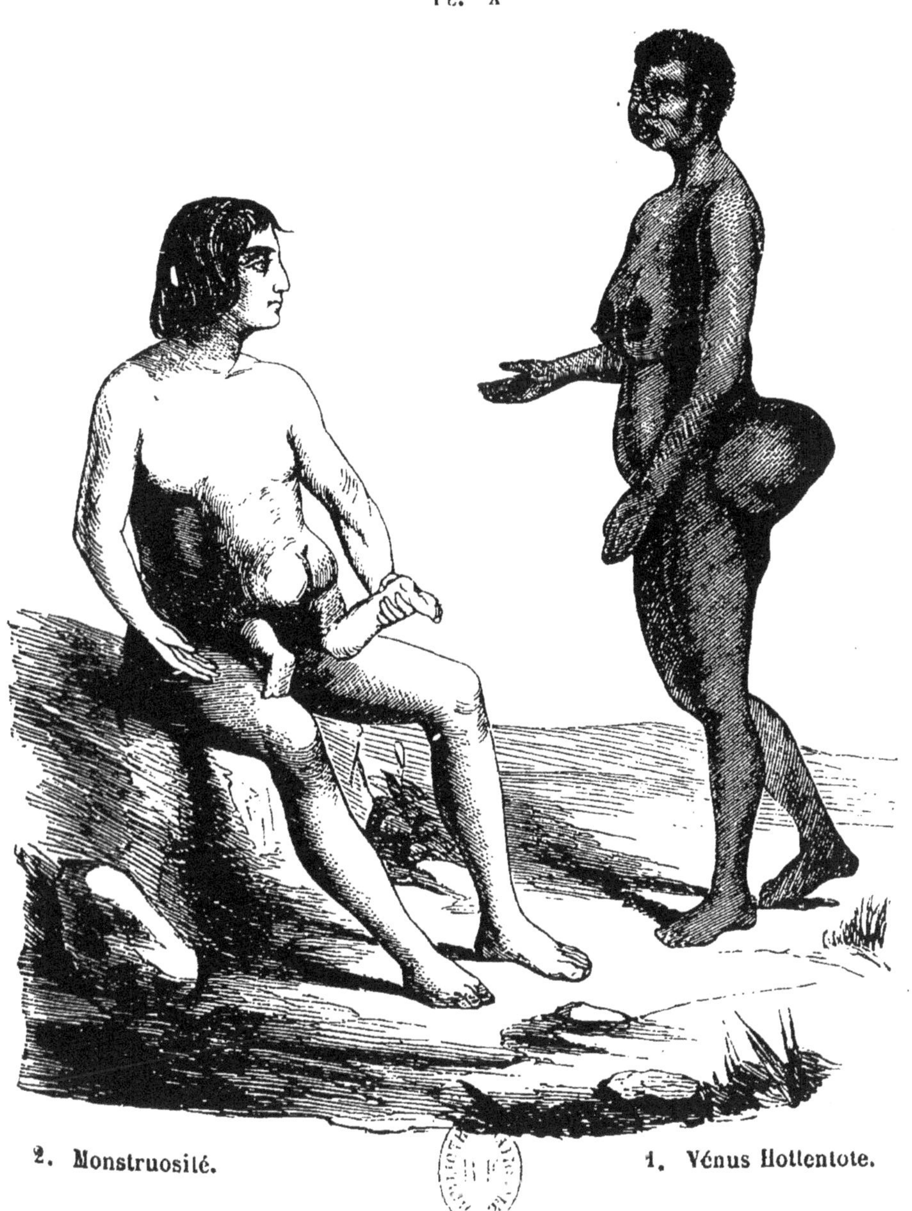

2. Monstruosité.

1. Vénus Hottentote.

Pl. XI.

Monstruosités.

EN VENTE CHEZ E. DENTU, LIBRAIRE-ÉDITEUR, PALAIS-ROYAL

ENCYCLOPÉDIE HYGIÉNIQUE DE LA BEAUTÉ

PAR A. DEBAY

24 volumes grand in-18 jésus

Les divers ouvrages de cette utile collection résument tout ce que la science a découvert de plus efficace pour combattre les diverses altérations et imperfections de la nature humaine, dans ses formes et sa couleur.

Hygiène complète des cheveux et de la barbe. 2e édit. 1 vol.

Hygiène médicale du visage et de la peau. 5e édit. 1 vol.

Hygiène des pieds et des mains, de la poitrine et de la taille, indiquant les moyens de conserver leur beauté. 4e édit. 1 vol.

Hygiène et Gymnastique des organes de la voix, parlée et chantée, analyse des divers moyens, systématiques et médicaux, propres à développer la voix et à combattre ses altérations. Nouvelle édition. 1 vol.

Hygiène et perfectionnement de la beauté humaine. Moyens de développer et de régulariser les formes. 6e édit.

Hygiène des Baigneurs. — Histoire des bains en général chez les [illegible] et les modernes. — Conduite du baigneur avant, pendant et après le [illegible]. 4e édit. 1 vol.

Hygiène et Physiologie du Mariage. — Histoire naturelle et médicale de l'homme et de la femme mariés. Nouv. édit. 1 vol.

Philosophie du Mariage (faisant suite à l'*Hygiène du Mariage*). Études sur l'Amour, le Bonheur, la Fidélité, les Sympathies et les Antipathies du Mariage, etc. 8e édition. 1 vol. gr. in-18 jésus.

Hygiène des plaisirs selon les âges, les tempéraments et les saisons. [illegible] 1 vol.

Hygiène des douleurs. — *Des Nerfs* et de leur influence sur le physique et le moral. — *Des Sens*, mécanisme de leurs fonctions, etc. 1 vol.

Hygiène appliquée aux mois et aux saisons. Art de conserver la santé et prévenir les maladies. 1 vol.

La Vénus féconde et callipédique. Théorie nouvelle de la fécondation mâle et femelle selon la volonté des procréateurs. 1 vol.

Hygiène spéciale de la digestion. Analyse chimique des Aliments et Boissons. 1 vol.

Hygiène et Physiologie de l'Amour chez les deux sexes. 1 vol.

Les influences du Chocolat, du Thé et du Café sur l'économie humaine, leur analyse chimique, leurs falsifications, leur rôle important dans l'alimentation. 1 vol.

Physiologie descriptive des trente beautés de la femme, analyse historique de ses perfections et de ses imperfections. [illegible] édit. 1 vol. gr. in-18 jésus.

Histoire naturelle de l'homme et de la femme depuis leur apparition sur le globe terrestre jusqu'à nos jours, suivie de l'histoire des monstruosités humaines. 23e édition, 1 fort vol. gr. in-18 jésus, orné de [illegible] gravures.

Histoire des sciences occultes depuis l'antiquité jusqu'à nos jours. Nouv. édit. 1 fort vol.

Les mystères du Sommeil et du Magnétisme, ou Physiologie anecdotique du Somnambulisme naturel et magnétique. — Songes prophétiques. [illegible]ases. — Visions. — Hallucinations. 6e édit. 1 vol.

Nouveau Manuel du Parfumeur-Chimiste. — Les Parfums de la toilette et les cosmétiques les plus favorables à la beauté sans nuire à la santé. 1 [illegible]

Les Parfums et les Fleurs. Histoire des phénomènes les plus remarquables [illegible] des mystères de l'empire de Flore. 1 vol.

Laïs de Corinthe (d'après un manuscrit grec) **et Ninon de Lenclos**, [illegible]graphie anecdotique de ces deux femmes célèbres.

Les Nuits Corinthiennes, ou les Soirées de Laïs. 1 vol. gr. in-18.

Le Cœur et l'Âme aux divers âges de la vie. 1 vol.

Paris. — Imprimerie de E. DONNAUD, rue Cassette, [illegible]

BIBLIOTHEQUE NATIONALE DE FRANCE

www.ingramcontent.com/pod-product-compliance
Ingram Content Group UK Ltd.
Pitfield, Milton Keynes, MK11 3LW, UK
UKHW022322190726
13856UKWH00001B/148